Susanne Dohrn

Der Boden

Bedrohter Helfer gegen den Klimawandel

Susanne Dohrn

DER BODEN

Bedrohter Helfer gegen den Klimawandel

Mit Illustrationen von Walther Weiss

Ch. Links Verlag, Berlin

Auch als ebook erhältlich

Die Deutsche Nationalbibliothek verzeichnet diese Publikation in der Deutschen Nationalbibliografie; detaillierte bibliografische Daten sind im Internet über www.dnb.de abrufbar.

1. Auflage, Oktober 2019

Schönhauser Allee 36, 10435 Berlin, Tel.: (030) 44 0232-0
www.christoph-links-verlag.de; mail@christoph-links-verlag.de
Einbandgestaltung und Satz: Nadja Caspar, Ch. Links Verlag, unter Verwendung von Albrecht Dürers Gemälde »Das große Rasenstück« (1503)
Druck und Bindung: F. Pustet, Regensburg
Gedruckt auf säurefreiem, alterungsbeständigem Papier

ISBN 978-3-96289-054-4

INHALT

»Was die Erde befällt, befällt auch die Söhne der Erde.«
Häuptling Noah Seattle 1855

PROLOG
Eine Reise in die Unterwelt

So wie auf dem Titelbild dieses Buches sähe eine Schnecke die Welt oder ein Regenwurm, wenn er denn Augen hätte: Rispengras und Löwenzahn, Ehrenpreis und Gänseblümchen, Breitwegerich und Schafgarbe. In seinem *großen Rasenstück* hat Albrecht Dürer sie mit dem Auge eines Naturforschers porträtiert. Dazu den Boden, von Wurzeln durchwachsen, die Grundlage des Lebens. Das Gemälde entstand vor mehr als 500 Jahren. Das Besondere daran ist die Perspektive, der Blick von unten, als habe Dürer beim Malen auf dem Bauch gelegen.

Albrecht Dürer sieht die Natur wie ein Wissenschaftler – detailgenau bis in die Wurzeln der Pflanzen. Keiner seiner Zeitgenossen hat zuvor solch ein alltägliches Motiv aufgegriffen und dargestellt. Es heißt, er habe die einzelnen Pflanzen mit in seine Werkstatt genommen, sie aquarelliert und dann zu seinem Mikrokosmos einer Wiese komponiert. Gerade mal 41 mal 31,5 Zentimeter groß, ist das Werk ein Wunder botanischer Genauigkeit. Der Boden und die Flora und Fauna, die in und über ihm lebt, gehören zusammen. *Das große Rasenstück* verbildlicht den Kreislauf des Lebens, der im Boden seinen Ausgang nimmt und dort sein Ende findet.

Mit Dürers *Rasenstück* wächst man auf, es begegnet einem als Poster, als Illustration in Schulbüchern, im Kunstunterricht. Das Spannende an dem Gemälde ist, dass sich an ihm immer wieder neue Seiten entdecken lassen. Ich habe es oft in meinen Vorträgen über *Das Ende der Natur* gezeigt, meinem ersten Buch (Ch. Links, 2017): Seht her, unsere Naturlandschaft ist Kulturlandschaft, Natur ist Kultur, weltberühmte noch dazu.

Die Erde, die bei Dürer an den Pflanzenwurzeln haftet, war nebensächlich, bis ich angefangen habe, mich mit dem Boden zu beschäftigen, und dabei feststellte: Für den Künstler war es selbstverständlich, dass die Vielfalt über der Erde und in der Erde zusammengehören. Der Boden war ihm viel näher als uns Menschen heute, die wir unsere Lebensmittel im Supermarkt kaufen, Pflanzerde aus Plastiktüten verwenden, Kompost aus Kompostwerken beziehen und bei der Gartenarbeit Handschuhe tragen.

Wer wie ich mit einem großen Garten aufgewachsen ist, hat einen Restbezug zum Boden. Um ehrlich zu sein: Ich mochte ihn nicht. Als Kinder mussten wir samstags im Garten helfen, vor allem Unkraut jäten. Waren die Radieschen fertig, kamen die Möhren an die Reihe, die Zwiebeln, der Lauch, die Erbsen und Bohnen. Es nahm kein Ende. Ich habe das gehasst, nicht wegen der Pflanzen, sondern wegen der Erde, die an den Fingern vertrocknete. Gartenhandschuhe hatten wir nicht, hätten sie auch gar nicht benutzen dürfen. Die kleinen Pflänzchen, die es auseinanderzuhalten galt, musste man nicht nur sehen, sondern zwischen Daumen und Zeigefinger fühlen können, selbst wenn einem die trockene Erde an den Fingerspitzen kalte Schauer über den Rücken jagte.

Später, mit einem eigenen Garten und Handschuhen, sah es schon anders aus. Aber die Annäherung an den Boden war eine praktische: Unkraut jäten, immer noch, den Garten gestalten, Pflanzen umsetzen, die Wurzeln möglichst heil aus dem Boden bekommen und mit viel Wasser an einem neuen Ort einpflanzen, wo sie munter weiterwuchsen. Mir wurde ein »Grüner Daumen« attestiert, aber mit tiefergehenden Bodenkenntnissen hatte das nichts zu tun. Es folgten schwerere Arbeiten: Den Kompost umheben und im Garten verteilen ist schweißtreibendes Werk, das die Fähigkeit voraussetzt, sich über verrottetes Pflanzenmaterial zu freuen, ungeachtet der Schmerzen in Rücken und Schultern. Wie aus Pflanzenresten Kompost wurde, warum mein Boden fruchtbarer ist als der auf der anderen Straßenseite, habe ich mich erst viel später gefragt.

Albrecht Dürers forschender Blick ist das Leitmotiv für dieses Buch. Wie schon bei *Das Ende der Natur* geht es mir darum, genau hinzuschauen, auf die Vielfalt der Pflanzen und Tiere und die endlose Kaskade von Fressen und Gefressenwerden, die die Artenvielfalt sichert. Es gibt in dem Buch ein Kapitel über den Boden. Als ich es schrieb, stellte ich fest: Hier tut sich eine Welt auf, die unendlich komplexer, unendlich faszinierender ist als die über der Erde. Eine Welt zudem, die mir völlig unbekannt war. Ich wurde neugierig, wollte wissen, wie dieses geheime Leben funktioniert, wie es dafür sorgt, dass Pflanzen wachsen, Leben entsteht und wie es wieder vergeht.

Boden ist Physik und Chemie, Boden ist Botanik und Zoologie, ist Mikrobiologie, Geologie, und, und, und … die Recherche hielt viele Lektionen bereit. Ich begann zu verstehen, welche Wunderwelt dort, verborgen vor unseren Blicken, existiert. Um sie zu ergründen, habe ich mit Wissenschaftlerinnen und Wissenschaftlern gesprochen, die sich viele Stunden Zeit für mich genommen haben. Ohne sie würde es dieses Buch nicht geben.

Den heißesten Nachmittag meines Lebens verbrachte ich in einem Büro in Halle. Draußen herrschten mehr als 30 Grad, drinnen gefühlte 50, wir schauten uns auf einem riesigen Bildschirm an, wie Pflanzenwurzeln mit Trockenheit umgehen. Sie können sich ihre Umgebung bis zu einem gewissen Grad selbst organisieren. An diesem Nachmittag, als mein Gehirn kurz vor dem Schmelzpunkt stand, kamen sie mir klüger vor als ich. An einem anderen Tag sah ich Wiesenpflanzen beim Wachsen zu, Schafen beim Grasen und Bäume, deren Laub sich langsam verfärbte. Weit entfernt pflügte ein Traktor einen Acker. Stundenlang redeten wir über den Boden, wie das, was auf ihm wächst, das Leben darunter beeinflusst und umgekehrt. Den Boden sahen wir nicht. Auch das ist eine Lektion dieses Buches: Es handelt von etwas Verborgenem, etwas, das sich dem Auge entzieht.

Eine weitere Lektion erhielt ich in Berlin, und ein Satz geht mir seitdem nicht mehr aus dem Kopf: »Boden ist unfassbare Oberfläche.«[1] Für mich, die den Boden immer als etwas Festes wahrgenommen hat, etwas Sicheres, auf dem man steht und geht, sein Handtuch ausbreiten kann, um sich in die Sonne zu legen, oder auf dem man seine Gartenmöbel abstellen kann, war das eine völlig neue Sichtweise. Gäbe es eine Steigerung des Wortes dreidimensional, der Boden wäre der »dreidimensionalste« Lebensraum, den man sich vorstellen kann. Kleine und mikroskopisch kleinste Bodenteilchen aus zermahlenem Gestein liegen über-, unter-, an-, neben- und umeinander. Jedes Einzelne von ihnen, und sei es noch so klein, ist umschlossen von Feuchtigkeit und durchsetzt mit luftigen Zwischenräumen, und alles ist idealerweise wie ein System von Kapillaren im Körper miteinander verbunden. Dazwischen tobt das Leben. Eine Handvoll Boden ist eine Handvoll Leben, bildet ein eigenes kleines Universum mit eigenen Regeln.

Relativ schnell stellte ich fest: Wenn wir über den Boden reden, reden wir immer auch über den Klimawandel. Das zentrale Element allen Lebens, der Kohlenstoff, treibt nicht nur den Klimawandel an, sondern spielt im Boden eine bedeutende Rolle. Deshalb zieht sich die Frage nach den Zusammenhängen zwischen Bodenleben, Kohlenstoff und Klima wie ein roter Faden durch das Buch.

Die Reise in diese unbekannte Welt beginnt mit den Pflanzen. Sie sind wahre Wunder, denn sie versorgen nicht nur die Lebewesen über der Erde mit Nährstoffen, sondern »füttern« unterirdisch mit den Ausscheidungen ihrer Wurzeln ein Nahrungsnetz von Mikroorganismen. Eine der Haupthandelswaren in diesem Nahrungsnetz ist Kohlenstoff, den die Pflanzen aus der Atmosphäre assimiliert haben und in Form von nährstoffreichen Verbindungen im Boden weitergeben. Es ist ein ständiges Geben und Nehmen. »Boden ist keine Fabrikhalle, sondern ein Ökosystem, ein Raum voller Leben. Er hat die Kraft, fruchtbarer zu werden, wenn Regenwürmer, Bakterien und andere Organismen zusammenwirken«, sagt Professor Michael Succow, Bodenkundler und Träger des alternativen Nobelpreises. Ein auf diese Weise fruchtbarer Boden kann sogar zum Helfer im Klimawandel werden.

Wer sich auf die Reise in die Vielfalt unter unseren Füßen begibt, entdeckt eine neue und eine von menschlichen Eingriffen bedrohte Welt. Der natürliche Zustand im Boden ist der Mangel, auch das ist eine Lektion dieses Buches. In einem System, das davon abhängig ist, wie viel »Futter« Pflanzen mithilfe der Photosynthese zur Verfügung stellen können, gibt es keinen Abfall, sondern viele Spezialisten, die darauf aus sind, noch die kleinsten Reste an Nährstoffen zu ergattern. Professor François Buscot vom Helmholtz-Zentrum für Umweltforschung in Halle hat es so formuliert: »Je mehr Beziehungen Sie haben zwischen Armen und Reichen, Gebildeten und Ungebildeten, Jungen und Alten, Tätigen und Nichttätigen, je solider diese Verlinkung ist, desto solider ist eine Gesellschaft. Das ist im Boden das Gleiche.«

DER BODEN
Dunkle Materie

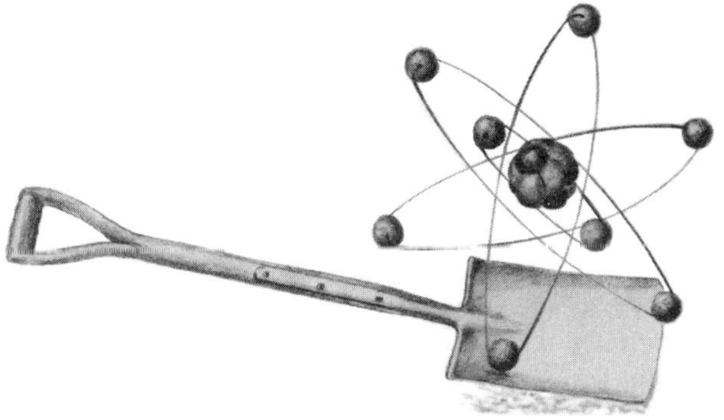

Ich bin der Stoff, den alle nutzen und niemand kennt. Ich bestehe zur Hälfte aus Luft – um genau zu sein zwischen 30 und 65 Prozent – und werde Tag für Tag milliardenfach mit Füßen getreten. Bin tonnenschwer und gleichzeitig so federleicht, dass mich der Wind über Ozeane hinweg von Kontinent zu Kontinent tragen kann. Die meisten Menschen halten mich für tote Materie, dabei gibt es auf Erden nichts Lebendigeres. In einer Handvoll von mir kann es mehr Organismen geben, als Menschen auf unserem Planeten leben.[1] Mich bevölkern Wesen, die schon vor Jahrmillionen tonnenschwere Fleischberge wie den Tyrannosaurus zerlegt haben. Für viele Wissenschaftler bin ich die letzte große »Terra incognita«, der letzte große weiße Fleck auf der Weltkarte der irdischen Wissenschaften. Ich bin die Grundlage allen Lebens.

Wer sich auf eine Reise in die Welt des Bodens begibt, dem ergeht es leicht wie dem Literaturnobelpreisträger Maurice Maeterlinck. Nachdem der naturbegeisterte Dichter und Dramatiker über Bienen, Termiten und – hochaktuell – über *Die Intelligenz der Blumen* geschrieben hatte, verzweifelte er schier an seinem nächsten Werk *Das Leben der Ameisen.* »Man kommt dem Gegenstand niemals nahe, man weiß nicht, wo man ihn anpacken soll. Die Materie ist zu reich, zu umfassend, sie verzweigt sich unaufhörlich«, stöhnt er in seinem 1930 verfassten Vorwort.[2]

Der Boden ist wie Maeterlincks Ameisen: vielfältig und schwer zu greifen, kompakt und mikroskopisch klein, präsent bei jedem Blick aus dem Fenster, aber verborgen unter Pflanzenbewuchs und Steinen, unter Gebäuden, Beton und Asphalt. Jeden Tag werden allein in Deutschland Bodenflächen in der Größe von knapp 60 Hektar versiegelt. Das entspricht etwa 85 Fußballfeldern. Damit hören die Misshandlungen nicht auf. Man presst den Boden mit tonnenschweren Landmaschinen zusammen, sodass ihm die Luft ausgeht. Man zerreißt seine Haut beim Pflügen bis zu einer Tiefe von einem halben Meter. Könnte der Boden schreien, wäre der Lärm um uns herum unerträglich. Aber er hat keine Stimme. Wenn mit ihm etwas nicht in Ordnung ist, merkt es sehr, sehr lange niemand.

Zum Glück gibt es immer mehr Forscher, die sich ihm widmen und ihn wertschätzen. Sie nennen sich Bodenökologen und haben bis vor 15, 20 Jahren in der Welt der Wissenschaft eher ein Schattendasein geführt. Das liegt an ihrem Gegenstand. Versuche mit dem Boden sind mühsam, sie dauern Jahre, bisweilen Jahrzehnte, und die Ergebnisse lassen sich schwer verallgemeinern, weil Böden so vielfältig sind. Hinzu kommt: Bodenlebewesen sind keine Sympathieträger. Schaut man sie unter dem Mikroskop an, taucht man ein in ein Gruselkabinett, in dem es ständig Mord und Totschlag gibt – begangen mit Raspeln, Kieferklauen, Scheren oder Stacheln. Der Boden ist bevölkert von Minimonstern. Wer sich mit ihnen beschäftigt, liebt sie trotzdem, braucht jedoch ein unerschütterliches Gemüt und vielleicht manchmal einen etwas schrägen Geschmack. Professor Willi Xylander, Direktor des Senckenberg Museums für Naturkunde in Görlitz / Sachsen, formuliert es so: »Ich mag meine Bodentiere, aber zugegeben: Ich lieb sie auch schon ziemlich lange.«[3]

Die Hauptaufgabe dieser Myriaden von Lebewesen ist es, einen Stoff zu verarbeiten, dem die Böden ihre Fruchtbarkeit verdanken – den Kohlenstoff, Carbonium, kurz C. Er ist ein vielseitiges Element. In seiner reinen Form als Diamant ist er teuer und seine Größe und Klarheit ein Maßstab der Zuneigung des Liebsten. Handwerker nutzen ihn als Bleistift, dann heißt er Graphit, Autofahrer füllen ihn in Form von Benzin oder Diesel in ihre Tanks, und Klimaforscher sorgen sich seinetwegen, weil er zusammen mit zwei Sauerstoffatomen (O) die Erderwärmung fördert. Warum ist ausgerechnet der Kohlenstoff für das Leben so zentral? Weil er über eine einzigartige Fähigkeit verfügt, die er im heißen Inneren schwerer Sterne erworben hat. Dort verschmelzen drei Kerne des Gases Helium (He, je zwei Protonen, zwei Neutronen, zwei Elektronen) durch Kernfusion zu Kohlenstoffatomen (sechs Protonen, sechs Neutronen, sechs Elektronen). Zwei der Elektronen nutzt der Kohlenstoff, um sein Innerstes zu bilden, die restlichen vier hat er in seiner äußeren Schale deponiert, hätte aber Platz für acht.

Diese äußere Schale ist wie ein halb besetztes Karussell, dessen Betreiber alle einlädt, die gerade vorbeikommen, damit sie die leeren Plätze besetzen. Dabei ist der Kohlenstoff nicht wählerisch. Ihm ist es egal, ob es andere Elemente sind oder weitere Kohlenstoffatome. Nur Edelgase wie Helium oder Neon bleiben auf Distanz, denn die sind sich selbst genug. Diese Geselligkeit des Kohlenstoffs macht ihn zu einem idealen Kooperationspartner: An 90 Prozent aller bekannten Verbindungen ist der Don Juan unter den Elementen beteiligt. Und mit anderen Kohlenstoffatomen können Kohlenstoffatome lange Ketten, Ringe und Verzweigungen, Ebenen oder Kugeln bilden.

Alles Leben besteht zu einem großen Teil aus Kohlenstoff, Menschen beispielsweise zu 28 Prozent. »Jede Zelle, jeder Bestandteil der Zelle ist kohlenstoffbasiert«, schreibt die amerikanische Wissenschaftsjournalistin Natalie Angier. Ganz gleich, ob es sich um eine Amöbe handelt oder ein Bakterium, um Milbe, Maulwurf oder Mensch, der Kohlenstoff ist immer mit von der Partie. Sogar Viren, die keinen eigenen Stoffwechsel haben und sich nur in den Zellen ihrer Wirte vermehren können, schleppen Kohlenstoff als Teil ihrer genetischen Grundausrüstung von Wirt zu Wirt, so Angier.[4] Er ist die Kraft, die alles Lebende zusammenhält, auch in der Welt unter unseren Füßen. »Das Schlüsselelement allen Lebens«, wie ihn der Chemiker und Schriftsteller Primo Levi nannte.

Dabei kommt Kohlenstoff auf der Erde in relativ geringen Mengen vor. Im Weltraum ist er mit 4,6 Promille das vierthäufigste Element nach Wasserstoff (H), Helium und Sauerstoff. Bezogen auf die Gesamtmasse der Erde beträgt der Anteil des Kohlenstoffs hingegen gerade einmal ein halbes Promille. Das meiste davon, 99,8 Prozent, oder unvorstellbare 107 Gigatonnen (1 Gigatonne = 1 Milliarde Tonnen), ist im Kalkstein anorganisch fest gebunden, zum Beispiel in den Alpen oder im Gestein des Mount Everest. Anorganisch bedeutet unbelebt. Kalkstein ist hart, verwittert langsam und lässt sich allenfalls mit Säure auflösen. Deshalb bildet der Boden über kalkhaltigem Gestein meistens nur eine dünne Schicht. Flachgründig nennen Landwirte und Wissenschaftler das. Für den Klimawandel auf der Erde spielt der in Kalk gebundene Kohlenstoff kaum eine Rolle.

Das gilt weitgehend außerdem für die 38 000 Gigatonnen Kohlenstoff im Wasser, vor allem in den Ozeanen. Dort verbindet sich das CO_2 aus der Luft mit Wasser (H_2O) zu Hydrogencarbonat (HCO_3), sinkt in die Tiefe und kommt vielleicht irgendwann wieder an die Erdoberfläche, wenn Erdbeben oder Vulkanausbrüche den Kohlenstoff ans Tageslicht befördern. Aber das dauert Jahrmillionen, und dann ist er so hart gepresst, dass er fest im Gestein gebunden ist. Bedeutender für den Klimawandel sind die circa 4100 Gigatonnen Kohlenstoff, die in Form von Kohle, Erdöl und Erdgas langfristig und unterirdisch gebunden sind, aber heute als Brennstoff genutzt werden. Dabei handelt es sich um organischen Kohlenstoff, der aus lebenden Zellen entstanden ist. Bei seiner Verbrennung reagiert er mit Sauerstoff zu CO_2 und fördert so den Klimawandel.

Die Atmosphäre ist mit etwa 800 Gigatonnen der kleinste Kohlenstoffspeicher, aber für alles Leben auf dieser Erde, den Boden und den Klimawandel von zentraler Bedeutung, denn dieser kleinste Speicher ist sehr mobil. Hier ist der Kohlenstoff nicht, wie zum Beispiel in der Steinkohle oder dem Erdöl, an feste Moleküle gebunden, sondern bewegt sich zusammen mit zwei Sauerstoffatomen frei in der Luft, wird eingeatmet und ausgeatmet, in lebende Substanz eingebaut, umgebaut, gefressen, verdaut und wieder ausgeschieden. Weil die Atmosphäre ein kleiner mobiler Speicher ist, hat es solch gravierende Konsequenzen, wenn sich der Anteil von CO_2 in der Atmosphäre erhöht. Lag er vor der industriellen Revolution bei 280 ppm (parts per million), so ist er seitdem wegen der Nutzung fossiler Brennstoffe auf 400 ppm angestiegen und wird vermutlich weiter steigen. Das spüren wir beispielsweise in Form der Erderwärmung.

Ebenso viel Kohlenstoff wie in der Atmosphäre ist in den Lebewesen, den Pflanzen, Tieren und Menschen, gespeichert. Hinzu kommen weitere 1580 Gigatonnen im Boden. Damit ist der Boden die größte terrestrische – also an die Landoberfläche gebundene – Senke für Kohlenstoff. In ihm ist so viel davon gespeichert wie in den Lebewesen und in der Atmosphäre zusammen. Denn alles, was stirbt, was Lebewesen auf dem Land ausscheiden oder absondern, nimmt der Boden früher oder später in sich auf. Eine Armee von über- und unterirdischen Lebewesen hilft ihm dabei, es entweder zu neuem Leben zu verarbeiten oder zu speichern. Zusätzlich steht der Boden mit der Atmosphäre in ständigem Austausch. Seine wichtigsten Partner dafür sind die Pflanzen. Sie versorgen ihn ständig mit Futter für seine Mikroorganismen. Ohne die Pflanzen wäre der Boden tot.

Wollen Wissenschaftler dem Bodenleben auf die Schliche kommen, hatten sie dafür bis vor kurzem nur sehr begrenzte Möglichkeiten. Eine ist, den Kohlenstoff im Boden zu verbrennen. Man nimmt eine Bodenprobe, trocknet und erhitzt sie. Der organische Kohlenstoff oxidiert zu CO_2 – wird vermuffelt, wie die Wissenschaftler es nennen. Aus der Differenz zwischen der ursprünglichen Probe und dem, was übrig ist, lässt sich errechnen, wie viel Leben in der Bodenprobe existiert hat. Das ist brutal und wenig effektiv. Eine andere Methode macht sich die Bodenatmung zunutze. Wie ein Lebewesen atmen Böden Sauerstoff ein und Kohlendioxid (CO_2) aus, je nachdem, wie aktiv ihre Lebewesen sind, mal mehr und mal weniger. Das kann man messen, zum Beispiel wenn neue Pflanzenschutzmittel getestet werden. Dann schauen die Wissenschaftler: Atmet ein Boden nach 90 Tagen wieder so wie vor der Behandlung? Ist das der Fall, gehen die Hersteller davon aus, dass ihm kein dauerhafter Schaden zugefügt wurde. Wer da atmet und ob die Zusammensetzung der unterirdischen Flora und Fauna eine andere ist als zuvor, konnte man jahrzehntelang nicht messen, weil die technischen Möglichkeiten dazu fehlten.

Das hat sich geändert. Viele Bodenbiologen haben Muffelofen und Mikroskop inzwischen zur Seite gestellt, denn der ungeheure technische Fortschritt der vergangenen Jahre hat ihr Forschungsfeld erfasst. Immer häufiger nutzen sie teure und supermoderne Maschinen: Massenspektrometer, mit denen kleinste Mengen von Substanzen nachgewiesen werden können, die die Bodentiere gefressen haben. Computertomographen, die mit Röntgenstrahlen dreidimensionale Bilder vom Innenleben des Bodens herstellen können. DNA-Sequenzierungsgeräte, mit denen sich die Erbsubstanz von Böden untersuchen lässt, sodass die Forscher Rückschlüsse ziehen können auf die Organismen, aus denen das Bodenleben zusammengesetzt ist. Hätte die Sequenzierung von 10 000 Bakteriengenomen im Jahr 2000 noch mehr als 100 Jahre gedauert, klappt das heute aufgrund neuer Hochdurchsatz-DNA-Sequenzierungsgeräte in weniger als einem Tag![5]

So entlocken die Forscher den Böden nach und nach ihre Geheimnisse. Die Wissenszunahme lässt sich sogar messen. Derzeit wiegt das Wissen darüber ziemlich genau 1600 Gramm. So schwer ist das *Lehrbuch der Bodenkunde,* nach den ursprünglichen Autoren kurz Scheffer / Schachtschabel genannt. Als es 1937 zum ersten Mal herauskam, war es ein schmales Bändchen von 112 Seiten. Die 17. Auflage aus dem Jahr 2018 umfasst 750 Seiten. Mehr als zehn Wissenschaftlerinnen und Wissenschaftler – die Besten ihres Faches – geben darin ihr Wissen über den Boden weiter.[6]

Die dünne Haut der Erde

Wer bin ich und wie viele? Der Scheffer / Schachtschabel beantwortet die Frage gleich in seinem ersten Satz: »Böden sind der belebte Teil der oberen Erdkruste.« Manchmal sind sie zehn und mehr Meter dick, oftmals aber auch nur wenige Zentimeter, je nachdem, wo auf der Welt sie sich befinden und welches Klima dort herrscht. Gemessen an den 6370 Kilometern, die zwischen der Oberfläche und dem Mittelpunkt der Erde liegen, sind die Böden eine dünne Haut und eigentlich eine Quantité négligeable. Und doch wäre die Erde ohne sie wüst und leer. Es gäbe nichts zu essen, keine Wälder, Parks und Gärten. Böden sorgen für sauberes Trinkwasser, denn sie können Schadstoffe binden und verhindern, dass diese ins Grundwasser gelangen. Sie können wie ein Schwamm Regenwasser aufnehmen und so Überschwemmungen vorbeugen. Sie können sogar helfen, das Klima zu regeln, wenn man sie denn lässt.

Zwar gleicht kaum ein Boden dem anderen, aber jeder von ihnen ist im Lauf der Jahrtausende und Jahrmillionen aus einem von drei Ausgangsgesteinen entstanden: aus magmatischen Gesteinen wie Basalt, Granit oder Tuff, die tief aus dem Erdinnern aufgestiegen und an der Erdoberfläche erstarrt sind. Aus Sedimenten wie Sandstein (zusammengepresster Sand) oder Mergel (stark verfestigte Ablagerungen aus Ton und fein verteiltem Kalk). Sandböden sind leicht, nährstoffarm und können Wasser schlecht speichern. Mit Mergel hat man im 18. Jahrhundert solche Böden fruchtbar gemacht, weil die feinen Minerale des Tons die Nährstoffe binden. Das dritte Ausgangsgestein sind metamorphe Gesteine. Das sind Gesteine jeglicher Art, die tief im Erdinnern unter Hitze und hohem Druck zusammengepresst wurden und so ihre ursprüngliche Gestalt gewandelt haben – in Schiefer (unter anderem aus Tongestein), in Gneis (unter anderem aus Granit) oder in Marmor (unter anderem aus Kalkstein).

Aus diesen Urgesteinen wurden im Zeitlupentempo lebendige Böden. Je nach Härte des Grundgesteins braucht ein Zentimeter Boden für seine Entstehung 100 bis 1000 Jahre. Hitze und Frost lassen das Gestein porös werden, Wasser dringt in die Ritzen. Wenn die Feuchtigkeit gefriert, sprengt sie Teile der Felsen auseinander. Wasser und Wind zerlegen die Brocken in immer kleinere Bestandteile und zermahlen sie in feinste Partikel. Manche, wie Schluff und Ton, sind so klein, dass sie selbst mit der Lupe einzeln nicht mehr erkennbar sind. Moose und Flechten lösen mit ihren Säuren Gesteinsoberflächen auf und sorgen ebenfalls für Verwitterung. Die Lebensgrundlage für Pflanzen entsteht, die Lücken im Gestein auf der Suche nach Wasser und Nährstoffen erkunden. Wind und Wasser tragen Bodenpartikel fort und lagern sie woanders wieder ab. Überschwemmungen reißen sogar Steine mit sich fort.

So sind im Laufe der Zeit allein in Deutschland etwas mehr als 50 unterschiedliche Bodentypen entstanden. Zu ihnen gehören der vom Wind zusammengewehte Sand, den Pflanzen nach dem Ende der Eiszeiten durchwurzelt und mit ihren abgestorbenen Resten angereichert haben, oder die dünne Schicht über dem Kalkstein, in dem das Wasser sofort verrinnt. Zu ihnen gehören der Marschboden, der aus den Ablagerungen von Meeresfluten entstanden ist, feinsandig, fruchtbar, aber schwer zu bearbeiten, oder die Schwarzerde der Magdeburger Börde und des Thüringer Beckens, einer der fruchtbarsten Böden Deutschlands. Zu ihnen gehört die fruchtbare Parabraunerde Bayerns, gebildet aus feinem, kalkhaltigen Ausgangsmaterial, oder der Plaggenesch in meinem Bundesland Schleswig-Holstein, den die Menschen in Gegenden geschaffen haben, wo die Böden karg und nährstoffarm waren. Dazu haben sie den Oberboden samt der darauf wachsenden Gras- und Heidepflanzen, sogenannte Plaggen, abgestochen, ihn in ihre Ställe verfrachtet, als Einstreu genutzt und nach etwa einem Jahr als Dünger wieder auf ihre Äcker gebracht.

Der »belebte Teil der oberen Erdkruste« begann vor etwa 500 Millionen Jahren sich zu entwickeln, als die ersten Pflanzen und später Tiere vom Meer aus das Land eroberten. Allerdings könnten Bakterien und Pilze, die noch sehr viel älter als Pflanzen sind, schon früher an Land gegangen sein. An den heißen Quellen auf dem Meeresboden lebten schon vor 3,7 Milliarden Jahren erste Mikroorganismen, die eine große Ähnlichkeit mit dem Bakterienbewuchs an heutigen Hydrothermalquellen aufweisen. Biofilme aus Bakterien, wie man sie heute noch vor der Küste Australiens findet, gab es schon vor etwa 3,5 Milliarden Jahren. Wer bei Bodenbewohnern also vor allem an Maulwürfe oder Regenwürmer denkt, täuscht sich. Bakterien gehören auch heute zu den häufigsten Bodenbewohnern. In einem Gramm Boden können eine Milliarde Bakterien mit 4000 bis 7000 verschiedenen Arten leben. All das lässt sich heute dank gentechnischer Analysen nachweisen.[7]

Inzwischen arbeiten Bodenmikrobiologen daran, das Metagenom, also die Gesamtheit der DNA im Boden, zu analysieren. Mit den klassischen mikrobiologischen Verfahren schaffen sie das nicht. Damit lassen sich zwar Mikroorganismen im Labor kultivieren, aber diese Verfahren können nur etwa 0,1 Prozent der tatsächlichen Vielfalt der Bodenlebewesen widerspiegeln. Konnten die Forscher bis noch vor wenigen Jahren innerhalb eines Forschungsprojekts nur einige hundert Gene aus einer Bodenprobe ermitteln, sind es heute mit einer einzigen Analyse in wenigen Tagen mehrere Millionen.[8] In Europa gibt es inzwischen Gen-Landkarten, in denen die Biodiversität der Bodenbakterien gebietsweise erfasst wurde.

Auch über die Kohlenstoffvorräte in den Böden Deutschlands ist inzwischen mehr bekannt. Das Thünen-Institut, eine Bundesforschungsanstalt, kommt in der »Bodenzustandserhebung Landwirtschaft« zu dem Ergebnis, dass in den landwirtschaftlich genutzten Böden Deutschlands zusammen mit den ober- und unterirdischen Vorräten in unseren Wäldern fünf Milliarden Tonnen Kohlenstoff gespeichert sind. »Die Wald- und Agrarökosysteme speichern zusammen so viel organischen Kohlenstoff wie Deutschland bei dem derzeitigen Emissionsniveau in 23 Jahren als CO_2 emittiert«, heißt es in dem Bericht.[9]

Hinter dieser freudigen Nachricht verschwindet die Tatsache, dass es noch sehr viel mehr sein könnte, denn eine landwirtschaftliche Nutzung, bei der kaum Stroh, Wurzel- oder Erntereste auf einem Acker zurückbleiben, raubt den Böden organische Substanz und damit Kohlenstoff. Das verschlechtert ihre Fähigkeit, Nährstoffe zu speichern. Um die Verluste auszugleichen, wird mit Gülle oder Mineraldünger gedüngt. Aber viele Böden können den Stickstoff (N), der ihnen auf diese Weise zugeführt wird, nicht festhalten. Er entweicht in Form von Nitrat (HNO_3) ins Grundwasser und als Lachgas (N_2O) in die Atmosphäre. 80 Prozent der Lachgasemissionen in Deutschland stammen aus der Landwirtschaft, und sie heizen den Klimawandel weiter an.[10] Mit veränderter Bodennutzung ließe sich das verhindern. Hier kommen die wichtigsten Verbündeten des Bodens ins Spiel: die Pflanzen. Das ganze Jahr über sorgen sie dafür, dass seine Myriaden von Bewohnern gut genährt werden.

Tipp:
Düngen für Naturgärtner

Als ich Kind war, brachte ein Landwirt alle zwei Jahre ein Fuder Mist. Der lagerte ein Jahr ab und wurde anschließend auf den Gemüsebeeten verteilt. Dort blieb er ein paar Wochen liegen, dann wurde er umgegraben. Mit dem Gemüseanbau verschwand der Mist, und mit Rasenflächen und Blumenbeeten hielt der Mineraldünger Einzug. Stets stand eine Tüte mit blauen oder grünen Kügelchen in der Garage. Mal schnell vor dem Regen etwas davon ausstreuen, das gab ein gutes Gefühl, sollten die Kügelchen doch alles enthalten, was Pflanzen zum Leben brauchen.

Inzwischen kommt bei mir Kunstdünger nicht mehr ins Haus. Die kleinen Körner verätzen die empfindliche Haut von

Fröschen, Kröten und Molchen. Die letzten Überlebenden ihrer Art würden gemeuchelt, setzte man Kunstdünger im Garten ein. Mineralische Düngemittel können zudem Schwermetalle wie Blei, Cadmium, Nickel, Quecksilber, Arsen und Uran enthalten. Das gilt vor allem für Phosphor-Dünger aus sedimentären Rohphosphaten, der von Natur aus hohe Schwermetallgehalte aufweist, warnt das Umweltbundesamt.[11]

Außerdem kann man damit die Pflanzen leicht überdüngen. Sie schießen dann zu schnell in die Höhe, werden anfällig für Trockenheit und Schädlinge und kippen bei Wind und Regen leichter um. Untersuchungen zeigen immer wieder, dass mehr als die Hälfte der privaten Gärten mit Nährstoffen überversorgt sind. Das wiederum schadet dem Grundwasser, in das die Nährstoffe ausgewaschen werden können.

Wer wirklich meint düngen zu müssen, sollte auf Kompost (siehe Kapitel Humus) oder auf Hornspäne zurückgreifen. Dafür werden die Hufe und Hörner von Rindern zermahlen. Horn ist ein natürlicher Stoff, und man kann ihn praktisch nicht überdosieren. Auch Biobauern dürfen ihn auf ihren Feldern nutzen.

PFLANZEN

Mittler zwischen den Sphären

Wir ernähren die Welt – von der Schnecke bis zum Elefanten. Unsere Stärken sind Vielfalt und Regenerationsfähigkeit. Frisst uns jemand ab, wachsen wir wieder nach. Frisst uns jemand immer wieder ab, kann es sein, dass wir uns wehren und Gifte oder einen üblen Geschmack produzieren. Für all das brauchen wir nur CO_2, Sonnenlicht, Wasser und Nährstoffe. Als Brücke zwischen Sonne und Erdreich, zwischen Atmosphäre und Boden haben wir aus der sauerstofflosen Uratmosphäre der Erde einen lebendigen Planeten geschaffen.

Erntemaschinen für Kohlenstoff

Als der Mensch die Erde betrat, waren die Pflanzen schon da – seit Hunderten Millionen von Jahren. Sie haben den Boden bereitet für das Leben, wie wir es heute kennen, denn Pflanzen haben eine Fähigkeit, die kein anderes Lebewesen beherrscht: Sie nehmen Kohlendioxid (CO_2) auf und geben Sauerstoff ab. Nahezu alle tierische und menschliche Existenz verdankt ihnen die Luft zum Atmen. Zudem verwandeln sie das CO_2 in der Atmosphäre mithilfe von Sonnenlicht, Wasser und Nährstoffen in Blätter, Blüten, Stängel, Äste, Stämme und Früchte. Zusammen mit Wasser und Nährstoffen aus dem Boden produzieren sie Kohlenhydrate, Eiweiße und Fette – sogenannte Assimilate –, die Lebewesen vom Einzeller bis zum Menschen als Nahrung dienen. Der im CO_2 enthaltene Kohlenstoff ist der Grundbaustein für süße Erdbeeren und stärkehaltige Weizenkörner, für proteinhaltige Sojabohnen und vitaminreiche Kürbiskerne, für ölhaltige Nüsse und Sonnenblumenkerne.

Das CO_2 nehmen die Pflanzen mit ihren Blättern oder, wie manche Bäumen, mit ihren Nadeln auf. Sobald es hell wird, öffnen sie mikroskopisch kleine Spalte, die sich meist auf den Unterseiten befinden. Sie werden von zwei Zellen wie Lippen umschlossen, weshalb sie Stomata, von griechisch Stoma = Mund, genannt werden. Pflanzen besitzen pro Quadratmillimeter bis zu mehrere hundert davon. Die Pflanze fängt also nicht nur C aus der Atmosphäre ein, sie nagelt ihn sogar quasi fest, sodass er ihr nicht mehr entkommen kann.

Den Kohlenstoff behält die Pflanze, nutzt ihn als Baustoff für ihre Zellwände und als Energiereserve. Den Sauerstoff (O) gibt sie, gewissermaßen als Abfallprodukt, wieder ab. Erst diese Fähigkeit, die vor etwa 2,7 Milliarden Jahren von einer Bakterienart »erfunden« wurde, ermöglicht das Leben auf der Erde, wie wir es heute kennen.[1] Sie wird Photosynthese genannt. Weil Pflanzen durch ihre Spaltöffnungen auch Wasser verdunsten, schließen sie ihre Lippen, wenn es zu heiß und zu trocken wird. Deshalb wägen sie ständig zwischen Feuchtigkeitsverlust und Photosynthese ab, weshalb Stefano Mancuso, ein italienischer Professor für Pflanzenkunde, sie intelligent nennt.[2] Wachsen sie zu stark und verdunsten zu viel Wasser, vertrocknen sie und würden möglicherweise sterben. Nehmen sie zu wenig CO_2 auf, können sie nicht oder nur sehr langsam wachsen.

Pflanzen haben das Dilemma auf unterschiedliche Weise gelöst: Der leuchtend gelb blühende Scharfe Mauerpfeffer *(Sedum acre)* hat beispielsweise nur um die 20 Spaltöffnungen pro Quadratmillimeter und kann daher wenig Kohlenstoff aufnehmen. Er gedeiht auf trockenen sonnenbeschienenen Böden und Steinen, muss mit Wasser haushalten und wird nur fünf bis 15 Zentimeter hoch. Die Sonnenblume *(Helianthus annuus)* hingegen zapft mit ihren bis zu zwei Meter tiefen Wurzeln Wasservorräte weit unten im Boden an. Sie besitzt fast 500 solcher Öffnungen pro Quadratmillimeter und wächst in einem Jahr bis zu zwei Meter. Der Berg-Ahorn *(Acer pseudoplatanus)* verfügt sogar über 860 auf seinen Blättern.[3] Er speichert im Laufe seines Lebens – wie alle großen Bäume – in seinem Holz mehrere Tonnen Kohlenstoff.

Pflanzen vereinigen 80 Prozent des in Lebewesen vorhandenen Kohlenstoffs auf sich. Wir Menschen hingegen gerade mal so viel, wie alle Termiten zusammengenommen.[4] Mancuso ist sicher: Würden die Pflanzen morgen von der Erde verschwinden, wäre in wenigen Wochen, spätestens Monaten, alles menschliche Leben erloschen.[5] Angesichts der ungeheuren Pflanzenbiomasse sind wir Menschen eher ein Staubkorn der Naturgeschichte. Wir können uns allenfalls damit rühmen, dass wir die außergewöhnlichen Fähigkeiten der Pflanzen immer besser verstehen. Wir haben also allen Grund, ihnen mit Achtsamkeit zu begegnen, zumal von ihrem Gedeihen mit abhängt, wie es mit dem Klimawandel weitergeht. Denn je besser die Pflanzen wachsen, je mehr Biomasse sie bilden, umso mehr Kohlenstoff können sie speichern.

Erste Anhaltspunkte für diese Zusammenhänge lieferte ein von der EU gefördertes Projekt mit dem Namen BIODEPTH, das zwischen 1996 und 1999 stattfand.[6] An acht Standorten von Irland bis Griechenland und von Schweden bis Portugal legten Forscher Hunderte von Minigärten an, auf denen unterschiedlich viele Arten wuchsen – von sechzehn, acht, vier und zwei bis hin zur Monokultur. Ein Unterfangen, das nicht einfach umzusetzen ist, wie jeder weiß, der schon einmal ein Gemüsebeet angelegt hat. Egal wie sorgfältig die Erde vorbereitet wird, die Wurzeln unliebsamer Gräser und Kräuter entfernt werden – immer und immer wieder muss trotzdem gejätet werden. Auch bei BIODEPTH mussten Wissenschaftler, Mitarbeiter und Studenten regelmäßig zum Unkrautjäten aufs Feld, damit die Zusammensetzung der Arten konstant blieb und die Ergebnisse vergleichbar waren.

Drei Jahre lang untersuchten die Forscher, ob Artenvielfalt die Produktivität eines Ökosystems beeinflusst. Sie wollten wissen: Konkurrieren viele unterschiedliche Arten miteinander um Nährstoffe und Wasser, und wachsen sie deshalb schlechter? So wie ein Kuchen schnell kleiner wird, wenn viele hungrige Esser davon futtern? Oder hatte Charles Darwin recht, der 1859 in seinem bahnbrechenden Werk *Die Entstehung der Arten* folgende Erkenntnis verbreitete: »Es ist durch Versuche dargethan worden, daß, wenn man eine Strecke Landes mit Gräsern verschiedener Gattungen besäet, man eine größere Anzahl von Pflanzen erzielen und ein größeres Gewicht von Heu einbringen kann, als wenn man eine gleiche Strecke nur mit einer Grasart aussäet.«[7]

Die Auswertung der Ergebnisse von BIODEPTH zeigte: Darwin hatte richtig beobachtet. Die Minigärten mit einer höheren pflanzlichen Diversität bauten mehr Biomasse auf als die Minigärten mit einer geringeren Artenvielfalt, egal wo in Europa sich die Flächen befanden. »Wir konnten in ersten Ansätzen experimentell zeigen, dass ökologische Unterschiede zwischen den Arten dazu führen, dass mit zunehmender Artenzahl die vorhandenen Ressourcen wie Licht, Wasser und Nährstoffe effektiver genutzt werden«, erläuterte Professor Ernst-Detlef Schulze, damals Direktor am Max-Planck-Institut für Biogeochemie in Jena, der die Untersuchungen auf den Flächen in Deutschland leitete.[8]

Aber warum ist das so, und welche Faktoren spielen dabei außer der Pflanzenvielfalt noch eine Rolle? Pflanzen leben in Gemeinschaften mit anderen Pflanzen, mit Tieren und Mikroorganismen. Diese Lebensräume hat der Mensch in den vergangenen Jahrzehnten massiv verändert. Aus artenreichen Wiesen und Weiden wurde Grünland, auf dem vor allem schnellwachsende Gräser vorherrschen. Farbenfrohe Äcker mit Mohn und Kornblumen mutierten zu Getreide-, Raps- und Maismonokulturen. Gewässer, Hecken, Randstreifen, Gräben verschwanden aus der Landschaft und mit ihnen ein großer Teil der Arten, die auf diese Habitate angewiesen sind.

Die Folgen machen sich erst nach und nach bemerkbar. Viele Arten verschwinden nicht sofort. Individuen oder Gruppen schaffen es unter widrigeren Umständen oder in Fragmenten ihrer ehemaligen Habitate noch eine Weile zu überleben. Geht eine Art verloren, zum Beispiel der Bestäuber einer mehrjährigen Pflanze, wird die Pflanze noch einige Jahre weiterexistieren. Es werden sogar möglicherweise weitere Pflanzen der Art keimen, sofern sich noch Samen im Boden befinden.[9] Vor allem Gewinne und Verluste von Kohlenstoff im Boden zeigen sich erst so richtig nach einigen Jahren veränderter Bewirtschaftung.

Ein Nachfolgeprojekt von BIODEPTH musste her, in dem solche Fragen untersucht werden können. Es befindet sich in Thüringen, am Rande des Flusses Saale, etwas außerhalb von Jena, wird von der Deutschen Forschungsgemeinschaft gefördert, nennt sich »Jena Experiment« und ist eine Langzeit-Feldstudie. Seit 2002 treten dort Grünland-Monokulturen der heutigen intensiv bewirtschafteten Agrarlandschaften gegen artenreiche Wiesen an, wie sie bis vor wenigen Jahrzehnten typisch waren.

Vielfalt zahlt sich aus

Was aus der Vogelperspektive wie ein Schachbrett aus unterschiedlichen Grüntönen aussieht, ist aus der Nähe betrachtet ein Areal von fast 500 Versuchsflächen, auf denen Wissenschaftler unterschiedliche, für eine Auenlandschaft typische Graslandschaften ausgesät haben. Dr. Markus Lange ist einer der Wissenschaftler am Max-Planck-Institut für Biogeochemie in Jena, die an der Langzeitstudie mitwirken. Regelmäßig besucht er die Flächen, die bis vor knapp 20 Jahren ein intensiv bewirtschafteter Acker waren. »Wahrscheinlich wurde auch hier früher Gülle ausgebracht, was eine massive organische Kohlenstoffzufuhr bedeutete«, sagt der Wissenschaftler, als er mich an einem Oktobertag über die Fläche führt.[10] Zu Beginn des Projekts befanden sich noch viele Nährstoffe im Boden, die erst nach und nach abgebaut werden. Bis sich eine natürliche Nährstoff- und Kohlenstoffbilanz einstellte, hat es also ein paar Jahre gedauert.

Markus Lange zeigt auf eine Tafel, auf der zu lesen ist, was im Mittelpunkt des Jena Experiments steht: »Welche Folgen hat der Verlust von biologischer Artenvielfalt?« Der Grund für diesen Schwerpunkt liegt auf der Hand: Wir stecken mitten in einer Biodiversitätskrise, und sie findet direkt vor unserer Haustür statt. Die Welt verliert Tiere und Pflanzenarten in rasanter Geschwindigkeit. In den vergangenen 150 Jahren sind allein in Deutschland schon 119 Pflanzenarten ausgestorben oder verschollen, mindestens ein Drittel aller Arten (inklusive der Tierarten) ist gefährdet.[11] Die Häufigkeit der fliegenden Insekten ist zwischen 1989 und 2014 allein in Deutschland um durchschnittlich 76 Prozent zurückgegangen.[12]

Der Verlust an Vielfalt in unserer heimischen Flora und Fauna beeinflusst die Ökosysteme als Ganze. Dieses größere Bild wollen die Jenaer Wissenschaftler auf den Versuchsflächen erforschen. Ging es im Vorgängerprojekt vor allem um die Pflanzen, werden im Jena Experiment Tiere und Mikroorganismen, wie Insekten und Bakterien, mit in die Untersuchungen einbezogen. Welche Mechanismen tragen dazu bei, dass Ökosysteme gut funktionieren und stabil sind? Wie produktiv sind Ökosysteme? Welche Faktoren beeinflussen diese Produktivität? Und wie viel Kohlenstoff können die Organismen aufnehmen? Solche Fragen wurden zur Geburtsstunde dieses inzwischen weltweit längsten Freilandexperiments.

Die Parzellen auf der Versuchsfläche sind nur ein paar Quadratmeter groß – auch hier muss sich die Arbeit des Jätens in Grenzen halten. Lange beschreibt, was auf den einzelnen Quadraten ausgesät wurde. Auf manchen wachsen nur Kräuter, auf anderen nur Gräser oder Hülsenfrüchte wie Klee und Wicken, dazu alle vorstellbaren Kombinationen bis hin zu Monokulturen. »Keine Pflanzengemeinschaft wiederholt sich«, so Lange. Ein Team von Gärtnern, unterstützt von 50 bis 100 Studenten, sorgt dafür, dass auf den Parzellen nur wächst, was dort wirklich wachsen soll.

Im Boden stecken Schildchen, etwa »Small herbs 1 pru vul«, was so viel bedeutet wie: Auf dieser Parzelle wurde aus der Gruppe der »kleinwachsenden Kräuter« nur eine Pflanze, die lila blühende Braunelle *(Prunella vulgaris),* ausgesät. Auf einem weiteren Schild ist zu lesen: »Tall herbs, Legumes 0« – hochwachsende Kräuter, keine Hülsenfrüchte. Hülsenfrüchte wie Erbsen, Bohnen, Luzerne, Lupinen oder Wicken sind kleine biologische Düngerfabriken. Sie leben in Symbiose mit Knöllchenbakterien. Die Bakterien können, im Gegensatz zu

Pflanzen, molekularen Stickstoff (N_2) aus der Luft aufnehmen. N_2 ist eine Verbindung, in der die beiden Moleküle fest aneinandergekettet sind. Die Knöllchenbakterien »knacken« den molekularen Stickstoff mithilfe eines komplexen Moleküls, in dessen Zentrum sich ein Kohlenstoffatom befindet. Sie brauchen dazu, anders als in der industriellen Düngerherstellung mit dem energieintensiven Haber-Bosch-Verfahren, weder großen Druck noch hohe Temperatur. Die Bakterien sind so effektiv, dass sie sogar mehr Nährstoffe produzieren, als ihre Wirtspflanze benötigt, sie die Gräser also mit ernähren.[13]

»Um den Gehalt an Kohlenstoff zu bestimmen, nehmen wir alle drei Jahre Bodenkerne, 30 Zentimeter tief, und alle fünf Jahre einen Meter tief. Wir unterteilen die Kerne in Schichten von fünf Zentimetern. Die werden auf den organischen Kohlenstoffgehalt analysiert«, erklärt Wissenschaftler Lange. Er öffnet einen Kasten, in dem zwei Fläschchen stehen, von denen dünne blaue Schläuche in den Boden führen. In den Flaschen sammeln die Wissenschaftler Bodenwasser, um beispielsweise den Nährstoffgehalt zu bestimmen. »Im Moment läuft nicht viel, weil es in diesem Jahr sehr trocken war.« Er zeigt auf die Stromanschlüsse. Die nutzen die Wissenschaftler, wenn sie die Insektenvielfalt auf den Flächen untersuchen. Dazu wird ein Versuchsquadrat mit einem Gazekäfig abgedeckt und mit einer Art Staubsauger versucht, alle Insekten abzusaugen, die sich darin befinden. Lange: »Dann hat man die Anzahl, kann sie auf die Fläche hochrechnen und so auf die Dichte und die Vielfalt zurückschließen.« Zweimal im Jahr wird gemäht, die Biomasse abgenommen und ihr Ertrag ebenfalls gemessen.

Schon wenige Jahre nach Versuchsbeginn 2002 zeigten sich deutliche Unterschiede zwischen den Parzellen. Der Kohlenstoff in den tiefen Bodenschichten, der durch das Umwenden der oberen Schichten beim Pflügen dorthin gelangt war, wurde abgebaut. In den oberen Bodenschichten hingegen nahm er stark zu. Besonders ausgeprägt waren die Zunahmen auf den artenreichen Wiesen. Sie produzieren außerdem über die gesamte Zeit mehr Biomasse als artenarme Wiesen. Offensichtlich suchen sich die unterschiedlichen Pflanzen auf der Wiese ihre eigenen ökologischen Nischen und können so die vorhandenen Ressourcen wie Wasser, Nährstoffe und Licht optimal nutzen. Auf diese Weise schafften es die artenreichen Wiesen bei der Biomasseproduktion genauso erfolgreich zu sein wie ein Landwirt, der zusätzliche Düngung mit häufigerem Mähen kombiniert. »Ein Landwirt, der bestimmte Arten fördert und düngt, ist im Schnitt nicht erfolgreicher als die Natur«, lautet das Fazit von Professor Wolfgang Weisser, einer der maßgeblich am Jena-Projekt beteiligten Forscher.[14] Auch der Energiegehalt der Biomasse von artenreichen Wiesen war deutlich höher als der von artenarmen und vergleichbar mit vielen der heute stark subventionierten Arten wie etwa Chinaschilf.[15] Kurz: Der Einsatz von Gülle oder Kunstdünger, der erst mit hohem Energieaufwand erzeugt werden muss, ist nicht effektiver, als der Natur mit ihrem Artenreichtum ihren Lauf zu lassen.

Die Messungen zeigten zudem, dass fremde, invasive Arten es in diverseren Pflanzengemeinschaften schwerer haben, sich durchzusetzen, weil die Habitate schon von heimischen Pflanzen besetzt sind, die an Boden und Klima bestens angepasst sind. Außerdem können die artenreichen Pflanzengemeinschaften Stickstoff besser verwerten, sodass weniger Nitrat ins Grundwasser gelangt. Sie erweisen sich als widerstandsfähiger gegen Krankheiten und Schädlingsbefall, weil die Nahrungspflanzen der Schädlinge auf den Flächen weiter voneinander entfernt stehen und mehr Insekten vorhanden sind, die die Dichte der Schädlinge verringern, weil sie sie fressen oder parasitieren.[16]

Als ob noch ein letzter Beweis für den Wert der Artenvielfalt gefehlt hätte, regnete es Anfang Juni 2013 tagelang und nahezu ununterbrochen. In ganz Europa wurden Äcker überschwemmt, Ernten vernichtet, Böden tonnenweise weggespült. Die Schäden für die Landwirte gingen in die Milliarden. Auch die Saale trat über ihre Ufer und überflutete die kostbaren Versuchsflächen des Jena Experiments. Einige Teile standen bis zu drei Wochen unter Wasser, sodass die Wissenschaftler um ihre Arbeit von mehr als zehn Jahren fürchteten. Bis sie beschlossen, aus der Not eine Tugend zu machen.

Ein Team um Professor Nico Eisenhauer, seit 2015 Sprecher des Jena Experiments, studierte im Detail die Auswirkungen der Überschwemmungen auf die Versuchsflächen. Das geschah vor dem Hintergrund, dass als Folge der steigenden CO_2-Konzentrationen in der Atmosphäre vermutlich sowohl längere Trockenheit als auch Starkregenereignisse zunehmen werden. Die artenreichen Gemeinschaften erwiesen sich unter den widrigen Umständen als überlegen. Sie profitierten sogar von dem Hochwasser. Das war vermutlich vor allem auf die zusätzlichen Nährstoffe zurückzuführen, die das Hochwasser auf den Flächen abgelagert hatte. Die hochdiversen Pflanzengemeinschaften konnten sie offensichtlich am besten nutzen. Selbst die am längsten überfluteten Pflanzengemeinschaften hatten ihre Produktivität im September wieder erreicht. Arten gingen kaum verloren, und einige Überlebenskünstler wuchsen sogar besser, glichen Verluste also aus und hielten das System stabil.

Pflanzengemeinschaften mit einer großen Artenvielfalt sind also deutlich widerstandsfähiger. Sie können mit schwankenden Umweltbedingungen und extremen Klimaereignissen besser umgehen als genetisch verarmte Monokulturen. »Diese Erkenntnis könnte vielen Landwirten helfen, die sich einen stabilen Ertrag wünschen, aber das Wetter eben nicht beeinflussen können. Auch gegen Krankheiten sind üppige Wiesen einfach resistenter«, sagt Eisenhauer.[17] Vielfalt erzeugt Stabilität, und auf die dürften Landwirte in Zeiten eines sich verstärkenden Klimawandels mehr angewiesen sein als je zuvor. Außerdem speichern artenreiche Wiesen etwa dreimal so viel Kohlenstoff im Boden wie ihre artenarmen Nachbarn. Eisenhauer: »Das ist der Kohlenstoff, den wir dann nicht mehr in der Atmosphäre haben.«[18]

Die Wissenschaftler konnten außerdem zeigen, dass die Artenvielfalt der Pflanzen die Vielfalt von wirbellosen Tieren positiv beeinflusst. Eins bedingt das andere: Pflanzen sind auf Insekten angewiesen, die sie bestäuben, ein reiches Angebot von Pflanzen bietet Insekten wiederum wichtige Lebensräume. Werden hingegen Insektizide ausgebracht, verringern sie nicht nur die Dichte der Schädlinge, sondern auch die Vielfalt und Häufigkeit von Nützlingen, die auf die Schädlinge Jagd machen. In der Natur hängt alles miteinander zusammen: Läuse und Schnecken ernähren sich von Pflanzen. Die Läuse und Schnecken werden von Laufkäfern gefressen. Die Käfer düngen mit ihrem Kot die Wiesen und liefern Stickstoff für die Pflanzen. Das sind Prozesse, die für eine nachhaltige Landwirtschaft von Bedeutung sind. Eisenhauers Langzeitdaten bestätigen die Zusammenhänge von Produktivität und von Diversität. Er hat festgestellt: Sie sind so stark, dass der Verlust jeder einzelnen Art im Ökosystem spürbar sein müsste.[19] Mit dem weltweiten Artensterben geht also nicht nur ein Teil des evolutionären Erbes der Erde unwiederbringlich verloren, der Rückgang der Vielfalt könnte über den Umweg des beeinträchtigten Pflanzenwachstums den Klimawandel sogar noch verstärken.

Was auf den Saale-Auen in der freien Natur im Großen untersucht wird, erforschen die Wissenschaftler im Zentrum für integrative Biodiversitätsforschung in Halle-Leipzig-Jena außerdem im Kleinen. In einer riesigen Halle haben sie 24 beleuchtete Glaskästen aufstellen lassen, jeder knapp 1,30 mal 1,30 groß mit einem Meter Bodentiefe. Darin wachsen Pflanzen und leben Insekten. Angeregt von den vielen Untersuchungen zum Insektensterben, wurden in den Glaskästen beispielsweise über eine ganze Vegetationsperiode unterschiedliche Insektendichten bis hin zum Insektensterben untersucht. So will man der Interaktion zwischen den Arten in einem Mikrokosmos auf die Spur kommen und dabei die Gefahr von Dauerregen, Trockenheit oder Überschwemmung ausschließen.

Es geht darum herauszufinden, welche Folgen Insektenvielfalt und Insektendichte für die Produktivität der Pflanzen und das Bodenleben haben. Dazu wurden die Glaskästen regelmäßig mit Insekten »geimpft«, darunter viele Pflanzenfresser. Die Wissenschaftler manipulierten beispielsweise die Anwesenheit und die Vielfalt von unterschiedlichen Marienkäferarten und schauten, was passiert, wenn Pflanzen von Blattläusen gefressen werden. »Wir konnten sehen, dass abhängig davon, wie viele Marienkäfer oben an den Blattläusen gefressen haben, das Auswirkungen auf die Gemeinschaften im Boden gehabt hat«, so Eisenhauer.[20]

Was über der Erde passiert und darunter, ist eng miteinander verknüpft. Jede Ausscheidung eines Marienkäfers, jedes herabgefallene Blatt, jeder abgestorbene Stamm, jeder Flügel eines Insekts, jede Vogelfeder und jedes tote Tier, alles wird zur Grundlage für neues Leben. Entlang des Äquators geschieht die Wiederverwertung im Vergleich zu unseren Breiten mit rasanter Geschwindigkeit. Dort wird alles sofort in neue Biomasse umgesetzt, die Böden speichern fast keinen Kohlenstoff. Mit der Entfernung vom Äquator Richtung Süden und Norden ändert sich das Verhältnis zwischen dem Kohlenstoff, der über der Erde, und dem Kohlenstoff, der unter der Erde gespeichert wird. Mehr und mehr Biomasse wandert wegen der kürzeren Vegetationsperioden in die Böden und wird dort zerlegt, gefressen, verdaut und zu einem Teil auf Dauer wie auf einem Sparkonto mit langer Kündigungsfrist festgelegt.

Daran beteiligt ist ein Zoo von Minimonstern, von denen der Regenwurm das bekannteste, aber auch immer noch eines der rätselhaftesten ist und deshalb ein Extrakapitel in diesem Buch bekommt. Die meisten sind so klein, dass sie mit dem bloßen Auge oftmals gar nicht erkennbar sind. Für die Speicherung von Kohlenstoff im Boden sind sie jedoch unerlässlich, denn sie wandeln abgestorbenes Pflanzenmaterial, vom schwerverdaulichen Eichblatt bis zum Rasenschnitt, in Humus um, der nicht nur den Boden verbessert, sondern den Pflanzen wichtige Nährstoffe liefert. In diesem unterirdischen Zusammenspiel sind die Pflanzen nicht etwa passive Nutznießer, sondern Handelnde, die mithilfe ihrer Wurzeln die Umgebung im Boden kräftig mitgestalten.

Tipp:
Eine warme Decke für die Gartenpflanzen

Ich nutze das Herbstlaub meiner Bäume, um damit meine Blumenbeete zu bedecken: bis zu eine Schubkarre Laub auf einem Quadratmeter Boden. Die Mulchschicht schützt die Pflanzen im Winter vor Kahlfrost und liefert ihnen im folgenden Jahr, wenn die Blätter sich zersetzt haben, neue Nährstoffe. Zersetzt wird das Laub von Lebewesen wie Insektenlarven, die ihrerseits im Winter eine wichtige Futterquelle für die Gartenvögel sind. Sorgfältig wenden diese in der kalten Jahreszeit tagaus, tagein die Blätter immer wieder um und entdecken neue Nahrung darunter. Besonders gut geeignet sind die Blätter von Linden, Ahornbäumen oder Birken, weil sie sich schnell zersetzen.

Ist noch Laub übrig, kann man es verwenden, um besonders frostempfindliche Pflanzen zu schützen. Dazu kauft man sich im Baumarkt einige Meter Maschendraht und schneidet sie so zurecht, dass der Draht die ganze Pflanze umfängt.

Anfang und Ende mit Blumendraht verbinden, über die Pflanzen stellen und mit zwei bis drei Stangen stabilisieren. Dann locker mit Laub füllen. Im Frühjahr das Gestell entfernen und das Laub auf den Beeten verteilen. Eichenlaub enthält Gerbsäure, verrottet sehr langsam und ist zum Mulchen im Allgemeinen ungeeignet. Werden hingegen ein paar Zentimeter mit dem Rasenmäher zerkleinertes Eichenlaub mit Hornmehl vermischt locker unter Rhododendren verteilt, bekommt das den Pflanzen gut, weil sie einen niedrigen pH-Wert im Boden bevorzugen.

WURZELN
Titanen der Unterwelt

Wir sind das verborgene Kraftzentrum der Pflanzen. In uns pulsiert Leben, auch wenn über der Erde alles mit Schnee bedeckt ist. Wir sind vieles gleichzeitig: die feste Verankerung im Boden, Speicher von Lebensenergie, Transportmittel für Wasser und Nährstoffe. Täglich geben wir Unmengen von kohlenstoffhaltigen Verbindungen an unsere unterirdische Umgebung ab und ernähren damit Myriaden von Mikroorganismen. Charles Darwin hat uns das Gehirn der Pflanze genannt. Wir sind ein Kommunikationszentrum, das mit mehr Sinnen ausgestattet ist als der Mensch.

Ein unermessliches globales Gehirn

Der Titan der Bäume misst 116 Meter und wächst in den USA im kalifornischen Redwood-Nationalpark. Es ist ein Küstenmammutbaum, und um so groß zu werden, brauchte er mehr als 1200 Jahre. Man hat ihn Hyperion getauft, nach dem griechischen Gott des Lichtes, dem Sohn des Himmelsgottes Uranus und der Gaea, der Erde. Der Titan der Wurzeln wächst in Südafrika und ist ein namenloser Feigenbaum. Seine Wurzel reicht 120 Meter tief in den Boden. Dafür hat der Baum gerade mal 120 Jahre benötigt, musste Hitze und Dürre überstehen, sich durch Schotter und Steine hindurchwühlen, bis er schließlich ein wasserführendes Höhlensystem erreicht hat. Von dort pumpt er nun jeden Tag 25 Liter an die Oberfläche und kann so der Trockenheit trotzen.[1]

»Wurzeln sind die rätselhaftesten Formen der Pflanzenwelt. Ihr Körper ist unendlich groß, unendlich komplexer als ihr luftiger Zwilling, den die Pflanzen im Tageslicht vorführen«, schreibt der italienische Philosoph Professor Emanuele Coccia in seinem Buch *Die Wurzeln der Welt*. Dank ihrer Wurzeln bewohnen Pflanzen gleichzeitig zwei Milieus: Erde und Luft, Boden und Himmel. Durch sie werde »der festeste Teil der Erde zu einem unermesslichen globalen Gehirn, wo Materie, aber auch Informationen über die Identität und den Zustand der Organismen zirkulieren, die das umliegende Milieu bewohnen«[2], schreibt Coccia.

Doch während über den sichtbaren Teil der Pflanzen relativ viel bekannt ist, wissen wir über dieses »globale Gehirn« wenig, denn Pflanzenwurzeln führen ein verstecktes Leben. Um ihr Verhalten in der freien Natur zu beobachten, muss man graben. Der österreichische Agrarwissenschaftler Professor Erwin Lichtenegger hat deshalb einen großen Teil seines Lebens in Erdlöchern verbracht. Die Summe seiner Beschäftigung ist ein faszinierendes Buch: der zusammen mit den Botanikerinnen Professor Lore Kutschera und Dr. Monika Sobotik herausgegebene *Wurzelatlas*.[3]

»Der Lichtenegger hat immer im Loch gesessen, jede einzelne Wurzel mit einer Reißnadel freigelegt und die Wurzeln maßstabsgerecht auf Karopapier übertragen«, erzählt Monika Sobotik, als ich sie in ihrem Pflanzensoziologischen Institut in Österreich, tausend Meter über dem Hallstätter See, besuche. In Zeiten der Molekulargenetik klingt das wie eine Reise ins Innerste des afrikanischen Kontinents mit Pferd und Wagen. Sobotik selbst ist 1967 zum Team des *Wurzelatlas* gestoßen und führt nun das Erbe ihrer beiden verstorbenen Kollegen fort. Ihr Haus ist ein Museum der Wurzelforschung. Präparate, Zeichnungen, Bücher, Fotos und Erwin Lichteneggers Werkzeuge hat die in Salzburg geborene Botanikerin zusammengetragen.

Ein Blick an die Wand ihres Wohnzimmers reicht, um zu erfassen, welche mühevolle Arbeit diesen Pflanzenzeichnungen vorausgegangen sein muss. Dort hängt das Präparat eines sieben Zentimeter großen Herbstlöwenzahns *(Taraxum serotinum),* der nur in Österreich vorkommt und dessen Wurzel kein Ende zu nehmen scheint. Mehr als fünf Meter haben Lichtenegger und sein Team sie ausgegraben und waren immer noch nicht an der Wurzelspitze angekommen. Sobotik: »Da denkt man dann: Warum braucht eine Pflanze eine so lange Wurzel?« Schließlich lebt der Herbstlöwenzahn im wohltemperierten Österreich und nicht im heißen, trockenen Südafrika.

Die Biologin erklärt es sich so: »Die Pflanze wächst nur auf sehr lichtreichen Standorten und liegt ganz flach am Boden, um nicht zu oft abgefressen zu werden. Sie betreibt ständig Photosynthese und bildet dabei energiereiche Stoffe, wie Zucker, Fette und Eiweiße. Sie muss irgendwohin mit diesen Assimilaten. Also schiebt sie es in die Wurzel.« Wurzeln sind also mehr als die Verankerung im Boden, sie sind die Überlebensreserven der Pflanzen, ihre Speisekammern, von denen sie zehren können, wenn sie neu austreiben müssen, weil Insekten oder andere Tiere ihre Blätter abgefressen haben, sie abgemäht wurden oder nach dem Winter wieder neu austreiben müssen.

Monika Sobotik holt einen Stapel von Original-Wurzelzeichnungen Erwin Lichteneggers hervor, die sie hütet wie einen Schatz. Die mit einem schwarzen Tuschefüller auf Transparentpapier gezeichneten Abbildungen passen trotz maßstabsgerechter Verkleinerung teilweise nicht auf den Wohnzimmertisch. Blatt an Blatt hat Lichtenegger sie mit Tesafilm zusammengefügt, der Eile wegen, denn einmal freigelegt vertrocknen Wurzeln sehr schnell. Jede Zeichnung ist für sich ein filigranes Abbild einer verborgenen Existenz. Wer Sobotik zuhört, bekommt Ehrfurcht vor den Pflanzen, und es dämmert einem die Erkenntnis, dass sich ihr wirkliches Leben womöglich gar nicht oberirdisch, sondern im Boden abspielt. Eine der Zeichnungen zeigt eine Kleine Bibernelle *(Pimpinella saxifraga)*. Die Pflanze selbst wird 40 bis 60 Zentimeter hoch, doch sie wurzelt 2,73 Meter tief. Die Silberdistel *(Carlina acaulis)*, die oberirdisch kaum 40 Zentimeter erreicht, haben die Wissenschaftler vier Meter tief in den Boden verfolgt, die Luzerne *(Medicago sativa)*, einst ein beliebtes Viehfutter, ebenso tief. Doch der eigentliche Star von Sobotiks Sammlung hängt auf ihrer Veranda: eine Halbstrauch-Radmelde *(Bassia prostrata)*. »Die haben wir auf 7,40 Meter ausgegraben, aber da hatten wir das Ende noch nicht erreicht.«

Was für Wildpflanzen gilt, trifft für viele Ackerpflanzen ebenfalls zu. Spargelwurzeln wachsen 2,70 Meter tief und 2,40 Meter breit, und Winterraps kann bis zur Ernte eine Gesamtwurzellänge von bis zu 60 Kilometern pro Quadratmeter (!) bei einem Meter Wuchstiefe erreichen. Der Pflanzenforscher František Baluška von der Universität Bonn hat die Gesamtoberfläche des Wurzelsystems einer vier Monate alten Roggenpflanze ausgerechnet und kam auf tausend Quadratmeter. Ihre mehr als 13 Millionen Wurzeln ergeben eine Gesamtlänge von 600 Kilometern. Zählt man die 14 Milliarden Wurzelhärchen noch hinzu, ergäbe sich eine Gesamtlänge von 10 600 Kilometern, was etwa der Luftlinie von Frankfurt nach Lima/Peru entspricht.[4] Das alles ist Biomasse, ist Kohlenstoff aus der Atmosphäre, den die Pflanzen in den Boden transportiert haben.

Wie kommt man auf die Idee, Wurzeln auszugraben und zu vermessen? In den USA gab es dafür ein Vorbild: den Botaniker und Universitätsprofessor John Ernest Weaver. Er veröffentlichte 1929 zusammen mit Professor Frederic E. Clements mit dem Buch *Plant Ecology* das erste amerikanische Ökologie-Lehrbuch und widmete große Teile seines Forscherlebens den Pflanzen der amerikanischen Prärie. Dabei stellte er fest: »Häufig ist die Hälfte – und oft noch viel mehr als die Hälfte – jeder Pflanze in Grasländern unsichtbar.«[5] Seine Aufgabe sah er darin, dieses weitgehend unterirdische Buch der Natur zu öffnen und lesbar zu machen. »Jeder grasbedeckte Hügel ist eine Seite, auf der sich die Geschichte der Vergangenheit, die Bedingungen der Gegenwart und Prognosen für die Zukunft ablesen lassen.«[6]

Pflanzen können nicht weglaufen. Wenn sie Wurzeln geschlagen haben, müssen sie mit den vorgefundenen Bedingungen vorliebnehmen. Deshalb sind sie enorm anpassungsfähig. Die gleiche Pflanze kann ihr Wurzelsystem sehr unterschiedlich ausbreiten, je nach Bodenqualität, Standort und Witterung. In einem trockenen Jahr bildet sie viel tiefer reichende Wurzeln als in einem nassen Jahr. »Man kann nie sagen: Die Pflanze macht das. Man kann nur sagen: Unter den Bedingungen macht sie das«, sagt Monika Sobotik.

Sie zeigt auf Fotos der Wurzeln von zwei Maispflanzen. Die eine Pflanze ist 2,40 Meter hoch, die andere nur 1,80 Meter. Die Wurzel der ersten reicht 90 Zentimeter tief in den Boden, die der anderen nur 35 Zentimeter tief. Ausgegraben wurden sie auf demselben Acker, aber die niedrigere Pflanze mit den flachen Wurzeln wuchs auf dem Umkehrplatz des Treckers, wo die Erde stark zusammengepresst ist. Die Wurzeln selbst scheinen nicht zur selben Pflanzenart zu gehören, so unterschiedlich sehen sie aus: die im lockeren Boden rank und schlank, die im verdichteten kurz und dick, mit kleinen verkrüppelten Seitenwurzeln. »Man sieht, wie die Wurzeln sich winden, dick werden und wieder dünn, wie sie sich quälen, um in den Boden hineinzukommen«, sagt Sobotik. Es ist eine Nahaufnahme der Folgen von Bodenverdichtung.

Auch unter dem Mikroskop unterscheiden sich die Wurzeln der beiden Maispflanzen. Die Querschnitte durch die schlanken, geraden Wurzeln zeigen konzentrische Kreise von harmonisch angeordneten Zellen, bei den gestauchten Wurzeln wechseln die Zellgrößen innerhalb geringer Abstände, und die Zellen der Wurzelhaut, die der Aufnahme von Wasser und Nährstoffen dienen, sind deutlich geschrumpft. Unterirdisch kann die Pflanze sich nicht ausbreiten, ihre Wurzeln sind verkümmert. So ist ihr geringeres oberirdisches Wachstum ein Spiegel dessen, was im Boden passiert. Der Maisacker wird zum Buch, auf dessen Seiten sich ablesen lässt, was der Boden erlebt hat und wie es um seine Zukunft bestellt ist. Denn einmal verdichtet, lässt er sich mit dem Pflug nur so tief auflockern, wie die Pflugschar reicht. Darunter bildet sich eine hoch verdichtete Pflugsohle, die die meisten Ackerpflanzen nicht durchdringen können, um bei Trockenheit an tiefere Wasserschichten zu gelangen. Bei Regen hingegen staut sich über dem verdichteten Boden das Wasser, und wenn die Nässe zu lange anhält, verfaulen die Wurzeln der Pflanzen.

Die pflanzliche Intelligenz

Pflanzen sind wegen ihrer Wurzeln »von der Geburt bis zum Tode zur Unbeweglichkeit verdammt«, formulierte Maurice Maeterlinck es 1907 in seinem Buch *Die Intelligenz der Blumen* mitleidsvoll.[7] Trotzdem sind sie ihrer Umwelt nicht völlig ausgeliefert. Pflanzenwurzeln besitzen ein hohes Maß an strategischer Durchsetzungsfähigkeit. Wenn sie auf ein Hindernis stoßen, wachsen sie daran entlang, bis sie einen Ausweg finden. Sie können sogar den kürzesten Weg um einen großen Stein herum wählen. Außerdem haben sie Sensoren für Feuchtigkeit und Nährstoffe. Sie können das Konzentrationsgefälle zahlreicher chemischer Stoffe analysieren und sie mit ihrer Wuchsrichtung entweder vermeiden oder sich zu ihnen hinwenden.[8]

Der findige Experimentator Charles Darwin, der seinen Wohnsitz in der Ortschaft Downe südlich von London in ein Laboratorium umgewandelt hatte, legte ihnen Steine in den Weg und stellte fest: »Ein Würzelchen kann mit einem grabenden Thiere, wie beispielsweise einem Maulwurfe, verglichen werden, welches wünscht, senkrecht in den Boden hinabzudringen. Durch beständige Bewegung seines Kopfes von einer Seite zur andern [...] wird es jeden Stein oder jedes andere Hindernis im Boden, ebenso wie jede Verschiedenheit in der Härte des Bodens fühlen und wird sich von dieser Seite wegwenden.«

Darwin lockte Wurzeln mit Feuchtigkeit und beobachtete, wie sie sich »dahin als nach einem besseren Jagdgrunde wenden«. Die permanenten Kreisbewegungen der Wurzelspitze nennt Darwin Circumnuation; damit sucht sie nach Spalten, Rissen und Gängen von Insektenlarven und Regenwürmen, in die sie hineinwachsen kann. Darwin maß sogar die Kraft, die manche Pflanzenwurzeln dabei entwickeln können. Eine seiner Puffbohnen – offensichtlich im Vergleich zum Mais ein wahrer Wurzel-Tarzan – schaffte es, sich durch eine mit der Kraft von acht Pfund zusammengehaltene Holzzwinge hindurchzupressen.[9]

Schon Keimlinge wissen, wo oben und unten ist, und verhalten sich entsprechend. Als Erstes bricht die Wurzelanlage (*Radicula*) aus der Samenschale und strebt nach dem Erdmittelpunkt. Darwin und seine Zeitgenossen stellten allerlei Versuche an, um das zu beweisen. Sie drehten ein keimendes Saatkorn mehrmals um und stellten fest, dass die Wurzel stets nach unten strebt. Sie füllten Röhren mit trockenem Boden, fügten junge Pflanzen hinzu und füllten die Röhren mit feuchter Erde auf. Die Wurzel wuchs nach unten, obwohl es dort trocken war. Sie setzten Pflanzen in Röhren mit Wasser, erleuchteten den unteren Teil und verdunkelten den oberen. Die Wurzel wuchs trotzdem nach unten.[10] Im Gegensatz zum überirdisch lebenden Pflanzenteil, der zum Licht strebt, folgen die Wurzeln der Schwerkraft, der Gravitation.

Der Sensor dafür befindet sich in der Wurzelspitze, der Kalyptra. Auch das wissen wir seit Darwins Versuchen. Er schnitt den vordersten Teil der Wurzeln ab und stellte fest, dass sie damit ihren Orientierungssinn verloren hatten.[11] Inzwischen ist nachgewiesen, dass sich in der Kalyptra, wie im menschlichen Ohr, sogenannte Schweresteinchen *(Statolithen)* befinden. Diese stärkehaltigen Zellpartikel üben unter dem Einfluss der Schwerkraft Druck auf spezielle Sensoren in den umliegenden Zellen aus. Beim Menschen sorgt dieser Mechanismus dafür, dass wir nicht wie Betrunkene über die Erdoberfläche taumeln. Den Pflanzenwurzeln ermöglicht er, stets zum Mittelpunkt der Erde zu streben.[12] Darwin verglich die Wurzelspitze deshalb mit dem »Gehirn eines niederen Thieres«.[13] Heute sprechen Forscher von Schwarmintelligenz oder dezentraler Intelligenz. Pflanzen nutzen ihre Wurzeln nicht nur zur Orientierung im Boden, sondern auch zur Kooperation mit anderen Pflanzen und für ihre kriegerischen Auseinandersetzungen mit Schädlingen. Jede einzelne Wurzelspitze fungiert dabei als Sinnesorgan für die unmittelbare Umgebung und als Kommandozentrale der jeweiligen Pflanze.[14]

Die Cocktailparty im Boden

Hilfsmittel der Wurzelforscher sind inzwischen nicht mehr Zeichengerät und Schaufel, sondern medizinische Großgeräte wie Computertomographen (CT). Dazu hat man den Boden ins Labor geholt. Während man früher für Wurzel-Experimente Pflanzen auf Gelplatten wachsen ließ oder mit in feuchter Luft aufgehängten Keimlingen arbeitete, hat man jetzt die »Bodenforschung an der Wurzel gepackt«, wie es das Helmholtz-Zentrum für Umweltforschung (UFZ) in Halle formuliert.[15] In dessen Keller wachsen Pflanzen in schmalen Zylindern von 20 Zentimetern Höhe und acht Zentimetern Durchmesser. Die Behälter sind so klein, dass die Röntgenstrahlen eines CT-Gerätes den Boden, in dem die Pflanzen wachsen, durchdringen und ein dreidimensionales Bild der Vorgänge in den Zylindern erstellen können. Der Versuch ist Teil eines mit sechs Millionen Euro ausgestatteten Forschungsprojekts der Deutschen Forschungsgemeinschaft, das im Spätsommer 2018 gestartet ist und an dem 28 deutsche Forschungseinrichtungen beteiligt sind. Die Wissenschaftler wollen wissen, wie sich Wurzeln, Mikroorganismen und Böden gegenseitig beeinflussen und welche Auswirkungen das auf die Umwelt, das Pflanzenwachstum, den Transport und die Speicherung von Kohlenstoff hat. Die Agrarbiologin Professor Doris Vetterlein am UFZ in Halle koordiniert das Programm.

Den meisten Platz in ihrem Büro nimmt ein Schreibtisch mit zwei großen Computerbildschirmen ein. Sie machen sichtbar, was zu klein ist, um vom menschlichen Auge wahrgenommen zu werden. Vetterlein interessiert sich besonders für die Grenzzone zwischen Boden und Wurzel, die Rhizosphäre: »Da wird es im Boden richtig spannend, da geht die Post ab.« Und das ist nicht nur für die Versorgung der Pflanze mit Wasser und Nährstoffen von Bedeutung, sondern auch für den Transport von Kohlenstoff in den Boden. Damit ist das Forschungsanliegen für Fragen der Nahrungsmittelversorgung und für die Bindung von Treibhausgasen hoch relevant.

»Bei Gräsern geht mehr als die Hälfte dessen, was über Photosynthese assimiliert wird, ins Wurzelsystem«, sagt die Wissenschaftlerin. Bei Kräutern sei es etwas weniger als die Hälfte. Nur bei Bäumen sei die oberirdische Biomasse erheblich größer als die unterirdische. Das Problem dabei ist: Anders als bei der Bildung von Blüten und Blättern und dem Fallen des Laubs im Herbst sieht niemand die Entwicklungsvorgänge der Pflanzen unter der Erde. Deshalb wurde der Kohlenstofftransport über die Wurzeln, der mindestens ebenso wichtig ist wie der von Laubfall und Streu, bis in die neuere Zeit vernachlässigt.

Wurzelforschung im Freiland ist extrem arbeitsintensiv. Die Professorin macht das an einem einfachen Beispiel deutlich: »Wenn wir hinausgehen, ein Bodenprofil aufmachen und schauen, wie tief die Wurzeln vom Mais gehen, würden wir zwei heute nicht damit fertig werden, ein entsprechendes Loch zu graben.« Zudem erschweren es die je nach Bodentyp zum Teil sehr unterschiedlichen Wuchsformen der gleichen Pflanzenart, wissenschaftlich vergleichbare kausale Zusammenhänge herzustellen. Die Laborversuche hingegen ermöglichen neue, detailreiche und wissenschaftlich vergleichbare Einblicke in das unterirdische Pflanzenleben.

Auf einem ihrer Bildschirme zeigt sie, was mit einer Pflanzenwurzel passiert, wenn sie an Wassermangel leidet. Dazu haben die Wissenschaftler Ackerbohnen *(Vicia faba),* auch Sau- oder Pferdebohne genannt, mit dem CT-Gerät untersucht. Ackerbohnen lassen sich leicht züchten; schon Darwin hat viele seiner Pflanzenversuche mit ihnen durchgeführt. Für die Untersuchungen mit dem CT-Gerät haben sie sich als ideal herausgestellt, weil sie ein relativ grobes Wurzelsystem haben, das für bildgebende Verfahren gut geeignet ist. Vetterlein nennt sie deshalb »unser ideales Haustierchen«. Das CT-Gerät misst die Elektronendichte, und die ist bei Wasser anders als bei Luft oder bei den Bodenpartikeln. Anhand der Grauwerte und der für die Wurzeln typischen Röhrenstrukturen im Boden konnten die Forscher das Wurzelwachstum der Ackerbohnen nachvollziehen. Sie sahen, wie Pflanzen keimten, wie sie ihre Wurzeln in den Boden schoben und wie sie dabei die umliegenden Bodenpartikel verdichteten, sodass sie eng an der Wurzel lagen.

Nach 14 Tagen Wachstum stoppten die Wissenschaftler die Wasserzufuhr und beobachteten, was passierte. Der Boden der größten Pflanze, deren Blätter am meisten verdunsteten, trocknete am schnellsten aus. Sie musste schon nach 13 Tagen wieder gewässert werden, damit sie überlebte, eine weitere nach 17 Tagen und die letzten beiden, die am langsamsten austrockneten, nach 23 Tagen. Mit dem CT-Gerät konnten die Forscher beobachten, wie sich die Wurzeln und ihr Umfeld im Boden mit zunehmender Trockenheit veränderten. Auf ihrem Bildschirm zeigt die Professorin, wie die Wurzel schrumpft, wenn der Boden austrocknet. Es entsteht ein Luftspalt um die ganze Wurzel herum. In dem Moment kann die Wurzel kein Wasser und keine Nährstoffe mehr aufnehmen.

Allerdings zeigen die CT-Aufnahmen, dass zwischen dem Durchhaltevermögen der Pflanzen und dem Umfang der Wurzelschrumpfung ein Zusammenhang bestand. Als die größte Pflanze nach 13 Tagen wieder Wasser benötigte, waren die Wurzeln um 29 Prozent ihres ursprünglichen Volumens geschrumpft, die der zweiten nach 17 Tagen. Bei den beiden Pflanzen, die am längsten durchhielten, hatte sich das Wurzelvolumen nach 23 Tagen um 21 beziehungsweise sogar nur um 19 Prozent verringert. Pflanzen der gleichen Art reagieren auf Trockenheit also sehr unterschiedlich. Auf die Zufuhr von Wasser hingegen reagierten alle schnell. Drei Stunden nachdem sie gewässert worden waren, nahm das Volumen der Wurzeln wieder zu, der Luftspalt verschwand, und der Kontakt zum Boden stellte sich wieder her. Die Pflanzen begannen, sich von der Trockenheit zu erholen.[16]

Was mancher für eine teure Spielerei halten mag, ist Grundlagenforschung. Die Wissenschaftler können damit untersuchen: Wie schnell regenerieren sich die Wurzeln? Ist die Erholung vollständig? Welche Randbedingungen spielen eine Rolle, hängt es beispielsweise vom Alter der Wurzeln ab, ob sie sich erholen können oder nicht? Ist das bei allen Pflanzen gleich? Gibt es Sortenunterschiede? Die Weiterentwicklung der CT-Technik hilft bei der Beantwortung solcher Fragen und ist ein methodisch völlig neuer Ansatz.

Die allerersten Arbeiten in dieser Richtung stammen aus den Jahren 1996/1997. »Damals war man glücklich, wenn man die dicke Keimwurzel einer Erbse sehen konnte«, sagt die Forscherin. Heute kann man sogar die zarten Seitenwurzeln von Ackerbohnen und Lupinen erkennen, und das ermöglicht neue Erkenntnisse. Zum Beispiel, wie viel Trockenheit eine Hauptwurzel überlebt, in welchem Zustand sie noch Seitenwurzeln bilden kann, um sich zu ernähren und Nährstoffe zu speichern, und welche Rolle die Wurzelhaare spielen. Dieser zarte Flaum sprießt aus der Wurzelhaut. Die einzelnen Haare sind gerade mal 80 Mikrometer bis 1,5 Millimeter lang und haben einen Durchmesser von fünf bis 17 Mikrometern. Sie leben nur wenige Tage und dienen vermutlich der Aufnahme von Nährstoffen und Wasser, schließlich tragen sie ganz maßgeblich zur Vergrößerung der Wurzeloberfläche bei.

In Halle will man das genauer untersuchen. Dazu wachsen im Keller des Instituts Maispflanzen, die einen bilden Wurzelhaare, die anderen können zwar welche ausbilden, aber bleiben aufgrund einer Mutation kurz. Die Versuche sind eingebettet in einen größeren Zusammenhang. Die Forscher wollen herausfinden, ob die Rhizosphäre ein sich selbst organisierendes System ist. Anders formuliert: Reagieren Pflanzen nur auf ihre Umgebung, oder können sie ihr Umfeld im Boden auch nach ihren eigenen Bedürfnissen gestalten?

Darwins Wurzel, die es schaffte, acht Kilo auseinanderzudrücken, oder Wurzeln, die sich durch hartes Gestein zwängen, legen den Verdacht nahe, dass es so sein muss. Eine bedeutende Rolle spielt dabei wiederum die Wurzelspitze. Sie sondert ständig eine organische Substanz ab. Beim Mais können das bis zu 50 Gramm pro Quadratmeter und Tag sein, im Jahr also bis 2000 Kilogramm pro Hektar.[17] Wissenschaftler nennen sie Mucilage. Das ist ein dickflüssiger zäher Cocktail aus Polysacchariden, also Vielfachzuckern, und Eiweißverbindungen. Der Schleim erhöht die Gleitfähigkeit der Wurzel im Boden und kann ihre Wasseraufnahme positiv beeinflussen. Er sorgt für Feuchtigkeit in ihrer unmittelbaren Umgebung und stellt eine Verbindung zu Wasser her, dass einige Millimeter entfernt ist.

Tiefe Wurzeln können sogar den Oberboden befeuchten. Denn Wasser strömt immer vom Ort der höchsten Wasserverfügbarkeit zum Ort mit der geringsten Wasserverfügbarkeit, wie sich gut beobachten lässt, wenn ein Glas Rotwein auf einer Tischdecke umfällt. Der Rotwein zieht immer weiter in die noch trocknen Teile der Tischdecke, bis er vollständig aufgesaugt ist, physikalisch also ein Gleichgewichtszustand hergestellt ist. Im Boden ist es ähnlich. Tagsüber, besonders bei Sonnenschein, ist die Luft trockner als der Boden. Dann verdunsten die oberirdischen Pflanzenteile Wasser, das die Wurzeln nach oben transportieren. Nachts ist das anders. Dann schließen die Pflanzen ihre Spaltöffnungen, und die Verdunstung geht gegen null. Nun ist der Oberboden der trockenste Punkt, und Wasser fließt im Oberboden aus den Wurzeln heraus. »Das kann für die Pflanze vorteilhaft sein, weil durch das Wasser auch die Nährstoffverfügbarkeit in diesem Oberboden wieder höher wird«, sagt Doris Vetterlein.

Es sei denn, eine Nachbarpflanze mopst das Wasser. Für die Pflanze, die das Wasser geliefert hat, könnte das ein schlechter Deal sein, muss es aber nicht. Wissenschaftler nennen das Prinzip Facilitation, Erleichterung. Der Begriff beschreibt einen eher zufälligen Effekt. Vielleicht beschatten die Pflanzen, die »nebenbei« versorgt werden, den Boden und verringern sein Austrocknen. Dann profitiert auch die Pflanze, die das Wasser liefert. Die Samen von Bäumen in trockenen Gebieten keimen beispielsweise besser, wenn sie im Schatten von Büschen aufwachsen. Auf Weideflächen bei uns haben Eichensämlinge im Schutz von dornenbewehrten Weißdornbüschen eine größere Überlebenschance, weil sie nicht von den Tieren abgefressen werden.

Es gibt aber Situationen, in denen Pflanzenwurzeln ihre Umgebung auf eine Weise gestalten, die man kaum noch als zufällig ansehen kann. »Ein System, das von außen dirigiert wird, ist anfällig gegen Störungen. Wurzelsysteme hingegen können sehr stabil sein. Das spricht für ein sich selbst organisierendes System«, so Professor Vetterlein. In diesem System spielen Pilze eine bedeutende Rolle. Sie sind die unterirdischen Kooperationspartner von Pflanzen – ein Zusammenspiel, das Milliarden Jahre alt ist und ohne das es die Pflanzenwelt, wie wir sie kennen, gar nicht gäbe.

Tipp:
Pflanzen erziehen

Pflanzenwurzeln wachsen zum Wasser. Deshalb kann man seine Gartenpflanzen erziehen, mit weniger Gießen klarzukommen. Wer regelmäßig und wenig wässert, sorgt dafür, dass die Feuchtigkeit nicht tief in den Boden eindringt und die Pflanzen ihre Wurzeln sehr oberflächlich ausrichten. Die auf diese Weise verwöhnten Pflanzen werden bei Trockenheit schneller schlapp. Wässert man hingegen erst, wenn die Pflanzen ihre Blätter hängen lassen, versuchen sie, in tieferen Bodenschichten an Wasser zu kommen, und sind resistenter gegen Trockenheit. Wenn irgendwann dennoch gewässert werden muss, weil der Boden in 15 Zentimeter Tiefe noch trocken ist, sollte das frühmorgens geschehen. Denn abends lockt die Feuchtigkeit Schnecken und Pilze wie den Mehltau an. Ich gieße deshalb erst, wenn mir die Pflanzen signalisieren, dass sie allein nicht mehr klarkommen. Dann allerdings bekommen sie so viel Wasser, dass es etwa 15 Zentimeter tief in den Boden eindringen kann. Die Feuchtigkeit hält sich für ein paar Tage. So kann ich auch mal entspannt wegfahren. Regelmäßig gemähter Rasen ist übrigens sehr anfällig für Trockenheit. Mähen Sie erst, wenn Sie sicher sind, dass es regnen wird. Eine artenreiche Wiese aus heimischen Wildpflanzen bleibt grün, selbst wenn es mal mehrere Wochen nicht regnet.[18]

PILZE
Netzwerker, Jäger und Verpackungskünstler

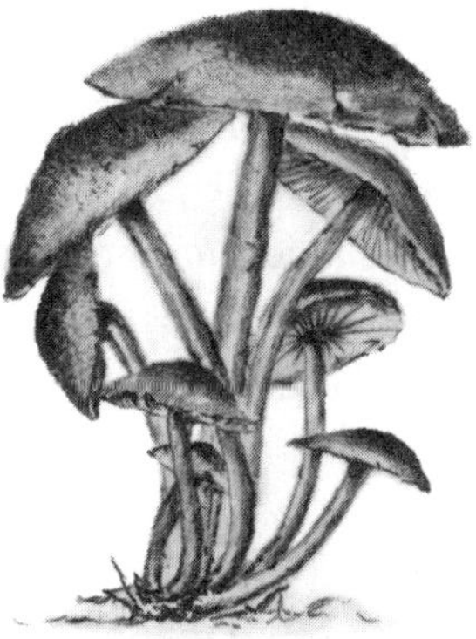

Wir sind überall: in Gärten und Wäldern, auf Wiesen, Weiden und Äckern. Selbst Steine kriegen wir klein. Wie alles Lebende bestehen wir zum großen Teil aus Kohlenstoff. Unser Werk verrichten wir im Dunkeln. Nur ab und zu, wenn wir uns vermehren wollen, zeigen einige von uns sich an der Oberfläche. Manche von uns sind hinterhältige Fieslinge, andere gehören zu den teuersten Leckerbissen der Welt. Lassen Sie sich Ihre Neugier also nicht von ein paar »bad boys« in unseren Reihen verderben. Tatsache ist: Ohne uns gäbe es weder Pflanzen noch Tiere und schon gar keine Menschen. Wir sind die Strippenzieher im Boden.

Und die Erde war wüst und leer

Die Pilze gründeten ihr Weltreich vor etwa 450 Millionen Jahren. Damals lag Südamerika mit dem Amazonasbecken auf dem Südpol. Neun Meter lange räuberische Panzerfische durchpflügten die Meere, und erste wirbellose Tiere begannen das Land zu erobern. Es war vermutlich heißer als heute und der CO_2-Gehalt in der Atmosphäre drei- bis viermal so hoch. Moose und Algen bedeckten die Lavafelder, und an den Rändern von Gewässern fristeten einfache wurzel- und blütenlose Pflanzen ihr kärgliches Dasein. Bäume gab es nicht. Dafür überragten bis zu acht Meter hohe Megamorcheln die Landschaft. Als sie 1859 von dem kanadischen Paläontologen John William Dawson entdeckt wurden, stand die Forschung vor einem Rätsel. Dawson hielt die im Sandstein der Gaspé-Halbinsel gefundenen versteinerten Reste für Stämme von Nadelbäumen, worauf der Name zurückgeht: Prototaxiten (*proto* = vor, ursprünglich, *taxus*= Eibe). Später, nachdem die Formen auf allen Kontinenten aufgetaucht waren, vermutete man unter anderem, dass es sich um Flechten handelt. Inzwischen ist die Wissenschaft ziemlich sicher: Es waren Pilze.[1]

Pilze sind Zwischenwesen – weder Pflanze noch Tier. Von den Tieren unterscheidet sie, dass sie sich nicht fortbewegen können, von den Pflanzen, dass sie keine Photosynthese betreiben. Statt ihre Lebensenergie aus Sonnenlicht zu gewinnen, ernähren sie sich, wie Tiere und Menschen, von organischen Stoffen, die andere Lebewesen zuvor gebildet haben und die sie mit einem feinen Netz fadenförmiger Zellen, den Hyphen, aufnehmen. Ihre Zellwände enthalten Chitin, einen Stoff, der im Außenskelett von Insekten und Spinnen oder in den Panzern von Krebsen vorkommt, nicht aber bei Pflanzen. Dank moderner Analysemethoden weiß man heute: Am Stammbaum des Lebens bilden Pilze einen eigenen Zweig.[2] Professor Reinhard Agerer von der Ludwig-Maximilians-Universität

München, ehemaliger Präsident der Deutschen Gesellschaft für Mykologie (DGfM), formuliert es so: »Das Reich der Pilze steht dem Reich der Tiere näher als dem Reich der Pflanzen.«[3] Evolutionsgeschichtlich haben wir Menschen mehr mit ihnen gemeinsam als ein Berg-Ahorn oder eine Wiesenmargerite.

Warum die Prototaxiten mit großer Wahrscheinlichkeit dem Pilz-Zweig entstammen, fanden die Forscher erst zu Beginn des neuen Jahrtausends heraus. Dabei spielte der Kohlenstoff eine wichtige Rolle. Knapp 99 Prozent aller Kohlenstoffatome besitzen sechs Neutronen, die um die sechs Protonen in ihrem Kern herumschwirren: das leichte Kohlenstoffisotop ^{12}C. Ein winzig kleiner Teil des Kohlenstoffs in der Luft, etwa ein Prozent, hat sieben Neutronen: das schwerere Kohlenstoffisotop ^{13}C. Pflanzen bevorzugen das leichte Kohlenstoffisotop, reichern es in ihren Zellen an und haben dort ein ähnliches Verhältnis von ^{12}C zu ^{13}C. Bei den fossilen Riesenpilzen ist das nicht der Fall. Ihre Spannbreite der Kohlenstoffisotope ist viel größer als die der Pflanzen. Das lässt nur eine Vermutung zu: Sie haben keine Photosynthese betrieben, sondern von dem gelebt, was andere produziert haben. Für Kevin Boyce von der Universität Chicago ist klar: »Die Schwankungen sind so groß, dass die Prototaxiten unmöglich Photosynthese betrieben haben können.« Es müsse sich um Pilze gehandelt haben. Warum sie allerdings diese Größe erreichen konnten, darüber lässt sich nur spekulieren. »Vielleicht waren sie so in der Lage, ihre Sporen weit zu verteilen«, meint Carol Hotton, die die Untersuchung mit verfasst hat.

Genützt hat es den Urzeit-Megapilzen nichts. Vor etwa 350 Milliarden Jahren, am Ende des Devons, starben sie aus. Ihre kleineren Verwandten hingegen wurden zum wichtigsten Partner der Pflanzen, die damals begonnen hatten, das Land zu erobern. Ohne die Pilze, davon ist die Wissenschaft überzeugt, wäre das den Pflanzen niemals flächendeckend gelungen.[4]

Pilze sind Überlebenskünstler. Nach der nuklearen Katastrophe in Hiroshima wuchs auf den radioaktiv verseuchten Trümmern der Stadt als Erstes ein Pilz. Matsutake heißt er, und seine Lebensweise gibt nach wie vor Rätsel auf: Er kommt vor allem auf verwüsteten und ruinierten Böden vor und ist nicht kultivierbar.[5]

Pilze sind vorwitzig. »Kollegen haben Experimente gemacht, wo Pilzhyphen sehr lange in irgendeinem Labyrinth auf irgendeinem künstlichen Chip irgendwo herumwachsen. Wo gar kein Kohlenstoff und sonst nichts ist. Die wachsen da einfach und gucken, ob da was ist«, erzählt Matthias Rillig, dessen Arbeitsgruppe am Berlin-Brandenburgischen Institut für Biodiversitätsforschung sich mit Pflanzen- und Bodenökologie beschäftigt, vor allem mit Bodenpilzen.[6]

Pilze sind unglaublich artenreich. Während es weltweit etwa 300 000 Samenpflanzen gibt, schätzen Mykologen die Zahl der Pilzarten mittlerweile auf 2,2 bis 3,8 Millionen.[7]

Pilze können uralt, tonnenschwer und riesengroß werden. Der vermutlich größte Pilz Europas lebt im Schweizer Nationalpark: ein Dunkler Hallimasch *(Armillaria ostoyae)*, der rund 500 Meter breit und 800 Meter lang ist und außerdem mehr als tausend Jahre alt. Im Malheur National Forest in Oregon, USA, wächst ein Exemplar, dessen Alter sogar auf 8000 Jahre geschätzt wird.[8] Mit langen dunklen Strängen breitet der Hallimasch sich unterirdisch aus, sucht sich einen Baum als Opfer, um dann mit seinen fadenförmigen Myzelien zwischen Rinde und Holz zu kriechen, sodass die Bäume absterben, wenn sie nicht kräftig genug sind, den Pilz abzuwehren.[9]

Im Reich der Pilze ist es wie sonst in der Natur: In einem Netz von gegenseitigen Abhängigkeiten gibt es keine saubere Grenze zwischen Gut und Böse, zwischen Schädlich und Unschädlich. Zwar sind Hallimasch-Pilze Baumschädlinge, doch in Asien gibt es einige Orchideenarten, die ohne diesen Pilz nicht überleben würden. Hier ist die Orchidee der Parasit und der Pilz der Wirt.[10] Unsere heimischen Orchideen wiederum könnten ohne die Hilfe anderer Pilze nicht keimen, weil ihre winzigen Samen kein Nährgewebe besitzen und deshalb auf einen Pilz angewiesen sind, der sie mit Lebensenergie versorgt.

Pilze zersetzen tote und manchmal lebende Substanz. Gleichzeitig sind sie das Internet des Bodens, wo sie den Kreislauf von Nährstoffen und Kohlenstoff regeln. Ist diese Funktion eingeschränkt, kann das dramatische Folgen haben. So ist das Waldsterben in den 1980er Jahren unter anderem darauf zurückzuführen, dass große Mengen von säurebildenden Luftschadstoffen, vor allem Schwefeldioxid aus Heizungen und Kraftfahrzeugen, bei Kontakt mit Regentropfen ätzende Schwefel- und Salpetersäuren bildeten. Das saure Regenwasser vergiftete Pilze, die symbiotisch mit den Baumwurzeln zusammenleben und sie mit Nährstoffen versorgen. Bäume verloren ihre Blätter, Nadeln vergilbten, Feinwurzeln starben ab.[11] Anfang des neuen Jahrtausends wurde der Schwefelgehalt in Kraft- und Brennstoffen auch deshalb stark gesenkt.

Ammendienste und Steinefresser

Wirtschaftliche Interessen und naturwissenschaftliche Entdeckungen gehen oft Hand in Hand. Im späten 19. Jahrhundert beauftragte der preußische Hof den Botaniker Albert Bernhard Frank, Trüffel zu züchten. Frank ging mit wissenschaftlicher Gründlichkeit zu Werk. Er wusste, dass sich die begehrten Pilze immer in der Nähe von lebenden Bäumen finden und dass die reifen Trüffel auf einem dichten Pilzgeflecht ruhen. Also ließ er sich Eichen, Rotbuchen, Hainbuchen und Haseln ganz unterschiedlichen Alters aus verschiedenen Gegenden kommen.[12] Dabei entdeckte er etwas, wovon die Wissenschaft bis dahin nichts wusste: Fast immer sind Baumwurzeln von einem Pilzmantel vollständig eingehüllt. Und nicht nur das:

Der Mantel wächst mit der Wurzelspitze sogar weiter. Er »verhält sich in jeder Beziehung wie ein zur Wurzel gehöriges mit dieser organisch verbundenes peripherisches Gewebe«.[13]

Frank gab dieser Lebensgemeinschaft den Namen Mykorrhiza, »Pilz-Wurzel«, und schloss aus ihrem Vorhandensein, »dass die Wurzelpilze wenigstens im Myceliumzustande dem Baume keinerlei Nachtheil bereiten können«, sondern im Gegenteil »wahrscheinlich mit zum Geschäfte der Nahrungsaufnahme für den Baum bestimmt ist«.[14] Er nannte es ein »neues Beispiel von Symbiose im Pflanzenreiche«, bei dem der Pilz dem Baum »Ammendienste« leistet.[15]

Was allgemein als Pilz bezeichnet wird, sind die Fruchtkörper, in denen die meisten Pilze ihre Sporen bilden und sie vom Wind oder von Insekten davontragen lassen. Ihr Organismus hingegen besteht aus Hyphen oder Myzelien, mit denen sie im Boden an ganz unterschiedlichen Orten Nahrungsreserven anzapfen können. Um das zu veranschaulichen, zeigt der Berliner Biologe Matthias Rillig, als ich ihn in Berlin besuche, auf verschiedene Ecken seines Büros und startet ein Gedankenexperiment mit einer Mittagsmahlzeit: einen Teller mit Pommes oben ins Bücherregal, einen mit Schnitzel unter den Schreibtisch, einen mit Sauce auf die Heizung am Fenster und einen mit Salat auf den Papierkorb. Ein Pilz könnte von allem gleichzeitig speisen, weil er alles mit seinen Hyphen durchdringt und sich so aus jeder Ecke holen kann, worauf er gerade Appetit hat.[16]

Ihr weit verzweigter Körper hat die Pilze zum idealen Partner der Pflanzen gemacht. »Die biologische Vielfalt hat sich ober- und unterirdisch in enger Verzahnung entwickelt«, erklärt mir François Buscot, Professor für Bodenökologie am Institut für Biologie der Universität Leipzig am UFZ in Halle. Seine Forschungsschwerpunkte sind Bodenmikroorganismen, vor allem Pilze, und ihr Einfluss auf die Pflanzenvielfalt. Buscot kam zu den Pilzen durch sein Promotionsthema, und das war, wie bei dem preußischen Hofbotaniker Albert Bernhard Frank, nicht völlig frei von wirtschaftlichen Interessen: Seine Aufgabe bestand darin herauszufinden, unter welchen Umständen die Speise-Morchel fruchtet. Der Pilz mit dem wabenförmigen Hut ist bei Feinschmeckern begehrt, entzieht sich aber einer kommerziellen Kultivierung. Der Wissenschaftler grub im Frühjahr unter den Fruchtkörpern und entdeckte, dass sie Kontakt zu den Wurzeln von Laubbäumen, insbesondere Eschen hatten. Anders als bislang angenommen, ernährt sich der zweijährige Pilz nicht nur von totem Pflanzenmaterial, sondern auch von den Ausscheidungen der Baumwurzeln.[17]

Die Zusammenarbeit mit Pilzen ist in der Pflanzenwelt der Normalfall. »Schon die ersten Landpflanzen kamen in Begleitung von symbiotischen Pilzen aus dem Wasser ans Land«, sagt Professor Buscot. Er erklärt es so: Im Wasser baden Pflanzen in einer Nährlösung mit allen notwendigen Mineralien, ihre Energie beziehen sie aus Sonnenlicht. Als sie das Land eroberten, konnten sie zwar effizienter Photosynthese betreiben, weil das Sonnenlicht nicht vom Wasser gefiltert wurde, aber die Mineralien lagen fest verschlossen in den steinigen Weiten der karg bewachsenen Lavafelder. »Die Pilze halfen ihnen dabei, die notwendigen Nährstoffe zu gewinnen«, sagt der Wissenschaftler.[18]

Dabei kommt den Pilzen eine ganz besondere Fähigkeit zugute: Sie verdauen außerhalb ihres Körpers. Ihre Hyphen sind wie ein riesiger nach außen gekehrter Darm, der chemische Substanzen in die Umgebung abgibt, Nährstoffe herauslöst, sie wieder aufnimmt und an die Pflanzenpartner weitergibt. Das Verdauungssystem der Pilze ist so effektiv, dass sie sogar Steine »fressen« können.[19]

Die Pilzhyphen haben lediglich einen Durchmesser von zwei bis hundert Mikrometer (Millionstel Meter), sie sind somit zarter als die feinsten Pflanzenwurzeln und mit dem bloßen Auge nicht erkennbar. Daher können sie in Bodenporen versteckte Wasser- und Nährstoffreserven mobilisieren, die für Pflanzenwurzeln unerreichbar sind. Bei Untersuchungen von Nadelwaldboden unter dem Elektronenmikroskop haben Forscher drei bis zehn Mikrometer große Tunnel entdeckt, die sich krümmen und verzweigen. Dabei handelt es sich um eine Art Mikroförderband, das dem Basar begehrter Nährstoffe ständig Nachschub liefert.[20] Der Pilz »sucht« im Boden und Gestein nach mineralischen Nährstoffen, insbesondere Phosphor, eine von den Pflanzen heißbegehrte Handelsware. Die gibt er an die Pflanze ab. Dafür erhält er von ihr im Austausch organische Kohlenstoffverbindungen, die er selbst nicht herstellen kann und mit denen er sein eigenes Wachstum vorantreibt.[21]

Pilze sind unerlässlich für die Vielfalt der Pflanzenwelt. Im Laufe der Evolution haben sich unterschiedliche Formen der Kooperation entwickelt.[22] Bei der ältesten Form der Symbiose dringt der Pilz in die Wurzelzellen der Pflanzen ein. Dort bildet er sogenannte Arbuskeln, bäumchenartige Strukturen. Auf sie geht der Name Arbuskulärer Mykorrhiza-Pilz zurück. Diese Zusammenarbeit ist mindestens 460 Millionen Jahre alt. Gefunden wurden die Arbuskeln in Fossilien, zum Beispiel in der Nähe von Rhynie, einer Ortschaft nördlich der schottischen Hafenstadt Aberdeen. Die Fundstücke von dort sind gut erhalten, die Arbuskeln in den Wurzelzellen lassen sich deutlich erkennen.[23] Etwa 80 Prozent der heutigen Pflanzenarten und alle krautigen Arten (Arten, die nicht verholzen) bilden Symbiosen mit solchen arbuskulären Mykorrhizen. Fruchtkörper, an denen man sie erkennen könnte, bilden diese Pilze nicht. Sie vermehren sich über Sporen im Boden.

Im Laufe der Evolution wuchsen die Pflanzen immer größer und höher, sie bildeten kräftige Stützgewebe aus Holz und produzierten gigantische Mengen von abgestorbenem Material: Blätter, Äste, Stämme. Das alles landete auf dem Boden und wurde von neuen Pflanzen überwuchert. Einen

Teil dieser gigantischen Pflanzenmasse nutzen wir heute als brennbare Kohlenstoffquelle in Form von Kohle, Erdöl und Erdgas. Doch in der Natur bleibt kein Stoff ungenutzt. Vor etwa 300 Millionen Jahren »lernten« die Pilze, Holz zu zersetzen. Interessanterweise ging um diese Zeit die Bildung von Kohlevorkommen deutlich zurück. Vermutlich wären noch viel größere Kohlevorkommen entstanden, hätten nicht Pilze die Fähigkeit entwickelt, die harten Bestandteile im Holz wie Lignin und Zellstoff abzubauen.[24] Wissenschaftler nennen diese Pilze »Aufzehrer« oder Saprobionten, von griechisch *sapros* = verfault. Klingt eklig, erfüllt in der Natur aber einen wichtigen Zweck und kann, wie wir sehen werden, sogar sehr lecker schmecken. Ohne diese Gesundheitspolizei der Natur würde der Komposthaufen im Garten nicht verrotten, wäre die Erde schon lange in totem organischen Material erstickt und an Nährstoffmangel zugrunde gegangen.

Saprobionten finden sich auf abgestorbenen Blättern, auf toten Tieren, im Misthaufen auf dem Bauernhof oder auf anderen Pilzen. Manche von ihnen sind extrem wählerisch. Der Fichtenzapfen-Helmling *(Mycena strobilicola)* beispielsweise hat sich auf abgefallene Zapfen spezialisiert. Das Judasohr *(Auricularia auricula-judae)* oder chinesisch Mu-Err-Pilz, der aussieht wie ein Menschenohr, bevorzugt kränkelnde und abgestorbene Holunderbüsche. Die von Buscot erforschten Morcheln können sogar eine Art von Landwirtschaft betreiben: Sie kultivieren Bakterien im Boden und ernähren sie mit Kohlenstoff, um sie dann, wenn sie sich prächtig vermehrt haben, als zusätzliche Nahrungsquelle zu verzehren.[25] Der Wiesen-Champignon *(Agaricus campestris)* kann auf Wiesen die Hinterlassenschaften von Kühen oder Pferden zersetzen und diese in einen wohlschmeckenden Fruchtkörper umwandeln. Auch wenn Ihnen nun der Appetit vergeht: Champignons, Austern-Seitling *(Pleurotus ostreatus)* oder Shiitake *(Lentinula edodes)* sind allesamt Saprobionten. Sie wachsen auf totem organischem Material – Stroh, Sägespäne, vermischt mit organischem Dünger. Deshalb lassen sie sich in riesigen Hallen, ja sogar im eigenen Keller, das ganze Jahr über preiswert züchten.

Allerdings gilt das nicht für andere begehrte Speisepilze wie den Steinpilz *(Boletus edulis)* oder den Pfifferling *(Cantharellus cibarius)*. Es gibt sie nur zu bestimmten Jahreszeiten, und sie sind entsprechend teurer. Das hat wiederum mit der Kooperation von Pilzen und Pflanzenwurzeln zu tun. »Bäume assoziierten sich mit Pilzen, die vormals als Zersetzer und Parasiten gelebt haben«, erklärt Professor Buscot. Solche Pilze dringen zwar in die Wurzelrinde ein, aber nicht in die Zellen. Diese zweite, jüngere Symbiose nennt man deshalb Ektomykorrhiza, was so viel heißt wie Außen-Mykorrhiza. Die Pflanzenwurzel wächst dann nur noch sehr gedrungen weiter, denn sie überlässt das Herbeischaffen der Nährstoffe aus dem Boden und direkt aus Pflanzenresten dem Pilz. Fruchten kann er nur in der Nähe seines Baumpartners.

Welche Vorteile die Pflanzen daraus ziehen, wollten die Wissenschaftler um François Buscot in einem Projekt namens TrophinOak herausfinden. Dazu untersuchten sie die Wechselwirkungen zwischen dem Wachstum von Eichen und hilfreichen Partnern der Bäume. Sie arbeiten mit in vitro geklonten Eichen, also genetisch identischen Bäumen, um den Einfluss unterschiedlicher Erbsubstanz auszuschließen. Die Wurzeln einiger Eichen brachten sie mit einem Ektomykorrhiza-Pilz zusammen, dem Safrangelben Hautrindenpilz *(Piloderma croceum)*. Es stellte sich heraus, dass Eichen, die zusammen mit *Philoderma* wuchsen, sich sehr viel besser entwickelten als ihre genetisch identischen Schwestern, die ohne den Pilz auskommen mussten.

»Es ist ein sehr schöner Pilz. Er ist eidottergelb und bildet ein Myzel, das unter dem Mikroskop sehr kuschelig aussieht«, sagt Buscot. Auf seinem Laptop zeigt er ein zartes Geflecht aus gelben Fädchen, die sich immer wieder zu kugeligen Formen vereinen. Der Pilz kann aus Steinen, aber auch aus Streu Nährstoffe gewinnen und sie seinem symbiotischen Baumpartner zur Verfügung stellen. Die Eiche investiert im Gegenzug in den Pilz, indem sie ihm einen Teil des Zuckers zur Verfügung stellt, den sie mithilfe von Photosynthese hergestellt hat.

Für Buscot sind der Eichenklon und die Pilzkulturen wie »Haustiere«. Immer wenn seine Familie aus beruflichen Gründen umziehen musste, waren sie dabei, untergebracht in Weckgläsern oder auf Petri-Schalen und mit Geliernährstoffen gut versorgt.[26] Genomanalysen, an denen das UFZ beteiligt war, haben ergeben, dass sich Ektomykorrhiza-Pilze wie der Safrangelbe Hautrindenpilz aus unterschiedlichen Arten entwickelt haben, die sich saprobiontisch, also von totem Material ernährten. Statt weiter mühsam Streu und Holz zu zersetzen, gingen sie jedoch eine Kooperation mit Bäumen ein. Offensichtlich war diese Symbiose mit massiven genetischen Innovationen verbunden, und viele dieser Gene werden vermutlich verwendet, um die Abwehr der Pflanzen beim Eindringen in das Wurzelgewebe zu überwinden.[27] Diesem Trick verdanken wir viele unserer leckersten Speisepilze, wie den Steinpilz, der häufig mit Fichten in Symbiose lebt, den Pfifferling, der ebenfalls mit Fichten sowie mit Rotbuche, Eiche oder Kiefer eine Symbiose eingeht, vor allem aber die begehrten Schwarzen Trüffel *(Tuber melanosporum),* die mit Eiche oder Hasel kooperieren. Auch giftige Pilze gehen solche Symbiosen sein, beispielsweise der hübsche Fliegenpilz *(Amanita muscaria)* mit seinem roten Hut. Er lebt bevorzugt in Gemeinschaft mit Birken.

Immer mehr Studien deuten auf die Bedeutung von Mykorrhiza-Pilzen bei der unterirdischen Kohlenstoffspeicherung hin. Deshalb sind all diese Symbiosen nicht nur für Biologen und Ökologen von Interesse, sondern auch für Klimaforscher. »Kohlenstoff kann im Boden locker das Alter von mehreren tausend Jahren haben«, sagt Matthias Rillig. Er ist sich sicher, dass die Pilze mit ihren unterirdischen Myzelien dabei eine, vielleicht sogar die entscheidende Rolle spielen. »Pilze sind, wie Pflanzenwurzeln, sehr offene Systeme.« Ständig geben sie Kohlenstoffverbindungen in ihre Umgebung ab. Die Pilzmyzelien sind sehr klein. »Ein Gramm Waldboden ist quasi nichts. Aber dieses eine Gramm kann mehrere hundert Meter Pilzhyphen enthalten. Das ist eine unfassbare Länge«, sagt Rillig. Die Hyphen scheiden ständig kohlenstoffhaltige Substanzen aus, die im Boden wie Bindemittel wirken und die Bodenpartikel zu Krümeln – wissenschaftlich: zu Aggregaten – zusammenkleben. Wie ein mikroskopisch kleines klebriges Einkaufsnetz – ein »sticky string-bag« – umschließen und stabilisieren die dicht verwobenen Pilzfäden die Bodenpartikel und verschließen darin Bodenkohlenstoff. Und diese Bodenaggregate halten den Boden stabil, sodass er samt dem in ihm gelagerten Kohlenstoff nicht so leicht durch Erosion von Wind- und Wasser verloren gehen kann.

Im Berliner Labor der Forschergruppe um Matthias Rillig testen die Wissenschaftler an 30 Arten von Bodenpilzen, wie sie Aggregate formen und stabilisieren. »Eine der wichtigsten Eigenschaften scheint zu sein, wie dicht das Myzel wächst. Nicht wie viel, sondern wie dicht. Je dichter, desto stabiler werden die Aggregate, die am Ende dabei herauskommen.«

Das ist zwar Grundlagenforschung, aber sie beinhaltet eine bedeutsame Handlungskomponente. »Im landwirtschaftlichen Bereich ist Bodenaggregation allgemein akzeptiert als einer der wichtigsten Indikatoren für die Bodenqualität und damit für die Fruchtbarkeit von Böden und das Pflanzenwachstum«, sagt Rillig. So hat die Forschung an Bodenpilzen eine wichtige Anwendungsperspektive für die Speicherung von Kohlenstoff und die Nachhaltigkeit von landwirtschaftlicher Nutzung.[28] Für unser Klima ebenso wichtig wie die Pilze sind unsere größten pflanzlichen Kohlenstoffspeicher, die Bäume. Auch die halten in Bezug auf den Klimawandel einige Überraschungen bereit.

Tipp:
Pilzalarm im Gartenreich

Gartenbesitzer, die Wert auf einen gepflegten Rasen legen, schätzen keine Hexenringe. So heißen die kreisrunden oder halbkreisförmigen Wuchsbilder von Pilzen, die entstehen, weil ein Pilzmyzel in alle Richtungen gleich schnell wächst, um sich neue Nährstoffe zu erschließen. Früher glaubte man, dass sich in diesen Ringen Hexen oder Feen versammeln, weshalb es verboten war, sie zu betreten. Vielleicht haben sie deshalb ein so schlechtes Image. Auf trockenen nährstoffarmen Rasenflächen findet man manchmal den Rasen- oder Nelken-Schwindling *(Marasmius oreades),* einen kleinen Pilz mit dünnem Stiel und spitzem braunen Hut. Wo er wächst, wird das Gras braun, weil das Myzel für kurze Zeit antibiotische Stoffe ausscheidet. Im Wachstumsbereich hingegen setzt er Stickstoff frei und düngt den Rasen, der dort besonders dunkelgrün wächst.

Schnecken, die Feinschmecker unter den Gartentieren, lieben Pilze, aber diesen nicht, denn er enthält Blausäure. Damit hält er sich die stets hungrigen Fresser vom Leib, was ein findiger Pilzkundler herausfand, als er Nacktschnecken zusammen mit den Pilzen in ein Weckglas sperrte.[29] Wer ins Netz schaut, findet Hunderte von Tipps, wie sich Pilze im Rasen bekämpfen lassen. Weil das Myzel oft sehr tief reicht, sind die Maßnahmen selten erfolgreich. Einfacher ist es, sich stattdessen ein paar Stunden auf der Gartenliege zu gönnen und ein Buch über Naturgärtnern zu lesen. Das fördert nicht nur die eigene Gelassenheit, sondern auch die Vielfalt der Natur. Denn Pilze werden bei uns immer seltener. Gut 13 Prozent aller Großpilze – die mit sichtbaren Hüten – sind bestandsgefährdet, weitere 12 Prozent extrem selten.[30] Mal ehrlich: Wann haben Sie das letzte Mal einen Fliegenpilz gesehen?

BÄUME

Himmelsstürmer mit Bodenhaftung

Wir sind groß. Wir sind stark. Die Hälfte unserer Körper besteht aus Kohlenstoff. Wir filtern Schadstoffe aus der Luft, spenden Schatten und produzieren Sauerstoff, Futter und Nistmöglichkeiten. Die meisten Insekten und Vögel würden ohne uns verhungern. Sogar die Honigproduktion kurbeln wir an. Wenn wir Photosynthese betreiben, produzieren wir Zuckerverbindungen, mit denen wir ein riesiges unterirdisches Handelsnetz betreiben. Wenn wir im Herbst unser Sommerkleid abwerfen, füttern wir damit die Mikroorganismen im und auf dem Boden. Weil wir unter den Pflanzen die größten Klimaschützer sind, setzt man große Hoffnungen in uns. Wir sind Universalgenies.

Dir gehört all Land, wo Tannen stehn

Die Annäherung an die Riesen der Natur beginnt mit der Großvater-Tanne. Sie wächst an einem Berghang im Schwarzwälder Naturschutzgebiet »Wilder See«. 300 Jahre ist sie alt und könnte weitere 300 Jahre leben. Etwas den Weg hinab ins Tal steht ein noch älteres Exemplar. In dem 150 Hektar großen Totalreservat, Bannwald genannt, ist seit 1911 jegliche forstliche Nutzung verboten. Die beiden Methusalem-Tannen gehören zu den wenigen Bäumen, die den früheren Raubbau im Schwarzwald überlebt haben. Mitte des 19. Jahrhunderts war von dem ehemaligen Mischwald fast nichts mehr vorhanden, weil seine Bäume für die Köhlerei, die Herstellung von Pottasche für die Glasbläserei, den Erzbergbau und den Schiffbau geschlagen worden waren.

Das Schicksal des Waldes hat es sogar in die Märchenliteratur geschafft. »Schatzhauser im grünen Tannenwald, bist schon viel hundert Jahre alt. Dir gehört all Land, wo Tannen stehn«, mit diesen Worten ruft Peter Munk, der Sohn eines armen Köhlers, das Glasmännlein, das ihm zu Reichtum verhelfen soll. Wilhelm Hauffs Märchen *Das kalte Herz* erschien 1827 und schildert die Rodung des Schwarzwalds. Peter Munk verkauft sein Herz für den Reichtum, den er aus dem Wald zieht. Er lässt die Tannen schlagen und für den Schiffbau den Rhein hinab nach Holland flößen. Wälder abholzen und damit Kohlenstoffspeicher vernichten – auch die Schifffahrt trug daran über Jahrhunderte ihren Anteil.

Die entwaldeten Flächen wurden beweidet. Wo man wieder aufgeforstet hat, geschah das mit Fichten *(Picea)*. So wurde aus dem ehemals artenreichen Mischwald etwa ab 1850 eine Fichten-Monokultur, wie sie vielerorts in Deutschland vorherrscht. Inzwischen zeigt sich, dass der »Brot-und-Butter-Baum« der Forstwirtschaft zahlreiche Nachteile hat. Er wurzelt flach, hat steigenden Temperaturen und Trockenheit wenig entgegenzusetzen und ist anfällig für Borkenkäferbefall. Tannen *(Abies)* hingegen dringen mit ihrer kräftigen Pfahlwurzel mehr als 1,50 Meter tief in den Boden ein. Bei einem hundert Jahre alten Baum erreichen die Wurzeln bisweilen eine Gesamtlänge von 270 Metern. Deshalb können Tannen tiefere und weiter entfernte Wasserschichten anzapfen als Fichten und sind bei Sturm viel standfester.[1]

Die Geschichte des Schwarzwaldes lässt sich am Wuchs der beiden Methusalem-Tannen ablesen. Stehen Bäume eng zusammen, wie wir es von heutigen Nutzwäldern kennen, wachsen sie schlank nach oben, dorthin, wo es am hellsten ist. Die unteren Zweige bleiben dünn, dürr und sterben ab, sobald die Konkurrenz um das Licht beginnt. Die Stämme der alten Tannen sehen anders aus: Die Reste ihrer Äste ragen schon ab Augenhöhe aus dem Stamm und sind armdick – ein Zeichen dafür, dass der Baum in seiner Jugendzeit viel Sonnenlicht abbekommen hat. Bäume, die in einem offenen Wald oder solitär stehen, wachsen weniger hoch, aber dafür mit einer breiten ausladenden Krone. »Der Baum hat lange Zeit keine Konkurrenz gehabt«, erklärt Dr. Jörn Buse, Wissenschaftler von der Nationalparkverwaltung, als er mich an einem Sommertag durch den Bannwald führt, um den Kreislauf der Natur in »seinem« Wald zu erklären.

In einem einzigen alten Baum, wie der Tanne im Bannwald, können nach Berechnungen der Bayerischen Forstverwaltung mindestens 5000 Kilo CO_2 gespeichert sein, in einer vergleichbar alten Eiche 7000 und in einer großen alten Buche sogar 8000 Kilo.[2] Lange Zeit hieß es, junge Wälder mit vielen nachwachsenden Bäumen würden den meisten Kohlenstoff speichern. Angehende Förster lernten, dass ein Baum, je älter er sei, umso weniger CO_2 aufnehmen könne, weshalb es nicht nur ökonomisch, sondern auch ökologisch sinnvoll schien, ältere Bäume abzuholzen. Bewirtschaftete Wälder, in denen regelmäßig Bäume geschlagen und neu gepflanzt werden, seien folglich für die Kohlenstoffspeicherung besser als Naturwälder.

Neuere Untersuchungen haben diese Ansicht auf den Kopf gestellt. In einer weltweiten Analyse haben Wissenschaftler 673 046 Bäume von 403 Arten aus tropischer, subtropischer und gemäßigter Klimazone untersucht und festgestellt, dass die Zuwachsrate und damit die Kohlenstoffanreicherung mit der Größe des Baums kontinuierlich zunimmt. Je länger ein Baum wachsen darf, umso mehr CO_2 wird er speichern. Das liegt vor allem an der zunehmenden Fläche seines Blätterdaches. Bäume mit einem Durchmesser von hundert Zentimetern in etwa einem Meter Höhe erreichen einen dreimal so hohen Zuwachs an Trockenmasse wie Bäume mit einem Durchmesser von 50 Zentimetern in einem Meter Höhe. Die Trockenmasse ist das Holz, das der Baum bildet. Sie besteht zu 50 Prozent aus Kohlenstoff. »Im Extremfall kann ein einziger großer Baum dem Wald so viel Kohlenstoff hinzufügen, wie in einem mittelgroßen Baum gespeichert ist«, so die Wissenschaftler.[3]

Und noch etwas haben Forscher herausgefunden: Es gibt in Wäldern weltweit eine positive Beziehung zwischen der Artenvielfalt der Bäume und der Produktion von oberirdischer Biomasse. Das hat eine globale Analyse in 44 Ländern und von mehr als 30 Millionen Bäumen und 8737 Baumarten auf 777 126 Dauerbeobachtungsflächen ergeben.[4] Das Ergebnis ist vergleichbar mit dem Unterschied zwischen artenreichem und artenarmem Grünland. Wälder mit einer hohen Vielfalt an Baumarten haben einen höheren kontinuierlichen Zuwachs an Biomasse als Wälder in Monokultur. Wird die Vielfalt der Baumarten verringert, reduziert sich folglich ihre Kapazität, Kohlenstoff zu speichern.

Die oberirdisch vorhandene Biomasse in einem Wald hat Konsequenzen für die unterirdische Biomasse. Da bei der intensiven Bewirtschaftung von Wäldern die Erntereste wie

Rinde und Astwerk weitestgehend entfernt werden, gelangt deutlich weniger Kohlenstoff in den Boden, und die Kohlenstoffreservoirs in Böden von Wirtschaftswäldern sind weniger gut gefüllt als in alten Wäldern. In Deutschland gibt es solche alten Wälder allerdings nur noch selten: Auf 74 Prozent der Waldflächen in unserem Land sind die Bäume weniger als hundert Jahre alt (2012). Nur 3,2 Prozent sind älter als 160 Jahre, und ihr Anteil steigt nur sehr langsam – in der Dekade von 2002 bis 2012 war es ein Prozent. Laubbäume mit einem Durchmesser von mehr als 60 Zentimetern machen in Deutschland gerade mal sieben Prozent der Holzvorräte aus.[5]

Der Bannwald im Naturschutzgebiet »Wilder See« darf wachsen, wie es der Natur entspricht, und die Wissenschaftler von der Nationalparkverwaltung beobachten ihn dabei genau. Tote oder abgestorbene Bäume bleiben stehen, umgefallene bleiben liegen, eine verendete Hirschkuh wird nicht entfernt, es sei denn, der Kadaver befindet sich zu nah an einem Wanderweg. »Wir wollen die natürlichen Abläufe sehen. Wir wollen beobachten, wie sich Natur im Wald entwickelt, wenn wir nichts tun«, sagt Jörn Buse. Weil die Natur für alles eine Verwendung findet, gibt es hier Tierarten, die anderswo verschollen sind. Dazu gehören Vögel, die auf Mindestmengen an Totholz angewiesen sind, weil sie darin brüten und ihre Beute finden, wie der schwarz-gelb gefiederte Dreizehenspecht *(Picoides tridactylus)*.

Auch vom Auerhuhn *(Tetrao urogallus)*, das in Mitteleuropa sehr selten ist, leben im Nordschwarzwald geschätzt hundert Paare. Die scheuen Waldbewohner können bis zu fünf Kilo wiegen und von Kopf bis Schwanz 90 Zentimeter messen. Sie brauchen Lichtungen, wie sie abgestorbene oder umgestürzte Bäume schaffen. Wo es sonnig und warm ist, können sich Insekten leicht vermehren, vor allem Ameisen und Käfer. Sie sind das wichtigste Futter für die Auerhuhnküken. Zudem reifen dort im Spätsommer Heidelbeeren, deren Früchte besonders viel Zucker enthalten. Sie sind für das Auerhuhn vor dem Winter eine bedeutende, weil kalorienreiche Nahrungsquelle. Im Winter hingegen muss es mit nährstoffarmen Fichtentrieben vorliebnehmen. Abgestorbene Bäume mit dürren Ästen sind sein Übernachtungsquartier, weil es da vor dem Fuchs sicher ist. Den nährstoffreichen Vogelkot unter solchen Schlafbäumen arbeitet eine Armada von Mikroorganismen als Dünger in den Boden ein. Die Natur verwertet alles wieder, was sie selbst hergestellt hat, wenn man sie denn lässt.

Noch sind die meisten Bäume im Bannwald am »Wilden See« Fichten und Tannen. Aber man kann erkennen, wo wieder Vielfalt entsteht: Auf einer Lichtung, die eine umgestürzte Fichte in den Wald geschlagen hat, sind Birken *(Betula pendula)* und Ebereschen *(Sorbus aucuparia)* gekeimt. Das sind Baumarten, die sich als Erstes eine offene Fläche zurückerobern. Die nur einen Millimeter kleinen Birkensamen sind in zwei mehr als doppelt so große durchscheinende Flügel eingebettet. Die Segelfliegersamen sind so leicht, dass der Wind sie weit tragen kann. Ebereschensamen werden von Vögeln mit ihrem Kot verbreitet. Einzelne kleine Fichten sind auf der Lichtung gekeimt, und am Wegesrand strebt eine junge Rotbuche *(Fagus sylvatica)* dem Licht entgegen. Buchen haben es schwer, Flächen ohne Hilfe des Menschen neu zu besiedeln. Zum einen werden sie gerne von Rehwild abgeknabbert. Zudem brauchen sie andere Buchen in unmittelbarer Nähe, deren Samen Eichhörnchen oder Vögel als Wintervorrat verstecken – und dann vergessen, sie wieder auszugraben. Ein Mischwald, der verloren gegangen ist, kehrt in seiner ursprünglichen Vielfalt nicht so schnell wieder zurück.

Buse zieht die Rinde eines umgestürzten Baumes ab: Darunter sind die verzweigten Fraßgänge des Borkenkäfers zu erkennen. Eine Gefahr für den Wald? Der Wissenschaftler sieht es gelassen. Die Käfer sind für ihn Teil der Artenvielfalt im Bannwald und eine natürliche Folge von Trockenheit.

Wenn die Bäume eine gute Wasserversorgung haben, und die gebe es in weiten Teilen des Schwarzwaldes mit seinen Quellen in den Höhenlagen, könnten sie sich mit Ausharzen gegen die Borkenkäfer wehren. Im Bannwald sind die Käfer Teil des Kreislaufs von Fressen und Gefressenwerden. Dass die Käfer von hier aus den Rest des Waldes »infizieren« könnten, hält Buse für unwahrscheinlich. »Es gibt nicht eine Studie, die zeigt, dass die Entwicklung aus dem Park heraus in den angrenzenden Wald geht. Wenn wir Borkenkäferprobleme bekommen, betrifft es den gesamten Nordschwarzwald. Die Entwicklung läuft immer auf regionaler Ebene ab, nie auf lokaler, und sie wird maßgeblich durch Temperatur und Trockenheit getrieben. Bei Trockenheit haben wir die Käfer nicht nur hier im Park, sondern überall ringsherum.«

An der vom Borkenkäfer befallenen Fichte, die mir Buse gezeigt hat, lässt sich beobachten, wie der Kohlenstoff, den der Baum in mehr als hundert Jahren in seinem Stamm und seinen Ästen angesammelt hat, wieder in den Kreislauf der Natur zurückgeführt wird. Fast immer sind dabei Pilze im Spiel, weil nur sie imstande sind, Holz zu zersetzen. Deshalb arbeiten viele Insekten, die in alten, kränkelnden oder abgestorbenen Bäumen leben, mit Pilzen zusammen oder profitieren von ihnen. Pilze erleichtern Borkenkäfern die Arbeit, indem sie die Abwehrkräfte von Bäumen überwinden. Pilze bilden Höhlen in Stämmen, in denen wiederum Käfer leben, deren Hauptnahrung aus dem vermodernden Holz besteht. Andere Arten, Ambrosiakäfer genannt, bohren Gänge in das Holz lebender Bäume und kleiden sie mit einem Pilzrasen aus, von dem sich ihre Larven ernähren. Pilze ermöglichen es rötlichen Raupen des Weidenbohrers *(Cossus cossus),* das Holz zu verdauen, das sie fressen. »Kaum ein Insekt kann Holz ohne pilzlichen Aufschluss verwerten«, sagt Buse.

Viele Insektenarten sind vom Aussterben bedroht, weil das Totholz aus den Wäldern entfernt wird und alte Bäume mit Höhlen gefällt werden. Eine Eiche beispielsweise braucht bis zu 200 Jahre, bevor sich in ihr solche Höhlen entwickeln. Spätestens dann wird der Baum »geerntet«, weil das Holz sonst nur noch schlecht verwertbar ist. Abgestorbene Äste, die herabfallen könnten, und Stämme, die umstürzen könnten, werden aus Sicherheitsgründen entfernt. Das sind einige Gründe, warum aufgeräumte Wirtschaftswälder fast immer artenärmer sind als natürlich belassene Wälder und ihre Böden weniger Kohlenstoff enthalten.[6] Wer einen abgestorbenen Stamm in seinem Garten stehen lässt, kann beobachten, wie er Jahr für Jahr zunehmend durchlöchert und belebt wird und noch als Totholz Leben spendet.

Gibst du mir, so geb' ich dir

Nicht nur bei der Verwertung von Holz spielen Pilze eine Schlüsselrolle, sondern auch bei der Versorgung der Bäume, wie wir bereits im Kapitel »Titanen der Unterwelt« gesehen haben. Der Gutachter und Pilzsachverständige Peter Karasch spitzt es folgendermaßen zu: »Bäume haben keine Wurzeln, sie haben Mykorrhiza.«[7] Mithilfe der Mykorrhiza-Pilze können Bäume die aktive Fläche, mit der sie Nährstoffe aufnehmen, um das Tausendfache vergrößern.

Wie raffiniert Bäume und Pilze dabei vorgehen, hat ein Schweizer Forscherteam um Christian Körner von der Universität Basel vor einigen Jahren herausgefunden.[8] In einem Waldstück in der Schweiz begasten sie die Baumkronen von etwa 40 Meter hohen Fichten mithilfe eines Baukrans über feine Schläuche mit CO_2. Das Gas hatten sie zuvor mit einer chemischen Markierung versehen. So konnten die Forscher den Weg des Kohlenstoffs in den Zuckerverbindungen verfolgen, die der Baum bildet und zurück in seine Wurzeln schickt. Am Ende ließ sich herleiten, von welchem Baum welche Zuckersubstanzen in den Wurzeln stammten. Es zeigte sich: Das unterirdische Handelsnetz hat einen weit verzweigten Kundenstamm.

Natürlich tauchte der markierte Kohlenstoff in Wurzeln der jeweils behandelten Fichte auf. Aber bis zu 40 Prozent des Kohlenstoffs in den Feinwurzeln eines Baumes konnten von einem Nachbarbaum stammen – und dabei musste es sich noch nicht einmal um eine Fichte handeln. Auch bei Buchen, Föhren oder Lärchen wurden die Forscher fündig. Der einzige Weg, auf dem der Zucker von einem Baum zum anderen und von einer Baumart zur anderen gelangt sein konnte, waren die dünnen Fäden der gemeinsamen Mykorrhiza-Pilze. Eine weitere Untersuchung bestätigte dieses Ergebnis: In der umliegenden Vegetation fanden die Wissenschaftler den markierten Kohlenstoff nicht. Diese Pflanzen haben andere Pilzpartner als die Fichten – sie sind nicht an deren unterirdisches Zuckerhandelsnetz angeschlossen.[9]

Pilze sind außerdem Meister der Entsorgung. Diese Kärrnerarbeit im Wald beginnt, wenn die Bäume abgestorben sind. Holz ist ein Verbundwerkstoff aus Zellulose (40 bis 50 Prozent, je nach Baumart), Hemizellulose und Lignin (der Rest). Zellulose ist eine organische Zuckerverbindung und der Hauptbestandteil von pflanzlichen Zellwänden. Sie bildet lange Kettenmoleküle und verleiht dem Pflanzengewebe Zugfestigkeit. Die Samenhaare der Baumwollpflanze beispielsweise bestehen aus nahezu reiner Zellulose. Hemizellulose ist ebenfalls eine Zuckerverbindung. Sie bildet die Quervernetzung der Zelluloseketten. Lignin schließlich (von lateinisch *lignum* = Holz) härtet die Struktur des Holzes wie Zement und sorgt für Druck- und Bruchfestigkeit. Alle drei Holzbestandteile sind organische Verbindungen aus Kohlenstoff, Wasserstoff und Sauerstoff. Erst diese »Erfindungen« der Evolution haben es den Pflanzen ermöglicht, außerhalb des Wassers dem Druck der Schwerkraft standzuhalten und in die Höhe zu wachsen.[10] Ihre Gegenspieler, die holzzersetzenden Pilze wiederum, haben sich auf die unterschiedlichen Holzbestandteile spezialisiert.

Aus manchen Stämmen im Bannwald ragen dicke, graue Auswüchse wie nach unten gerichtete Fäuste hervor. Hier arbeitet der Zunderschwamm *(Fomes fomentarius)*, den man früher zum Feuermachen benutzt hat. Er befällt geschwächte Laubbäume, vor allem Rotbuchen, außerdem Birken und Pappeln. Über Wunden in Ästen oder Stämmen dringt der Pilz in die Bäume ein, zersetzt das Kernholz und lässt die Bäume zuweilen auf halber Höhe abbrechen, um danach noch einige Jahre weiter darin zu leben. Die Auswüchse sind seine Fruchtkörper, die 30 Jahre alt und groß wie eine Kinderfaust werden können.[11] Der Zunderschwamm gehört zu den Weißfäulepilzen, die so genannt werden, weil das von ihnen befallene Holz weich, weißlich und faserig wird. Diese Pilzarten sind die einzigen Organismen, die Lignin zersetzen und für ihren Stoffwechsel nutzen können.

Andere Pilze verdauen zuerst die Zellulose, also die Zellwände. Dann behält das Totholz noch eine Weile seine braune Farbe, weil das Lignin, der Holzstoff, vorerst erhalten bleibt. Je nachdem, welcher Pilz das Totholz zuerst befällt, wird es zunächst weißlich oder bräunlich. Buse zeigt auf die umgestürzte Fichte. Die liege da schon fünf bis sechs Jahre. Erst in 20 bis 25 Jahren sei sie vollständig verdaut. Nur die Pilze schaffen es, die im Holz enthaltenen Nährstoffe wieder in den natürlichen Kreislauf zurückzuführen, sodass aus einem umgestürzten Baum fruchtbarer Mutterboden entstehen kann. Die Folgen kann beobachten, wer mit offenen Augen durch die Natur geht: Um abgestorbene Bäume herum wächst das Grün oft besonders kräftig. Der Kohlenstoff, den der Baum über Jahrzehnte und Jahrhunderte der Atmosphäre entnommen hat, fördert neues Leben, denn ein Waldboden mit größerem organischen Gehalt bleibt nährstoffreich, speichert mehr Wasser und schützt das Klima.[12]

In den Wäldern Deutschlands sind 2,5 Milliarden Tonnen Kohlenstoff gespeichert und damit etwa ebenso viel wie in den landwirtschaftlich genutzten Böden, obwohl Wälder bei uns nur gut 30 Prozent der Landesfläche ausmachen. Mehr als die Hälfte dieses Kohlenstoffs befindet sich im Boden.[13] Würden die derzeit vorhandenen Waldflächen auf der Erde um ein Drittel erweitert, könnten sie, wenn die Bäume herangewachsen sind, etwa so viel Kohlenstoff speichern, wie der Mensch seit der industriellen Revolution in die Atmosphäre emittiert hat.[14] Allerdings wird weltweit nach wie vor mehr Wald abgeholzt als aufgeforstet. In Deutschland gingen allein 2018 mehr als 100 000 Hektar Wald als Folge von Sturm und Dürre verloren.

Damit hört die Bedrohung für den Wald und die Waldböden nicht auf. Tonnenschwere »Holzvollernter« fressen sich durch die Wälder. Sie können Bäume in einem Arbeitsgang fällen, Äste entfernen, Stämme in gleich lange Stücke teilen und diese am Wegesrand ablagern. Dass sie dabei den Waldboden zusammenpressen und die Wurzeln und Mykorrhizen schädigen, lässt sich kaum verhindern. Die zweite Bedrohung kommt aus der Luft: Stickstoff in Form von Stickoxiden aus Autoabgasen sowie Nitrat, Ammoniak (NH_3) und Lachgas aus der Landwirtschaft. Stickstoff ist ein Grundbaustein der Natur. Alle Lebewesen brauchen ihn, um Proteine und ihre Erbsubstanz herzustellen. Die Menge an Stickstoff im Boden bestimmt, wie viel darauf wachsen und angebaut werden kann. Über Jahrtausende war diese Menge begrenzt. Stickstoff war Mangelware.

Von der Mitte des 19. Jahrhunderts an verwandelte sich der Mangel in Überfluss. Für einen entscheidenden Schub sorgte die Entwicklung des Haber-Bosch-Verfahrens um 1910, wofür die beiden Erfinder, die deutschen Chemiker Fritz Haber und Carl Bosch, mit dem Nobelpreis geehrt wurden. Seitdem werden unter hohem Einsatz fossiler Energieträger aus Luftstickstoff große Mengen von synthetischem Stickstoffdünger hergestellt. Das Verfahren hat den Grundstein für die industrielle Landwirtschaft gelegt. Wo einst Ausscheidungen von Lebewesen und Hülsenfrüchte für die Anreicherung von Stickstoff im Boden sorgten, sind es heute Mineraldünger und Gülle aus der Massentierhaltung in Großställen. Die Freisetzung von Stickstoff hat sich seit Mitte des 19. Jahrhunderts verzehnfacht, und der wesentliche Anstieg erfolgte seit 1960.[15] Ein beträchtlicher Teil davon gelangt ins Grundwasser, wird mit dem Wind davongetragen und landet als Dünger in den Wäldern. Diese sind auf Stickstoff im Überfluss nicht eingestellt, sondern darauf, alles in einem ständigen Kreislauf zu verwerten. Zu viel Stickstoff im Wald stört diesen Kreislauf.

Vor allem auf die Pilze wirkt zu viel Stickstoff giftig oder sogar tödlich, denn er zerstört ihr feines unterirdisches Netzwerk an Myzelien. Diesem Zusammenhang ist die Wissenschaft wegen des starken Rückgangs beliebter Speisepilze auf die Spur gekommen. Bis in die 1980er Jahre hinein wurde dieser auf übermäßiges Sammeln zurückgeführt. Mancher Pilzsammler wird sich an die Hinweise erinnern, Maß zu halten und Vorsicht walten zu lassen, um das Pilzgeflecht, das den Fruchtkörper hervorbringt, nicht zu zerstören. Heute wissen wir, dass zu viel Dünger für den Rückgang der Pilze verantwortlich ist. »Wo unter natürlichen Nährstoffverhältnissen dutzende bis hunderte Fruchtkörper gebildet werden könnten, finden wir bei erhöhten Stickstoff- und Phosphatgehalten im Boden keine oder nur noch sehr wenige Fruchtkörper«, heißt es in einer Mitteilung der Deutschen Gesellschaft für Mykologie.[16]

In der Gemeinde Bernried am Starnberger See hat Peter Karasch die Zahl der Pilze an Methusalem-Bäumen untersucht und festgestellt: Auf dem ungedüngten Gelände einer ehemaligen Huteweide, die jährlich gemäht wird, konnten 127 Pilzarten gefunden werden, davon 71 Mykorrhiza-Pilze, die mit ihren feinen unterirdischen Hyphen die Pflanzenwurzeln mit

Nährstoffen versorgen, und 56, die in der Streuschicht aus Laub und abgestorbenem Holz leben und dies zersetzen. Auf intensiv genutzten Flächen, die mehrmals im Jahr mit Gülle berieselt werden, wurden nur noch 34 Pilzarten gefunden.[17]

Und als wäre das nicht Beweis genug, hat eine Untersuchung von 29 664 Ektomykorrhiza-Pilzen in 9888 Bodenproben aus 18 europäischen Ländern ergeben, dass schon ab knapp sechs Kilo Nitrateintrag pro Hektar und Jahr mit einer Beeinträchtigung empfindlicher Pilzarten gerechnet werden muss. In deutschen Waldböden werden jedoch Stickstoffeinträge von durchschnittlich 14 Kilo pro Jahr gemessen, in Regionen wie dem Emsland oder dem Allgäu sind es sogar 30 Kilo.

Besonders sensibel reagieren Pilzarten, die in enger Symbiose mit Nadelbäumen leben. Das sind Spezialisten, die am besten bei präindustriellen Stickstoffwerten gedeihen, die unter zwei Kilo pro Hektar und Jahr liegen.[18] Für die Bäume bedeutet das: Ihre wichtigsten Kooperationspartner im Boden stellen ihre Arbeit ein. Das Handelsnetz, das über Jahrmillionen reibungslos funktioniert hat, ist unterbrochen. Wenn dann noch Hitze und Trockenheit hinzukommen, droht ein Waldsterben wie das in den 1980er Jahren.

Überfluss tut selten gut, auch nicht im Wald. Während Menschen bei Fehlernährung zu Übergewicht neigen, beginnen Bäume schneller zu wachsen. Das ist jedoch nicht gleichzusetzen mit hoher Vitalität. Das Übergewicht an Stickstoff spiegelt sich in der Zusammensetzung des Holzes wider, die Bäume produzieren weniger feste, stützende Substanzen. Das Holz ist deshalb nicht so stabil wie das von langsamer gewachsenen Bäumen; Nadeln und Blätter werden weicher, schmecken Schadinsekten besser und sind anfälliger für Infektionen. Zudem können die Bäume Stürmen schlechter widerstehen.[19]

Experten bewerten jährlich an mehr als zehntausend Probebäumen auf etwa 420 Probepunkten des bundesweiten forstlichen Beobachtungsnetzes den Zustand der Baumkronen.

Die Ergebnisse werden in den Waldzustandsberichten des Bundesministeriums für Ernährung, Landwirtschaft und Verbraucherschutz zusammengefasst. Sie belegen seit Jahrzehnten, dass die Kronen von mehr als zwei Drittel der Waldbäume in Deutschland mehr oder weniger deutlich ausgedünnt oder vergilbt sind.[20] Kranke Bäume sterben früher und können weniger lange Kohlenstoff speichern, und der Waldboden lagert möglicherweise weniger Kohlenstoff ein, wenn die Pilzfauna zurückgeht, wie eine Studie von schwedischen Forschern ergeben hat. Sie fanden 50 bis 70 Prozent des Boden-Kohlenstoffs in den Wurzeln der dort lebenden Bäume und in den mit ihnen verbündeten Mykorrhiza-Pilzen.[21] Gesunde Wälder sind auf die Vielfalt von Bodenpilzen angewiesen. Ihr Rückgang ist keine gute Nachricht, wenn aufgeforstete und neu angelegte Wälder in Zukunft vermehrt helfen sollen, den Klimawandel zu bremsen.

Auch Regenwürmer lassen sich ihre Nahrung übrigens gern von Pilzen vorbereiten. Deren Leistung für die Kohlenstoffspeicherung in den Böden ist das Thema des folgenden Kapitels.

Tipp:
Einen Apfelbaum pflanzen

In meinem Garten steht ein mehr als hundert Jahre alter Apfelbaum. Er ist höher als ein Einfamilienhaus. Für die Apfelernte ist Schwindelfreiheit somit eine Grundvoraussetzung. Dafür wird man von oben mit einem Blick über die ganze Stadt belohnt. Der Baum wurde von meinen Urgroßeltern gepflanzt und nennt sich Danziger Kantapfel. Es ist eine historische Sorte, die 1703 zum ersten Mal erwähnt wurde. Jeden Herbst beschenkt der Baum uns kistenweise mit rotwangigen Äpfeln, die unvergleichlich viel besser schmecken als alles, was man im Supermarkt an Äpfeln kaufen kann. Alle zwei Jahre kommt ein Baumschneider und lichtet ihn vorsichtig aus, damit die Krone nicht zu schwer wird und auseinanderbricht.

Allein in Deutschland gibt es etwa 2000 Apfelsorten, viele davon regionaltypisch, gezüchtet für die Bodenverhältnisse und das Klima vor Ort, wie das Rheinische Seidenhemdchen. Man hatte früher Äpfel für Mus, für Bratäpfel, für Most und Wein. Man hatte Äpfel, die schon im August reif sind, und solche, die sich bis zum Mai des folgenden Jahres halten. In die Supermärkte hat es diese Vielfalt nie geschafft. In meiner Stadt hat eine Schulinitiative mehr als hundert heimische Apfelbäume entlang von Straßen der die Stadt umgebenden Felder gepflanzt, alles unterschiedliche historische Sorten, vom Purpurroten Cousinot bis zum Seestermüher Zitronenapfel. Fast wäre diese Vielfalt in Vergessenheit geraten, hätten nicht Züchter seit Mitte der 1980er Jahre dafür gesorgt, dass sie weiterleben.

Diese Vielfalt allein ist ein Wert an sich. Hinzu kommt, dass die Bäume in unseren ausgeräumten Agrarlandschaften helfen, die Artenvielfalt zu erhalten. Von der Blüte profitieren nicht nur Honig-, sondern auch Wildbienen und viele andere Insekten. Werden die Bäume älter, bilden sich Löcher in den Stämmen, in die sich Insekten und Vögel verkriechen können. Von den Früchten der historischen Sorten am Wegesrand darf im Herbst jeder kosten, und was Spaziergänger nicht mitnehmen, dient Insekten, Wildtieren und Bodenlebewesen im Herbst und Winter als süßer Leckerbissen.

REGENWÜRMER
Ingenieure des Bodens

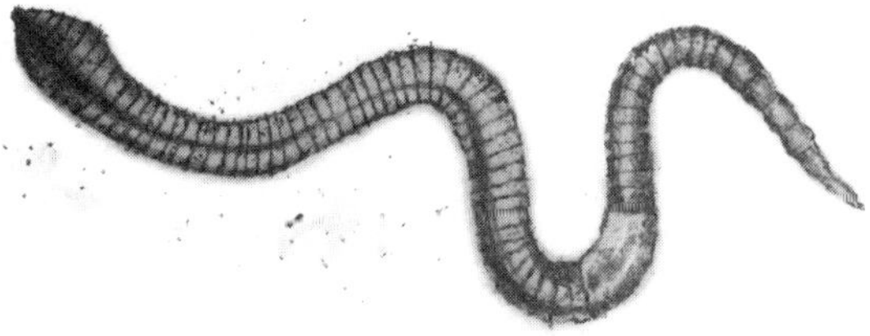

Wir sind die Riesen unter den Zwergen. Wir haben weder Augen noch Ohren. Wir ernähren uns von dem, was andere Dreck nennen, und machen daraus Nährstoffe. In unseren Wohnungen versickert Wasser wie in einem Schwamm. Manche von uns werden bis zu zehn Jahre alt, wenn kein Pflug uns zerteilt und kein Vogel uns frisst. Wir sind die Architekten der Unterwelt von Wiesen und Äckern, von Blumen- und Gemüsebeeten. Vor einigen Jahren gerieten wir in Verruf. Wir mutierten zu Klimasündern. Dabei tun wir nur unsere Pflicht.

Tag für Tag nur Erde fressen

Vor einiger Zeit machte eine Nachricht Schlagzeilen, die Gartenfreunde und ökologisch engagierte Landwirte schockierte: »Regenwurm als Klimasünder«.[1] Plötzlich waren die fleißigen Freunde und Helfer zu hinterhältigen CO_2-Emittenten mutiert, »gefährlicher Regenwurm« hieß es nun.[2] Es ist zum Verzweifeln: Als nahezu einziges Bodenlebewesen hatte es der Regenwurm zum weltweit anerkannten Sympathieträger gebracht. »Le Bon Dieu, der liebe Gott, weiß, wie man fruchtbare Erde macht, und er hat sein Geheimnis den Regenwürmern anvertraut«, lautet eine alte französische Bauernweisheit. Bücher wurden ihnen gewidmet,[3] wissenschaftliche Karrieren, und nun das: Klimasünder! In der heutigen Zeit ist es das K.-o.-Kriterium überhaupt.

Allerdings ist es nicht das erste Mal, dass der Regenwurm in Verruf gerät. Schon im 18. und 19. Jahrhundert sammelte mancher Landmann die Tiere eifrig aus seinen Böden, weil er meinte, sie würden die Wurzeln seiner Pflanzen zerstören. Bis heute wenden sich Gartenfreunde hilfesuchend an Internet-Foren, wenn Pflanzen welk werden und sie zwischen den Wurzelresten Regenwürmer finden.

Würmer haben es schwer. Das Wort klingt nach Parasit, nach Befall, nach Krankheit und Tod. Sie ringeln sich wie Schlangen. Ihre Haut ist feucht und schleimig, oftmals mit Erde behaftet. Sie haben kein Gesicht, keine zarten Fühler, an denen sich erkennen ließe, wo vorn und wo hinten ist. Doch die Schönheit liegt bekanntlich im Auge des Betrachters. Schon Charles Darwin war von ihnen so fasziniert, dass er ihnen ein mehr als 300-seitiges Buch widmete. »Es ist wohl wunderbar, wenn wir uns überlegen, dass die ganze Masse des oberflächlichen Humus durch die Regenwürmer gegangen ist und alle paar Jahre wiederum durch sie hindurchgehen wird«, schrieb er in *Die Bildung der Ackererde durch die Thaetigkeit der Wuermer*, das 1881 kurz vor seinem Tod erschien.[4] Fast 150 Jahre nach diesem umfassenden Werk stellen die Tiere die Wissenschaft immer noch vor neue Fragen.

Einer, der sich seit Beginn seiner wissenschaftlichen Laufbahn mit ihnen beschäftigt, ist Professor Stefan Scheu, den ich in seinem Büro in der Georg-August Universität Göttingen treffe. In einer Zimmerecke steht ein Insektenkescher, unter der Tischlampe ein Glas mit einer in Alkohol eingelegten Grille, auf dem Schreibtisch stapeln sich Bücher, obenauf eins zum Bestimmen von Heuschrecken. Schon als Kind habe er sich für Biologie interessiert, sagt der Tier- und Bodenökologe. Während des Studiums kamen die Regenwürmer, der Boden und die Ökologie hinzu. Die Regenwürmer beschäftigen ihn bis heute, denn die Tiere geben der Wissenschaft nach wie vor Rätsel auf. Das liegt vor allem daran, dass Regenwürmer viel fressen, aber fast alles unverdaut wieder ausscheiden. »Wenn wir gucken, was ein Regenwurm aufnimmt und was hinten rauskommt, und das vergleichen, dann unterscheidet sich das im Bereich von einem bis fünf Prozent.« Für wissenschaftliche Messungen liegt das im Zufallsspektrum, oder wie die Forscher es etwas komplizierter ausdrücken, in der »Standardabweichung ihrer Messgröße«.

Der Regenwurm – das unbekannte Wesen? In gewisser Weise sei das so, gibt Scheu zu: »Der Darm ist ganz simpel. Er ist praktisch ein reiner Schlauch, der Material prozessiert. Man kann sich nicht vorstellen, wie das Tier damit komplexe Verbindungen wie Humusbestandteile des Bodens verdauen kann.« Es sei eine bemerkenswerte Fähigkeit, wenn ein Organismus, der, banal ausgedrückt, Dreck fresse, daraus Protein für den Aufbau seiner Zellen bastele. Die Regenwürmer nehmen zwar zusammen mit dem Boden Bakterien und Pilze auf und damit komplexe Eiweißverbindungen, aber die meisten Bakterien würden die Passage durch den Darm überleben. »Es gibt Regenwürmer, die in sehr stark sandigen, humusarmen

Böden leben, diesen Sandboden fressen und trotzdem davon leben können. Wie genau die das machen, wissen wir nicht.«[5]

Kommen wir also erst einmal zu dem, was über Regenwürmer bekannt ist. Sie haben einen fein entwickelten Drucksinn, mit dem sie Erschütterungen spüren, zum Beispiel, wenn sich ein Fressfeind wie der Maulwurf nähert. Sie haben einen Sinn für Schwerkraft, mit dem sie Oben und Unten unterscheiden und sich im Boden orientieren können. Sie haben weder Lungen noch Kiemen, denn sie atmen mit ihrer Körperoberfläche. Durch die Haut nehmen sie Sauerstoff auf und geben CO_2 ab. Sie können sogar einige Zeit im Wasser verbringen, ohne zu ertrinken, vorausgesetzt, das Wasser enthält ausreichend Sauerstoff. In ihren Adern fließt wie bei uns Menschen rotes Blut, das in zarten Gefäßen unter der feuchten Hautoberfläche zirkuliert. Ihr Körper besteht aus Ringen, Segmenten genannt, deren Zahl mit dem Alter zunimmt. Sie verfügen über ein Gehirn und ein gut ausgebildetes Nervensystem, und sie haben fünf Paar Herzen. Die befinden sich im vorderen Teil, den Segmenten 7 bis 11. Deshalb werden aus einem zerteilten Regenwurm niemals zwei. Wenn aber eine Amsel ihn am Hinterteil packt und der Wurm abreißt, kann es sein, dass der vordere Teil überlebt. Vorausgesetzt, er ist lang genug, um die lebenswichtigen Organe zu enthalten.[6]

Regenwürmer fressen Erde, Mikroorganismen und abgestorbene Pflanzenreste. Sie müssen sich während des Erdmittelalters entwickelt haben, das vor etwa 250 Millionen Jahren begann und mit dem Aussterben der Dinosaurier vor 60 Millionen Jahren endete. In diesen Jahrmillionen drifteten die Kontinente, ausgehend vom Superkontinent Pangaea, auseinander und nahmen ihre heutige Form an. Das mag die Ursache dafür sein, dass Regenwürmer ungewöhnliche Verwandtschaftsbeziehungen aufweisen. So gibt es in den Sequoia-Wäldern der US-amerikanischen Westküste Regenwürmer, deren nächste Verwandte in Australien und Neuseeland leben.[7]

Ihre Artenvielfalt nimmt von Norden nach Süden zu, denn die Eiszeiten haben den Regenwürmern schwer zugesetzt. Von den schätzungsweise mehr als 3000 Arten auf der ganzen Welt leben in Deutschland gerade mal 46. Für die geringe Vielfalt ist die kilometerdicke Eisschicht verantwortlich, die weite Teile Eurasiens und Nordamerikas unter sich begrub. Erst mit dem Rückzug des Eises in Europa vor rund 12 000 Jahren konnten sich die Regenwürmer von Süden nach Norden wieder ausbreiten.[8]

Regenwürmer wandern maximal wenige Meter pro Jahr. In diesem Tempo wären sie nicht weit gekommen. Sie müssen sich also anders verbreitet haben. Eine wichtige Rolle spielten in Nordeuropa vermutlich die großen von Süden nach Norden verlaufenden Flusssysteme. Eine Regenwurmart, die den Oberlauf des Rheins erreicht hatte, besiedelte dank der regelmäßigen Hochwässer sehr schnell den Unterlauf. Tiere, die sich im Schlamm suhlten, trugen die Eier der Regenwürmer in neue Gebiete. Die Römer brachten Weinstöcke und Obstbäume über die Alpen, in deren Wurzeln Regenwürmer und ihre Eier versteckt waren. Regenwürmer reisen auch per Schiff. Viele Arten in Nordamerika waren dort ursprünglich gar nicht heimisch, sondern kamen im Gepäck der europäischen Siedler. Regenwürmer reisen sogar durch die Luft. In den Niederlanden gibt es Beobachtungen aus eingedeichten Poldern, in denen es von Natur aus zunächst keine Regenwürmer gab, außer rund um Krähennester, von denen aus sie dann weiter vordrangen.[9]

Regenwürmer sind Globalisierungsgewinner, und sie verbreiten sich schneller als je zuvor: als Angelwurm oder in der Erde einer Topfpflanze, im Reifenprofil von Lastwagen oder per Post von einer Wurmfarm. Sie besiedeln immer neue Gebiete und beschleunigen die Zersetzung von abgestorbenen Pflanzenresten. Sie machen die darin enthaltenen Nährstoffe wieder für die Pflanzen verfügbar, aber steigern durch ihre

Aktivität den Ausstoß von CO_2. Das ist der Hintergrund einer Kontroverse, die in Fachkreisen als »earthworm-dilemma«, das Regenwurm-Dilemma, bekannt ist.[10] Nützlich oder schädlich für das Klima – das Regenwurm-Dilemma hat neue Dringlichkeit erhalten, seit bekannt geworden ist, dass die Tiere die noch weitgehend regenwurmfreien Wälder Nordamerikas und Kanadas erobern. Das hat für Impulse in der Forschung gesorgt und für Forschungsgelder, sodass die Wissenschaft sich ihrem unterirdischen Leben mit neuer Verve widmet.

Stark wie Herkules

Regenwürmer sind die Ingenieure des Bodens. Sie durchwühlen ihn nicht nur, sie gestalten ihn dauerhaft und je nach Regenwurmart auf unterschiedliche Weise. Tiefgrabende Arten, wie der bei uns heimische bis zu 35 Zentimeter lange Tauwurm *(Lumbricus terrestris),* legen im Boden mehrere Meter tiefe senkrechte Röhren an. Die Tiere werden bis zu zehn Jahre alt, doppelt so alt wie ein Maulwurf. In gut mit Tauwürmern besiedelten Böden können auf einem Quadratmeter mehr als 400 senkrechte Röhren vorhanden und ihr Gangsystem mehr als tausend Kilometer lang sein. Wissenschaftler haben Gänge von Regenwürmern gefunden, die aus der letzten Zwischeneiszeit stammen.[11] In Anatolien entdeckten Forscher Regenwurmgänge, die bis in eine Tiefe von acht Metern reichten.[12]

Tauwürmer stemmen, wenn sie sich durch die Erde wühlen, das bis zu 60-Fache ihres Eigengewichts. Ihre Röhren sind Wohnstatt und Küche zugleich. Den oberirdischen Teil des Bauwerks können aufmerksame Naturbeobachter relativ leicht entdecken. Wenn im Herbst plötzlich Blätter wie von magischer Hand bewegt senkrecht im Boden stecken, wenn auf einem Acker oder an einem Waldrand Blätter in kreisförmigen Häufchen herumliegen, dann ist sicher: Darunter steckt ein tiefgrabender Regenwurm, der Nacht für Nacht Nachschub für seine Vorratskammer sammelt.

Tauwürmer fressen zwar auch Pflanzenreste, aber sie bevorzugen ihre Nahrung zubereitet, sagt Professor Stefan Schrader vom Thünen-Institut für Biodiversität in Braunschweig. Herabgefallene Blätter oder Getreidestroh enthalten schwerverdauliches Lignin. Das muss erst von Mikroorganismen vorverdaut werden, bevor es für den Regenwurm genießbar ist. Damit das schneller geht, zieht der Tauwurm das Pflanzenmaterial in seine Röhre und legt darauf Schleim und Kot ab. Davon angelockt siedeln sich Algen, Bakterien und Pilze an, die das Stroh zersetzen. Haben sich die Mikroorganismen ausreichend vermehrt, weidet der Wurm sie ab oder frisst sie zusammen mit dem Pflanzenmaterial auf, wenn es sich für seinen Geschmack genug zersetzt hat.

Analysen haben ergeben, dass Tauwürmer von der Getreideernte bis zur Einsaat von Mais im Folgejahr mehrere Tonnen Stroh pro Hektar in den Boden einarbeiten können.[13] Dabei vernichten die Tiere ganz nebenbei Schimmelpilze wie Fusarien und ihre giftigen Abbauprodukte, die vor allem bei Getreide großen Schaden anrichten können. Im US-Bundesstaates Connecticut wurden in einer landwirtschaftlichen Forschungsstation Spargel, Auberginen und Tomaten künstlich mit Schadpilzen infiziert. Dann setzten die Forscher in die eine Hälfte der Versuchsgefäße Tauwürmer, in die andere nicht. In den Gefäßen mit den Tauwürmern verringerte sich der Pilzbefall um 50 bis 70 Prozent, und die Pflanzen wuchsen um 60 bis 80 Prozent besser. Die Würmer bevorzugen sogar die schädlichen Fusarien gegenüber anderen Bodenpilzen als Nahrung.[14] Ähnliche Effekte wurden auf Freilandflächen festgestellt, die stark mit Schadpilzen verseucht waren.[15] Stefan Schrader nennt die Regenwürmer deshalb die »Gesundheitspolizisten« des Bodens.

Mit seinen Ausscheidungen »tapeziert« der Tauwurm die Wände seines Baus, sodass ein stabiles »Röhrenwerk« entsteht, in dem er schnell auf- und absteigen kann, wenn Gefahr naht. Die senkrechten Röhren der Tauwürmer sind so stabil, dass sie selbst das Überfahren mit einem Traktor aushalten können.[16] Durch diese Röhren gelangt Regen schnell in tiefere Bodenschichten. Ein Boden mit sehr vielen Regenwurmröhren kann bei Starkregen bis zu 150 Liter Wasser pro Stunde und Quadratmeter aufnehmen. Ein Boden ohne solche Röhren hingegen ist vergleichbar mit einem verstopften Sieb. Verlassene Röhren nutzen Wurzeln, um in tiefere Bodenschichten vorzudringen und Wasservorräte anzuzapfen, die sie aus eigener Kraft nicht erreichen können. In Zeiten des Klimawandels mit mehr regional auftretenden starken Regenfällen, aber auch mehr Trockenheit schützen Regenwürmer Böden und Pflanzen.[17]

Der Kot, mit dem Tauwürmer die Wände ihrer Röhren auskleiden, und die Häufchen, die sie auf der Bodenoberfläche hinterlassen, sind mit vielen pflanzenverfügbaren Nährstoffen angereichert. Unter anderem enthalten die Ausscheidungen fünfmal so viel Stickstoff, siebenmal so viel Phosphor und elfmal so viel Kalium wie der Boden der Umgebung. Außerdem bilden die Würmer in ihrem Darmtrakt die für die Krümelstruktur des Bodens so wichtigen Ton-Humus-Komplexe aus Tonteilchen und organischer Substanz, die den Boden vor Erosion schützen.[18] Deshalb werden die Ausscheidungen von Regenwürmern zu Recht als das »Schwarze Gold des Gärtners« bezeichnet. Inzwischen kann man diesen sogenannten Regenwurmdünger sogar kaufen.

Wer hart arbeitet, kommt ordentlich ins Schnaufen, atmet viel Sauerstoff ein und die entsprechende Menge CO_2 aus. Da geht es den Bodenorganismen nicht anders als Marathonläufern. Aber einige Bodenorganismen können noch mehr. Ihr Stoffwechsel funktioniert sogar bei Sauerstoffmangel, also unter anaeroben Bedingungen. Diese Mikroorganismen nutzen

Nitrat, also NO_3, als Sauerstoffquelle. Übrig bleibt gasförmiger Stickstoff (N_2), der in die Luft entweicht, statt im Boden als Pflanzendünger zur Verfügung zu stehen. Als Nebenprodukt entsteht unter anderem Lachgas, das für das Klima 300-mal schädlicher ist als CO_2.[19]

Zur Umwandlung des im Nitrat gebundenen Stickstoffs in gasförmigen, Denitrifikation genannt, kommt es vor allem bei Fäulnisprozessen, wenn sich im Boden Wasser staut. Das kann auf Äckern der Fall sein, wenn die schweren Maschinen beim Pflügen zwar den Oberboden immer wieder lockern, der Boden darunter aber eine feste Schicht bildet, die bereits erwähnte Pflugsohle, die Pflanzenwurzeln und Wasser schlecht durchdringen können. Wenn dann nach der Ernte beim Pflügen der Boden von oben zuunterst gekehrt wird, liegen die Pflanzenrückstände auf der Pflugsohle, und anaerobe Bakterien beginnen mit ihrer lachgasproduzierenden Zersetzungstätigkeit. Das schadet der Bodenfruchtbarkeit und dem Klima.

Tiefgrabende Regenwürmer machen den anaeroben Bakterien mit ihren sauerstoffführenden Gangsystemen den Garaus. »Sie sorgen dafür, dass vermehrt Sauerstoff in den Boden gelangt, sodass anaerobe Bakterien ins Hintertreffen geraten«, so Professor Stefan Schrader. Wer die Wirkung von Sauerstoff auf die Bakterien beobachten will, dem rät er zu einem Spaziergang im Watt. Angler auf der Suche nach Wattwürmern kennen das Phänomen: Wenn man dort, wo so ein Wurm seine Exkremente als Spaghetti-Häufchen abgelegt hat, einen Spaten einsticht oder an der Oberfläche kratzt, sieht man, dass die Gänge der Würmer gelborangefarbene Beläge haben. Sauerstoff ist eingedrungen und hat die Zone entlang der Röhren oxidiert. Das graue eisensulfithaltige Schlickwatt reagiert mit dem Sauerstoff und sieht dann aus wie Rost. »Man kann sehen, was es bedeutet, wenn eine Pore im Boden oder im Schlick mit der Atmosphäre kommuniziert und Sauerstoff aufnimmt«, so Schrader. Eins zu null für tiefgrabende Regenwürmer.[20]

Allerdings haben die Tiere und in der Folge wir Menschen ein Problem: Wo sie weg sind, sind sie weg und kommen so schnell nicht wieder. Das hat mehrere Gründe. Tauwürmer vermehren sich sehr langsam. Geschlechtsreif werden sie erst nach zwei bis drei Jahren, und sie zeugen wenige Nachkommen. Die Paarung findet nachts oder am frühen Morgen über der Erde bei feuchtem Wetter statt und dauert mehrere Stunden, ein Fest für Igel und andere nächtliche Jäger. Zwar hat jedes Tier Eierstöcke und Hoden, und beide Individuen legen nach der Befruchtung Eier, aber es sind nur fünf bis zehn pro Tier und Jahr. Die Eier werden im Boden in zitronenförmigen Kokons abgelegt, aus denen der Nachwuchs nach etwa 90 Tagen schlüpft, so lange ernähren sich die Larven von den Nährstoffen in ihren Kokons. In den Kokons sind Zucker und Alkohole eingelagert, die wie Frostschutzmittel wirken und sie vor dem Erfrieren schützen.

Trockenheit und Feuchtigkeit, Hitze und Kälte können die Tauwürmer und ihre Eier überstehen. Auf die intensive Bearbeitung großer Ackerflächen hingegen ist ihr gemächlicher Reproduktionszyklus nicht eingestellt. Sie brauchen zu lange, um Verluste auszugleichen, wenn schwere Pflugscharen sie regelmäßig zerstückeln und die Wohnröhren zerstören. Vor allem tiefgrabende Regenwürmer benötigen eine andere Art der Landwirtschaft, wenn sie ihre Aufgabe als Bodenbelüfter und Hochwasserschützer wahrnehmen sollen. Schrader: »Das Beste ist, wenn man die Bedingungen so verändert, dass die Würmer sich gut entwickeln können.« Dazu gehören der Verzicht auf intensive Bodenbearbeitung mit schweren Maschinen und vor allem eine Landschaft mit vielen unbewirtschafteten Randstreifen und Hecken, die das Einwandern von den Rändern ermöglicht. Das würde nicht nur den Tauwürmern nützen, sondern dafür sorgen, dass bei Starkregen weniger Boden weggespült wird.[21]

Wer einen Garten hat, findet beim Jäten oder Umgraben oftmals kleine, helle mit Erde bedeckte Regenwürmer. Das sind nicht etwa junge Tauwürmer, sondern Arten, die sich kreuz und quer durch den Oberboden futtern. Wenn die einen die Ingenieure des Bodens sind, sind sie die Bergarbeiter. Diese Arten leben in stark verzweigten Gängen, oft auch zwischen Pflanzenwurzeln, und fressen zersetztes Material sowie die Ausscheidungsprodukte von anderen Bodentieren. Unter den Regenwürmern sind sie die Zweit- und Drittverwerter.

Was schon einige Male verdaut wurde, hat nur noch einen relativ geringen Gehalt an Energie. Deshalb müssen diese Regenwürmer ständig fressen, um ihren Bedarf zu decken. Futternd wühlen sie sich durch den Boden, was vorn aufgenommen wird, kommt hinten schon nach ein bis zwei Stunden wieder heraus. Mit ihrem Kot füllen sie ihre Gänge auf, mischen den Boden also intensiv durch. Sie sorgen für eine krümelige »schwammige« Bodenstruktur, stabilisieren sie mit ihren Exkrementen, sodass Sickerwasser gut in die Bodenporen eindringen kann.

Diese horizontal grabenden Arten leben nur ein bis zwei Jahre, und ein kalter Winter macht ihnen oft den Garaus. Auf Druck, zum Beispiel von schweren Landmaschinen, reagieren sie empfindlich. Aber sie zeugen viele Nachkommen, erhöhen damit ihre Überlebenschancen unter widrigen Umständen und können Böden relativ rasch wieder besiedeln. »Ungünstig für sie ist allerdings eine jährlich wiederkehrende Bodenverdichtung«, warnt das Bundesministerium für Ernährung und Landwirtschaft.[22]

Eine dritte Kategorie Regenwürmer lebt an der Bodenoberfläche in der Laubstreu unter Bäumen oder im Kompost. Diese Würmer sind klein, agil und dunkel pigmentiert, wodurch sie gut getarnt und vor UV-Strahlung geschützt sind.

Sie graben kaum und schon gar nicht tief. Braune Laubfresser *(Lumbricus castaneus)* bauen im Wald in der Streuschicht mit ihren Ausscheidungen Wohnröhren zwischen den Blättern. Sie sind die »Vor«-Arbeiter, ernähren sich von Pflanzenresten, von den daran lebenden Bakterien, Pilzen und Algen. Außerdem fressen sie den Kot von Tieren. Im Sommer und im Winter haben sie Ruhezeit, dann leben sie auch in tieferen Bodenschichten.

Die rötlich braunen Kompostwürmer *(Eisenia foetida)* finden sich, wie der Name sagt, in großen Zahlen im Kompost. Weil sie sich leicht vermehren lassen, kann man sie, ihren Kot oder Extrakte daraus bei Wurmfarmen für den eigenen Garten bestellen. Auch als Angelwurm werden sie gerne genutzt. Vor allem in europäischen Wäldern sind die oberflächlich lebenden Regenwurmarten wichtige Bodenarbeiter, weil sie dafür sorgen, dass das Laub abgebaut wird und seine Bestandteile dem Boden wieder zugeführt werden.

Im Norden der USA und in Kanada hingegen sind keine Regenwürmer heimisch. Anders als in Europa kehrten sie nach dem Ende der Eiszeit nicht wieder zurück. Ein Grund dafür mag sein, dass die großen Flüsse wie Mississippi, Rio Grande oder Colorado nach Süden entwässern. Inzwischen breiten sich die Regenwürmer dort jedoch so stark aus, dass sie sich mancherorts zu einer Bedrohung der heimischen Tier- und Pflanzengemeinschaften entwickelt haben.[23] Untersuchungen von Professor Nico Eisenhauer vom German Centre for Integrative Biodiversity Research (iDiv) Halle – Jena – Leipzig haben gezeigt, dass die meisten Regenwürmer in der Nähe von Straßen und Wochenendhäusern gefunden wurden. Unter Verdacht stehen Angler, die ihre nicht benötigten Köder einfach ausgekippt haben – auch dort, wo es bis dahin keine Regenwürmer gab. Nun fressen sich die Tiere seit einigen Jahrzehnten ausgehend von den großen Angelgewässern Meter für Meter in die Wälder hinein.

Anders als in Europa hat sich im Norden der USA und in Kanada eine Streuschicht aus Laub und abgestorbenen Pflanzenresten entwickelt, die nur langsam von Pilzen und anderen Mikroorganismen zersetzt wird. So entsteht eine bis zu zehn Zentimeter dicke Auflage in verschiedenen Stadien der Zersetzung, die Lebensraum für spezialisierte Tiere und Pflanzen wie den Koboldfarn *(Botrychium mormo)* ist. Doch wo die Regenwürmer ihr großes Fressen beginnen, verschwindet die Streuschicht innerhalb weniger Jahre. »Alles wird in den Mineralboden eingearbeitet«, haben Eisenhauer und sein Team beobachtet. Die Regenwurminvasion hinterlässt sogar Spuren in den Jahresringen der Bäume, weil der nun nicht mehr von einer Streuschicht bedeckte Boden schneller austrocknet, die Jahresringe also schmaler ausfallen.

Die Gefräßigkeit der Würmer hat weitere Folgen: Samen von Bäumen können nicht mehr keimen, weil ihnen eine schützende Streuschicht fehlt. Die hungrigen Regenwürmer rupfen selbst die Nester von bodenbrütenden Vögeln wie der Einsiedlerdrossel *(Catharus guttatus)* auseinander. Wo Regenwürmer sich ausgebreitet haben, gehen die Bestände des Singvogels deshalb zurück. Der Freund des europäischen Gärtners wird in den kanadischen Wäldern zum »Amokläufer«.[24] Das Team um Eisenhauer hat viele Daten gesammelt und festgestellt: »je mehr Regenwürmer einwandern, je mehr ökologische Gruppen vorhanden sind, desto mehr Diversität der Pflanzengemeinschaft geht verloren«. Er nennt es einen »Invasional-Meltdown«. Viel dagegen tun lässt sich nach seiner Einschätzung nicht. Wo sich die Würmer etabliert haben, kriege man sie nicht wieder weg. Selbst für die Freisetzung von CO_2 kann die Wurminvasion Folgen haben, denn kurz- bis mittelfristig steigern Regenwürmer den Abbau von Pflanzenmaterialien und damit die Produktion von Treibhausgasen.

Auch bei uns kommt es vor, dass Böden, in denen viele Regenwürmer leben, beispielsweise mehr Lachgas freisetzen als solche mit weniger Regenwürmern. »Regenwürmer verstärken die CO_2-Emissionen aus dem Boden«, lautete die Schlagzeile eines Artikels in der Zeitschrift *Nature Climate Change* 2013.[25] Laut einer niederländischen Forschergruppe steigern Regenwürmer die CO_2-Emissionen um 33 Prozent, die Lachgasemissionen sogar um 42 Prozent. Das klingt auf den ersten Blick paradox. Schließlich sorgen sie doch für die Belüftung des Bodens und damit für die Verhinderung von Lachgasemissionen.

Wie so oft steckt der Teufel im Detail, und es zeigt sich, wie wichtig es ist, Ursache und Wirkung sorgfältig voneinander zu trennen. Vieles spricht dafür, dass das zu Anfang des Kapitels genannte Regenwurm-Dilemma, egal ob im kanadischen Wald oder auf europäischen Düngewiesen, vor allem ein menschengemachtes ist. Die niederländischen Forscher hatten Böden untersucht, die stark mit Gülle gedüngt wurden. Einen Teil des darin enthaltenen Stickstoffs können die Pflanzen direkt aufnehmen, ein Teil muss erst von Bodenlebewesen wie Bakterien verfügbar gemacht werden. Lachgas bildet sich auch, wenn Bakterien ammoniumhaltigen Dünger wie Gülle abbauen. Regenwürmer sind auf Grünlandböden normalerweise besonders zahlreich vertreten und beschleunigen deshalb die Abbauprozesse weiter. »Bei starker Nitratdüngung tritt das regelmäßig auf, besonders in Grünlandböden«, so Professor Stefan Schrader vom Thünen-Institut. Von solchen Böden stammen die Untersuchungen, die den Würmern in unseren Breiten das Klimakiller-Image verpasst haben.

Interessanterweise habe die Studie eine erhöhte Lachgasfreisetzung auf ungedüngten Grünlandböden nämlich nicht festgestellt, so Professor Schrader. Sein Fazit: »Ja, Regenwürmer können unter bestimmten Bedingungen eine negative

Auswirkung hinsichtlich einer Lachgasfreisetzung aus Böden haben.« Allerdings sei die direkte Ursache im Falle der Studie nicht der Wurm gewesen, sondern die starke Düngung. Er weist zudem darauf hin, dass dieser negative Aspekt im Verhältnis zu den vielen positiven Ökosystemleistungen von Regenwürmern mit Sicherheit als gering einzustufen sei.

Das bestätigt Professor Scheu aus Göttingen. »Kurz- bis mittelfristig steigern Regenwürmer den Abbau von Pflanzenmaterialien und damit tatsächlich auch die Freisetzung von CO_2«, sagt er. Andererseits tragen sie wesentlich zur Versorgung mit Nährstoffen bei. Das wiederum führt dazu, dass Pflanzen besser wachsen und mehr CO_2 binden. Eine CO_2-Bilanz der Prozesse gebe es zwar nicht, sie könne aber durchaus neutral bis positiv ausfallen, so Professor Scheu. In Neuseeland wurde geschätzt, dass Regenwürmer die Produktivität von Weiden um circa 20 Prozent erhöhen. Von der erhöhten pflanzlichen Produktion werde ein Teil langfristig im Boden festgelegt, produktivere Systeme seien deshalb meist reicher an organischer Substanz im Boden. Scheu: »Ausnahme sind Äcker, die nur mineralisch gedüngt werden und kaum Pflanzenrückstände erhalten.«

Auch in unseren Wäldern sorgen Regenwürmer dafür, dass viel Kohlenstoff gebunden wird. In Wäldern mit vielen Regenwürmern im Boden und in der Streuschicht wachsen die Bäume nicht nur besser, sie haben mehr Kohlenstoff bis hinein in den Unterboden gespeichert. Längerfristig könnte das sogar für Wälder in Nordamerika gelten.[26] Wissenschaftler testeten die »Regenwurm-Effekte« auf einem waldigen Versuchsgelände des Smithsonian Environmental Research Center in Maryland, das schon seit langer Zeit mit Regenwürmern besiedelt ist. Auf Testflächen, deren Regenwurmdichte bekannt war, veränderten sie die Dicke und Zusammensetzung der Streu. Dann ermittelten sie in regelmäßigen Abständen den Zustand und besonders die Kohlenstoffzusammensetzung des Bodens. »Der Einfluss der Würmer auf das Waldökosystem ist gewaltig, da sie vom Frühjahr bis in den Herbst hinein Streu fressen«, erklärte der Leiter der Studie Tim Filley. Am Jahresende blieb nur noch der blanke Boden übrig, denn die Tiere hatten das organische Material in tiefere Bodenschichten transportiert. So verhinderten sie eine leichte Freisetzung des Treibhausgases.

Wenn die Streu hingegen einfach auf der Oberfläche des Bodens bleibt, findet die normale Oxidation des organischen Materials statt, und eine Menge seines Kohlenstoffgehalts geht direkt in die Atmosphäre. »Wenn aber der Kohlenstoff sich an Bodenpartikel binden kann wie beispielsweise Ton, dann ist dies ein Weg, um eine langfristige Stabilisierung des Kohlenstoffs zu erreichen«, erklärt Cliff Johnston, Umweltchemiker an der Purdue Universität.[27] Zudem ist die Streu in Wäldern mit größeren Regenwurmdichten mit Lignin angereichert. Diese nach dem Regenwurmfraß übrigbleibende Verbindung erschwert Bakterien die Zersetzung der Streu und bremst damit ebenfalls die Freisetzung von Kohlendioxid. Die Zusammenhänge lassen sich mit denen auf Wiesen vergleichen. Wo viele Regenwürmer leben, wachsen die Pflanzen besser, und wo sie besser wachsen, befindet sich mehr Kohlenstoff im Boden. Charles Darwin hatte recht, als er schrieb: »Man kann wohl bezweifeln, ob es noch viele andere Tiere gibt, welche eine so bedeutungsvolle Rolle in der Geschichte der Erde gespielt haben, wie diese niedrig organisirten [sic!] Geschöpfe.«[28]

Viele solche Tiere vielleicht nicht, aber einige schon, möchte man Darwin antworten, darunter welche, die wir eher als unerwünschte Untermieter wahrnehmen: unter der Pflasterung auf der Terrasse, im Boden unter dem Rasen, manchmal sogar in der Küche. Gemeint sind die Ameisen. Anders als Regenwürmer sind sie keine Einzelkämpfer, sondern arbeiten in Teams. Deren Effizienz ist kaum zu übertreffen – ebenso wie ihre Bedeutung für die Böden.

Tipp:
Regenwürmer füttern

Inzwischen gibt es im Netz fast alles zu kaufen, sogar Regenwürmer. Auch in Zoohandlungen sind sie zu finden, zum Beispiel als Köder für Angler. Die Lieferanten garantieren beste Qualität und Lebendgarantie. Häufig werden Kompostwürmer angeboten. Sie sind am preiswertesten, weil sie sich schnell vermehren. In Europa gehören sie zu den am meisten verbreiteten Regenwurmarten. Die Wahrscheinlichkeit ist also groß, dass sie in fast jedem Garten und jedem Komposthaufen zu finden sind. Statt die Würmer im Netz zu bestellen, versuche ich, ihnen das Leben in meinem Garten so schmackhaft und angenehm wie möglich zu machen. Schweres Gerät, zum Beispiel um hohe Bäume zu schneiden, darf allenfalls bei gefrorenem Boden anrollen, damit der Boden nicht verdichtet wird. Kunstdünger und Pflanzenschutzmittel sind verbannt, weil sie den Regenwürmern schaden können.

Ein Leckerbissen für Regenwürmer ist Kaffeesatz, man kann ihn auf den Komposthaufen schütten oder an eine Pflanze. Die Würmer lieben ihn und die Pflanzen, denn er ist reich an Kalium, Stickstoff und Phosphor. Schnecken hingegen mögen ihn nicht, wegen des Koffeins. So kann man mehrere Fliegen mit einer Klappe schlagen. Im Herbst lasse ich immer ein paar Blätter auf dem Rasen liegen, um beobachten zu können, wie sie nach und nach von Regenwürmern in den Boden gezogen werden. Manche Gartenbesitzer schwören auf Regenwurmkot. Die kleinen schwarzen Häufchen des Großen Tauwurms kann man im Frühjahr und Herbst auf Rasenflächen finden und mit einer Gartenschaufel aufsammeln, um sie beispielsweise um die Rosen herum zu verteilen. Dann wachsen und blühen sie noch schöner!

AMEISEN
Weltmacht unter unseren Füßen

Wir leben in Staaten mit Millionen von Einwohnerinnen. In unseren Metropolen verfügen wir über Heizungen und Klimaanlagen. Um sie zu bauen, bewegen wir Tonnen von Erde. Wir verbreiten Pflanzensamen und vernichten kiloweise Schädlinge. Manche von uns füttern Schmetterlingslarven, andere züchten Pilze. Wiederum andere halten sich Läuse so wie Landwirte Milchkühe. Unsere Ernte besteht aus Zucker und anderen Kohlenhydraten, die wir vorzugsweise unterirdisch einlagern. Für die Böden sind wir unterschätzte Nützlinge.

Unsere Natur ist ein fein gesponnenes Netz, »alles ist Wechselwirkung«. Diese Erkenntnis formulierte Alexander von Humboldt 1803 auf seiner Reise durch Südamerika in seinem Tagebuch.[1] Werden Teile des Netzes entfernt, ist es wie bei einem Seidenstrumpf: Erst entsteht ein Loch, dann eine Laufmasche, Loch folgt auf Loch. Eine solche Verlustkaskade entsteht, wenn die Ameisen verschwinden.

Es ist schwierig, für sie eine Lanze zu brechen, denn in Haus und Garten können sie Nervensägen sein. Wehe dem, in dessen mit Styropor gedämmter Hauswand sich ein Ameisenvolk niedergelassen hat, weil es dort so schön warm und trocken ist. Stück für Stück knuspern sie den weißen Kunststoff heraus und verteilen ihn auf dem Gartenboden, um dann in der Hauswand ihr Nest anzulegen. Sorgfältig gehütete Pflanzen im Steingarten verschwinden unter dem Aushub der arbeitsamen Insekten, und manchmal räumen sie Blumentöpfe von unten leer, sodass die Pflanzen darin vertrocknen.

Ameisen lieben flache sonnenbeschienene Steine und Gehwegplatten, unter denen sie ihre Behausungen anlegen. Steine und Beton nehmen die Sonnenwärme schneller auf als der umliegende Boden, speichern sie wie ein Kachelofen und machen den Boden darunter zum idealen Lebensraum: kuschelig warm, trocken und vor Feinden gut geschützt, bis die Platten anfangen zu wackeln und neu verlegt werden müssen. Der britische Insektenforscher Dave Goulson nennt Ameisen »die winzigen Terminators aus dem Hinterhof«. Vermutlich befinde sich auf fast jedem Quadratmeter Garten ein Ameisennest, sagt Goulson und rät: Es mache gar keinen Sinn, sie loswerden zu wollen, es sei denn, man wolle seinen Garten in »eine toxische Ödnis« verwandeln.[2]

Denn Ameisen sind wichtige Ökosystemingenieure. So werden Arten bezeichnet, die Lebensräume erhalten, neue schaffen oder vorhandene verändern und auf diese Weise die Bedingungen für viele Organismen beeinflussen. Das Konzept hat der britische Biologe Clive G. Jones 1994 entwickelt.[3] Ameisen sind dafür prädestiniert, denn die meisten Arten leben sowohl über als auch unter der Erde. Aufgrund ihrer ungeheuren Anzahl – Schätzungen zufolge sind es weltweit circa 15 000 Arten mit insgesamt 10 000 Billionen Tieren – gehören sie zu den wichtigsten Bindegliedern zwischen den beiden Sphären.[4]

Die Gelbe Wiesenameise *(Lasius flavus)* lebt im Grasland und kann Erdnester mit einer Höhe von bis zu 60 Zentimetern und einem Durchmesser von einem Meter anlegen. Sie lichtet auf einer dicht bewachsenen Wiese die Pflanzendecke und schafft so trockene sonnenbeschienene Lebensräume, die attraktiv sind für konkurrenzschwache Pflanzen wie den Thymian. Gegen schnellwachsende Gräser können sich solche Pflanzen nicht durchsetzen. Man findet sie deshalb bevorzugt dort, wo Wiesenameisen ihre Nester angelegt haben und die Gräser in Schach halten. Von den Pflanzen und dem wärmeren Mikroklima auf den Ameisennestern profitieren wiederum wärmeliebende Schmetterlingsarten wie Kleiner Feuerfalter *(Lycaena phlaeas),* Kleiner Würfel-Dickkopffalter (*Pyrgus malvae*), Komma-Dickkopffalter *(Hesperia comma)* und Thymian-Widderchen *(Zygaena purpuralis)*.[5]

Ameisen sorgen zudem für Pflanzenvielfalt. Die Samen von zahlreichen Frühlingsblumen, wie dem Kleinen Schneeglöckchen *(Galanthus nivalis),* dem Bärlauch *(Allium ursinum)* oder dem Hohlen Lerchensporn *(Corydalis cava),* enthalten ein fetthaltiges Anhängsel, Elaiosom genannt. Ameisen finden es unwiderstehlich, deshalb wird es von Pflanzen entwickelt. Die Ameisen tragen solche Samen in ihren Bau, um die leckeren, nahrhaften Anhängsel zu fressen oder zu verfüttern. Mehr als 180 Blütenpflanzen werden bei uns auf diese Weise verbreitet. Die nutzlosen Samen entsorgen die Ameisen neben ihrem Nest. Deshalb wachsen am Rande von Waldameisennestern die Pflanzen besonders vielfältig und üppig. Im Garten können Ameisen ein Grund sein, warum an unerklärlichen Orten Pflanzen keimen, die man dort nie ausgesät hat. Mit diesem Verbreitungsmechanismus, den Wissenschaftler Myrmekochorie nennen, sorgen Ameisen für Vielfalt in der Natur und schaffen ein abwechslungsreiches Nahrungsangebot für Pflanzenfresser und Insekten.[6]

Zuweilen erweisen sich Ameisen sogar als Artenschützer. Ohne sie gäbe es bei uns keine zartblauen Schmetterlinge, Bläulinge genannt. Raupen stehen zwar auf dem Speiseplan fast aller Ameisenarten, die Raupen der Bläulinge hingegen verschonen sie. Statt sie zu fressen, tragen sie deren Larven in ihre unterirdischen Nester, wo sie ebenso sorgsam gefüttert und großgezogen werden wie der Ameisennachwuchs. Das kann sogar zum eigenen Nachteil geschehen, nämlich dann, wenn Bläulingsraupen zu »Parasiten und Mördern« werden.[7] Während fast alle Schmetterlingsraupen Pflanzen fressen, werden die des Thymian-Ameisenbläulings *(Phengaris arion)* zu Fleischfressern. Seine Larven lassen sich nach einigen Tagen, während derer sie vom Sand-Thymian gefressen haben, auf den Boden fallen – eine hinterhältige Strategie, denn die kleinen Larven spekulieren darauf, von einer Knotenameise entdeckt zu werden. Die hält sie fälschlich für eine Artgenossin. Um diese vor dem sicheren Tod an der Erdoberfläche zu retten, schafft sie das Kuckuckskind behutsam in eine Brutkammer im Boden. Die Larve des Thymian-Ameisenbläulings bedankt sich, indem sie die Ameisenlarven eine nach der anderen frisst, dafür allerdings den Ameisen wiederum süße Sekrete abgibt.

Offenbar wissen die Weibchen des Thymian-Ameisenbläulings sogar, welche Pflanzen sich in der Nähe der Ameisennester befinden, und legen dort bevorzugt ihre Eier ab. Denkbar ist sogar, dass die Pflanzen einen speziellen Duft nutzen, um die Bläulingsweibchen herbeizurufen, damit die Raupen die Ameisenbrut dezimieren und so das Volk schwächen, welches ansonsten der Pflanze gefährlich werden könnte, schreibt der Britische Insektenforscher Dave Goulson in seinem Buch *Wildlife-Gardening*.[8] Wer Schmetterlinge liebt, sich aber mit Ameisen nicht anfreunden kann, sollte sich vor Augen halten: Bläulinge gibt es nur, wenn wir Ameisen tolerieren – nicht im Haus, aber auf Wiesen und Weiden, im Wald und möglicherweise sogar im Steingarten.

Es ist höchste Zeit für einen solchen Bewusstseinswandel, denn Ameisen werden immer seltener, selbst wenn man im Garten manchmal den gegenteiligen Eindruck hat. Das allgemeine Insektensterben hat auch sie erfasst. Die Bestände von 99 der bei uns heimischen 108 Ameisenarten schrumpfen, die einiger Arten um 90 Prozent. 56 Arten gelten inzwischen als in ihrem Bestand bedroht und eine Art bereits als ausgestorben, so der Artenschutzreport des Bundesamtes für Naturschutz 2015, für den sich die Wissenschaftler die Entwicklung der vergangenen 25 Jahre angeschaut haben. Die Autoren führen das »wesentlich auf die Intensivierung der Landwirtschaft« zurück.[9] Damit verschwinden unsere nach den Regenwürmern fleißigsten Bodenbearbeiter. »Wir sind derzeit dabei, einen Teil der Schöpfung wegzuwerfen«, warnte der berühmteste Ameisenforscher und Professor in Harvard Edwart O. Wilson schon 1990.[10]

»Ein Ameisennest ist wie ein Eisberg. Ein Drittel befindet sich über und zwei Drittel befinden sich unter der Erde«, sagt Gert Habermann von der Ameisenschutzwarte Niedersachsen.[11] Im Großformicarium der Warte kann man in einem Glaskasten das geschäftige Treiben der Tiere beobachten, ohne dass sie einem die Hosenbeine hochkrabbeln und in die Beine zwicken. 50 000 Waldameisen leben und arbeiten in diesem Staat, der wie eine Großstadtmetropole nicht zur Ruhe kommt. Beladen mit Ästen und Zweigen, die jeweils um ein Vielfaches größer und schwerer sind als ihre eigenen Körper, schleppen die Arbeiterinnen Baumaterial heran bis ganz nach oben auf den spitz zulaufenden Hügel. Fällt ein Zweig herab, wird er ergriffen, und der Weg nach oben beginnt erneut, eine Sisyphosarbeit. Doch was in der antiken Mythologie als besonders perfide Strafe erdacht wurde, fügt sich bei den Waldameisen in ein harmonisches Miteinander. Wenn es eine nicht allein schafft, kommen andere ihr zu Hilfe. So können sie sogar Kadaver von Mäusen transportieren.

Für den ehemaligen Förster Gert Habermann sind Ameisen daher ein Symbol für die Vernetzung des Lebens in der Natur, über die er im Rahmen von regelmäßigen Wanderausstellungen, vor allem in Schulen, referiert. Er erzählt vom Rosenkäfer *(Protaetia cuprea),* dessen Flügeldecken wie ein Regenbogen schillern. Seine Larven werden fast fünf Zentimeter lang, leben in Ameisennestern und ernähren sich von vermodernden Holzabfällen und Nistmaterial. Er erzählt von Vögeln, die sich weitgehend von Ameisen ernähren, darunter der Grünspecht *(Picus viridis).* Die Spechte bauen Höhlen, in denen sie ihre Jungen aufziehen. Diese Höhlen wiederum bieten Wohnraum für Nachmieter, zu denen 50 Prozent aller Waldvögel wie Eulen und Käuze gehören, Fledermäuse, Marder oder Siebenschläfer.

Habermann hält seinen bloßen Zeigefinger an die Spitze des Ameisennests im Formicarium der Warte. Das arbeitsame Gewimmel verwandelt sich in Kampfgetümmel. Der eben noch friedliche Staat ist zum Kriegsschauplatz geworden. Kleine Fontänen spritzen gut sichtbar auf die Fingerkuppe. Ein leicht stechender Geruch breitet sich aus. Hätte Habermann eine Wunde am Finger, würde die jetzt ordentlich brennen. Die Ameisen schützen ihren Staat, indem sie den vermeintlichen Angreifer mit Ameisensäure attackieren. Diesen Verteidigungsmechanismus machen sich manche Vögel zunutze. Sie hocken sich auf das Nest, breiten die Flügel aus und lassen sich mit der Ameisensäure bespritzen: Danach sind sie für eine Weile die lästigen Milben in ihrem Gefieder los. Auch Auerhühner sind dafür bekannt, Ameisenhügel dafür zu nutzen. Solche als »Huderpfannen« beliebte Ameisenhügel sind leicht zu erkennen: Sie sind an der Spitze eingedellt.

Baumeister, Melkbauern und Schädlingsbekämpfer

Ameisen bevölkern die Erde seit 130 Millionen Jahren. Sie gehören zu den individuenreichsten Insektengruppen der Welt. Ihre Biomasse auf der Erde umfasst mehr als die Hälfte der Gesamtbiomasse aller anderen Insekten zusammen und übersteigt jene der Menschen bei weitem.[12] Völker der kleinsten Arten mit nur 80 Arbeiterinnen und einer Königin passen in eine ausgehöhlte Eichel oder in ein Schneckenhaus. Andere, wie die Glänzendschwarze Holzameise *(Lasius fuliginosus)*, leben in Völkern mit bis zu zwei Millionen Individuen. Sie bauen in abgestorbenen Bäumen kartonartige Nester, die aus zerkautem Holz und Zucker bestehen. Dazu nagen sie Hohlräume in das Holz und befüllen sie dann mit schwärzlichem Baumaterial. Damit schaffen sie die Grundlage für einen Pilz *(Cladosporium myrmecophilum)*, den sie züchten, damit er mit seinen feinen Pilzfäden die dünnen Wände überwuchert, durchdringt und auf diese Weise verstärkt. Ameisen überleben sogar noch jenseits des Polarkreises. In den Wäldern Finnlands sind sie die wichtigsten Räuber, Aasfresser und Bodenumsetzer.[13]

Um in solch unwirtlichen Regionen zu überleben, sind manche Ameisen kenntnisreiche Klimatechniker. »Waldameisen können ihr Nest selbst bei Spätfrösten exakt auf 28 Grad in der Netzkuppel aufheizen, weil dort ihre Puppen reifen«, erzählt Gert Habermann. Als Baumaterial dienen ihnen Tannennadeln, Baumrinde, kleinere Holzstücke, Steinchen und Baumharz zur Desinfektion. Waldameisen legen ihre Nester gern so an, dass sie von der Sonne beschienen werden. Einige Arten haben verlängerte, nach Süden exponierte Seiten, mit denen sie die Aufnahme von Sonnenenergie noch verstärken. »Diese Hügelseiten sind so zuverlässig nach Süden ausgerichtet, dass die Bewohner der Alpen die Nester über Jahrhunderte hinweg als groben Kompass genutzt haben«, schreiben Bernd Hölldobler und Edward O. Wilson in ihrem Buch *Auf den Spuren der Ameisen,* für das sie 1991 den renommierten Pulitzer-Preis erhielten.[14]

Im Frühjahr nutzen Ameisen zudem ihre Körper als Sonnenkollektoren. Sie lassen sich von der Sonne aufheizen und tragen die Wärme dann ins Nest. An heißen Tagen stehen die Ausgänge weit offen, an kalten und regnerischen Tage werden sie geschlossen. Die Nester befinden sich in ständigem Umbau, denn sie müssen vor zu viel Feuchtigkeit bei Regen, zu viel Trockenheit im Sommer und im Winter vor Frost geschützt werden. Dafür sorgt ein ausgeklügeltes System von Gängen und Kammern. Auf dem Grund des Nests, der bis zu zwei Meter tief in den Boden reichen kann, legen die Ameisen einen Keller an, von wo aus bei Bedarf feuchte Luft nach oben steigen kann. Außerdem sammeln sie dort Pflanzenmaterial, das von Pilzen und Bakterien verdaut wird. Die dabei erzeugte Wärme sorgt dafür, dass es im Nest im Winter frostfrei bleibt.[15]

Ameisenvölker vernetzten sich sogar überregional. In Südeuropa haben Forscher eine Kolonie entdeckt, die sich über 5760 Kilometer entlang der Küste von der italienischen Riviera bis in den Nordwesten Spaniens erstreckt. Die Völker bekämpfen sich nicht gegenseitig, wie es unter Ameisen üblich ist, sondern kooperieren miteinander. Die Art kam 1920 mit Pflanzenimporten aus Argentinien nach Europa.[16]

Schließlich gibt es noch Ameisenbauten, die mit ihrer ungeheuren Größe überraschen. 2017 gruben Forscher in Brasilien eine verlassene Kolonie von Blattschneiderameisen *(Atta laevigata)* aus. Innerhalb von zehn Tagen pumpten sie 6,3 Tonnen Zement und 8000 Liter Wasser in die Nestöffnungen der verlassenen Kolonie, um die Struktur zu stabilisieren. Das entspricht in etwa der Menge, die für ein kleines Wohnhaus nötig ist. Nachdem der Zement ausgehärtet war, gruben sie die Struktur aus. Sie reichte bis acht Meter in den Boden hinunter und hatte eine Fläche von sieben mal sieben Metern.[17] Die größten Nester weltweit wurden allerdings in Belgien und in Deutschland gefunden. Es sind Nester der Roten Waldameise *(Formica polyctena),* in denen mehrere Königinnen leben können. Ihre Nester hatten knapp zehn Meter Durchmesser und einen Umfang von 30 Metern und mehr als 16 Millionen Arbeiterinnen.[18]

»Bei uns in Deutschland und in Mitteleuropa geht ein Ameisennest durchaus mal einen Meter tief in den Boden, bei Waldameisen – wenn es ein großes Nest ist – auch eineinhalb bis zwei Meter in die Tiefe. Wenn sie dort Kammern aushöhlen, müssen sie wie die Bergleute Material nach oben bringen«, sagt Professor Bernhard Seifert, Wissenschaftler am Senckenberg Museum für Naturkunde in Görlitz/Sachsen. Kolonien der Gelben Wiesenameise – erkennbar an den von Vegetation überwachsenen Hügeln, die sie auf naturnahen Wiesen und Weiden errichten – können pro Hektar und Jahr etwa sieben Tonnen Erdreich an die Oberfläche schaffen, aber solche großen Nester sind hierzulande extrem selten geworden, weil es kaum noch naturnahe Wiesen gibt.[19] Mit ihrer Grabtätigkeit lockern die Ameisen den Boden auf, es entstehen Hohlräume, Wasser kann besser eindringen und Feuchtigkeit sich dort länger halten.

Ameisen ernähren sich vorrangig von Kohlenhydraten, vor allem von zuckerhaltigem Honigtau. Wo Ameisen auf Blumen oder Gräsern zu sehen sind, findet man fast immer Pflanzenläuse. Wer sie eine Weile beobachtet, wird feststellen, dass sich die Ameisen den Läusen nähern, sie sachte berühren und diese dann einen Tropfen durchsichtige Flüssigkeit ausscheiden, den die Ameisen aufnehmen. Die Ameisen sammeln diesen Honigtau, tragen ihn in ihr Nest und füttern damit ihre Königin, ihre Artgenossinnen im Bau und ihren Nachwuchs.

Andere Ameisen, wie die Gelbe Wiesenameise, halten sich einen unterirdischen Stall von sechsbeinigen Melkkühen – Wurzelläusen –, von deren ebenfalls zuckerhaltigen Ausscheidungen sie weitgehend leben. Die Gelbe Wiesenameise, die ihre Nester im Boden baut und dort ihre Nahrung sucht, betreut 22 Arten von Wurzelläusen, weil an den unterschiedlichen Wiesenpflanzen ganz unterschiedliche Arten von Läusen siedeln. Sie werden in den vollständig durchwurzelten Nesthügeln und außerhalb davon gepflegt. Bis zu 15 000 Wurzelläuse können in so einem Wiesenameisennest leben. Im Herbst tragen die Ameisen die Eier der Wurzelläuse in ihr Nest – wo sie zusammen mit den Ameisen überwintern – und im Frühjahr zurück zu den Wurzeln.[20]

Waldameisen hingegen ernähren sich zum großen Teil vom Honigtau der Rindenläuse *(Lachnidae),* von denen es mehr als 70 Arten gibt. Mit ihrem nadelartigen Sauger dringen die Läuse in die Leitungsbahnen der Rinde ein und nutzen den Druck, mit dem der Baum Wasser und Nährstoffe nach oben transportiert, um den Pflanzensaft aufzunehmen. Auf diese Weise erhalten sie viel mehr Nährstoffe, als sie verwerten können. Den Rest scheiden sie wieder aus. Das geschieht zum gegenseitigen Nutzen: Die wehrhaften Ameisen beschützen »ihre« Läuse vor Fressfeinden und befreien sie von den Ausscheidungen, unter denen sie sonst zu ersticken drohen. Dafür erhalten sie Zucker sowie die essentiellen Aminosäuren, die sie für den Aufbau ihrer körpereigenen Eiweißsubstanz brauchen. Zur Wanderausstellung der Ameisenschutzwarte Niedersachsen gehören sechs Behälter, die jeweils 30 Liter fassen, 180 Liter insgesamt. Das ist die Menge Honigtau, die ein Waldameisenvolk im Laufe eines Jahres sammelt, frisst und an seine Nachkommen verfüttert.

Trotzdem nehmen sie nur einen Bruchteil des Honigtaus auf, den die Läuse produzieren. Der meiste Zucker fällt auf Blätter und tropft von dort auf den Waldboden, wo ihn Pilze aufnehmen, die auf Honigtau spezialisiert sind. Zu erkennen ist das an der Schwarzfärbung von Blättern, die dank dieser sogenannten Rußtaupilze im Herbst schneller zersetzt werden. »Der gleiche Effekt tritt beim Waldboden ein«, so Förster Gert Habermann. Hier nimmt die Biomasse der Pilze um 30 Prozent zu, die der Bakterien sogar um 300 Prozent. Insbesondere Bakterien, die den Stickstoff in der Luft binden, siedeln sich auf der mit Honigtau betropften Streu an. Sie wird schneller zersetzt, der Boden verbessert – zum Nutzen der Bäume, die auf diese Weise neue Nährstoffe erhalten. »Wo die Rindenläuse sind, wachsen die Bäume besser«, fasst Habermann die Symbiose von Bäumen, ihren Läusen und Ameisen im Wald zusammen.

Waldameisen ernähren sich nicht nur von Honigtau. Als Putzkolonne des Waldes beseitigen sie 90 Prozent der toten Kleintiere. Die machen zwar nur einen kleinen Teil ihrer Nahrung aus, aber wer einmal eine tote Maus auf einen Waldameisenhaufen gelegt hat, wird feststellen, dass nach wenigen Tagen nur noch das Skelett übrig ist. Der Rest ist gefressen, verfüttert oder in Form von Ausscheidungen an die Bodenorganismen weitergeleitet. Tierisches Eiweiß ist für die meisten Ameisenarten überlebenswichtig. Der Jahresbedarf eines durchschnittlich großen Waldameisenvolkes beträgt 30 Kilo, sie decken ihn vor allem in Form von Insekten – Käfern, Fliegen, Spinnen, Raupen. Bis zu 100 000 davon kann ein starkes Waldameisenvolk an einem einzigen Sommertag in sein Nest schleppen und verzehren.[21]

Auf diese Weise spielen Waldameisen eine wichtige Rolle bei der Bekämpfung von Schädlingen. Als Gegenspieler des Borkenkäfers, dessen Larven und Eier sie vertilgen, können sie im Normalfall die Population klein halten.[22] In der Umgebung von Ameisenhügeln gibt es so gut wie keine Eichenwickler *(Tortrix viridana)*, einen 1,5 bis 2,5 Zentimeter großen Nachtfalter. Wenn er sich stark vermehrt, können seine Raupen die Bäume in großem Stil befallen und kahlfressen. Wie wichtig Waldameisen bei der Kontrolle von Schädlingen sind, zeigte eine Massenvermehrung von Eichenwicklern und Frostspannern *(Operophtera brumata)* Mitte der 1950er Jahre im Ballenstedter Forst im Harz. 1956 wurden dort 400 Ameisennester gezählt. In Folgejahren vermehrten sich die Eichenwickler und Forstspanner weiter, aber auch die Population der Ameisenvölker wuchs, und sie bildete neue Ableger. 1960 war die Massenvermehrung der Schädlinge beendet, die Zahl und der Individuenreichtum der Ameisenvölker gingen wieder auf den Stand von 1956 zurück.[23]

Ameisennester sind vergänglich. Aber die Königinnen genießen gut beschützt von ihren Töchtern in ihrer Festung ein langes Leben, wenn ihre Nester nicht zerstört werden. Eine Königin einer Schwarzgrauen Wegameise *(Lasius niger)* wurde dank der kenntnisreichen Betreuung eines Schweizer Insektenforschers sogar 29 Jahre alt und legte bis kurz vor ihrem Tod befruchtete Eier. Königinnen der Gelben Wiesenameise haben in Gefangenschaft 18 bis 22 Jahre überlebt. In der Natur werden die Nester vermutlich nicht so alt. Stirbt die Königin, verfällt das Nest. Die Bodenveränderungen aber bleiben. In der Zeit, in der Ameisen das Nest bewohnten, haben sie Tonnen von Erde bewegt, den Boden aufgelockert und gut belüftet. Sie haben Unmengen von Biomasse – Kohlenhydrate, Aminosäuren, Eiweißstoffe – in die Erde transportiert und damit die Bodenfruchtbarkeit erhöht. Die Arbeiterinnen eines mittelgroßen Waldameisennests tragen jährlich durchschnittlich 6,1 Millionen Beuteobjekte mit einem Stickstoffgehalt von 280 Gramm in ihren Bau, dazu 155 Liter Honigtau mit einem Zuckergehalt von 41 Kilo und einem Stickstoffgehalt von 100 Gramm.[24]

Das führt dazu, dass vor allem der Gehalt an Stickstoff, an Kalzium, Kalium und Phosphor sowie die mikrobielle Biomasse in ehemaligen Ameisennestern verglichen mit dem umliegenden Boden stark erhöht sind. Kalzium macht Pflanzen unempfindlicher gegen Krankheiten. Kalium benötigen sie, um ihren Wasserhaushalt zu regulieren und um ihre Zellwände aufzubauen. Phosphor brauchen sie für ihren Energiestoffwechsel, Stickstoff ist zentraler Bestandteil von Chlorophyll, dem grünen Blattfarbstoff, und die Mikroorganismen machen diese Stoffe für die Pflanzen verfügbar.[25] Die Ameisen haben zudem Unmengen von Schädlingen vernichtet, Samen verbreitet und für biologische Vielfalt gesorgt. »Würde man die Ameisen aus einem Ökosystem entfernen, würde es mehr oder weniger zusammenbrechen oder sich zumindest stark verändern«, sagt Jürgen Heinze, Professor für Zoologie an der Universität Regensburg.[26] Wir sollten den Lebewesen im Boden also mit Achtung begegnen. Sie halten manches Wunder für uns bereit, wie das folgende Kapitel zeigt.

Tipp:
Leben und leben lassen

Ameisen im Garten, auf dem Rasen oder in den Blumenbeeten zu bekämpfen, wäre ein Kampf gegen Windmühlenflügel. Da sich geschätzt unter nahezu jedem Quadratmeter Garten ein Ameisennest befindet, würden, wo eine Lücke entsteht, sofort neue Königinnen mit ihrem Volk einziehen, da es so viele von ihnen gibt. An manchen Tagen im Frühsommer kann man beobachten, dass an verschiedenen Stellen im Garten aus Ritzen und Löchern geflügelte Ameisen quellen. Die Königinnen und Männchen einer Region fliegen gleichzeitig und paaren sich in der Luft. So findet ein genetischer Austausch zwischen den Ameisenvölkern statt. Die Männchen sterben nach der

Paarung. Die befruchteten Königinnen suchen sich einen Platz für ein neues Nest, beißen sich ihre Flügel ab, die sie nun nicht mehr benötigen, und beginnen mit dem Nestbau.

Im Haus hingegen können Ameisen sogar ein Warnsignal sein. Glänzend Schwarze Holzameisen lieben nicht nur alte Bäume, sondern auch von Feuchtigkeit vorgeschädigte Holzbalken, in denen sie ihre Nester anlegen und dabei die Bausubstanz weiter schädigen. Die Ansiedlung von Ameisen auf der Terrasse lässt sich vermeiden, wenn als Untergrund Basaltsplitt verwendet wird. Den können die Ameisen nicht so leicht abtransportieren, da er sich verhakt.

Stört ein Volk auf der Terrasse, können Sie versuchen, es umzusiedeln. Füllen sie einen Blumentopf mit Holzwolle und stellen sie ihn mit der Öffnung nach unten auf eine Ameisenstraße. Wenn die Ameisen die Puppen ins neue Nest bringen, nehmen sie die neue Unterkunft an. Nach ein paar Tagen heben Sie den Topf mit einer Kehrschaufel auf, tragen ihn an eine sonnige Stelle, wo das Nest nicht stört, und beobachten, was passiert. Statt sich zu ärgern, können Sie dann Naturkino im Garten genießen.

DUNGKÄFER UND WEIDETIERE
Lebensgemeinschaft mit Rissen

Wir leben von dem, was die Schwergewichte in der Natur hinterlassen. Die fressen Schwerverdauliches: Gräser, Blütenpflanzen und Heu, Äste von Sträuchern oder Bäumen. Das verwandeln sie mithilfe von Milliarden Mikroorganismen in Fleisch und Milch. Wir kümmern uns um das, was übrig bleibt, und sorgen dafür, dass es rasch im Boden verschwindet. Wir schaufeln und rollen, wir graben Gänge in den Boden, stopfen sie voll mit Futter für uns und unseren Nachwuchs. Ganz nebenbei schützen wir das Klima. Einst gab es uns überall auf Wiesen und Weiden, heute sind wir selten geworden, denn unsere Futterlieferanten verbringen die meiste Zeit ihres Lebens im Stall. Das Band der Natur, geknüpft in Jahrmillionen gemeinsamer Entwicklung, droht für immer getrennt zu werden.

Goldener Tritt und eiserner Biss

Der heiße Sommertag auf den lichten Weiden im Hochschwarzwald ist zugleich ein Tag, der den Seh- und Geruchssinn öffnet für unbekannte Erfahrungen. Während auf dem Tal die Hitze lastet, weht oben auf mehr als 1000 Meter Höhe eine frische Brise. Hier kann es bis Mitte Mai Frost und Schnee geben. Entsprechend karg ist die Vegetation, die den Boden bedeckt: vom Wind gekrümmte Bäume, dichte Büschel aus Borstgras *(Nardus stricta),* Heidel- und Rauschbeere *(Vaccinium myrtillus* und *V. uliginosum).* Altrosa leuchten die Blüten des Heidekrauts *(Calluna vulgaris)* aus der Graslandschaft hervor und sorgen auf den Wiesen für zarte Farbkleckse. Die Pflanzen, die hier oben auf dem Untergrund aus Buntsandstein überleben, sind widerständige Arten, die mit wenigen Nährstoffen auskommen. »Grinden« – übersetzt kahler Kopf – werden die Bergheiden auf den Gipfellagen des Schwarzwalds zwischen Freudenstadt-Kniebis und Baden-Baden genannt. Sie entstanden im 14. Jahrhundert, als die Bauern in den Tälern diese Hochlagen rodeten und als Almen für ihre Weidetiere nutzten.

Fünf Rinder galoppieren behände um einen Busch: kurze, stämmige, weiße Beine, rehbraunes Fell, weiße Brust, weißer Kopf und lange, geschwungene Hörner, was ihnen den Namen »Hirschvieh« eingetragen hat. »Das sind Hinterwälder«, sagt Dr. Jörn Buse vom Nationalpark Schwarzwald. Über Jahrhunderte seien sie speziell für diese Art von Landschaft gezüchtet worden. Der Umweltwissenschaftler erforscht den Zusammenhang zwischen Weidetieren und Bodenlebewesen und ist unterwegs, um mit mir Käfer zu suchen, Dungkäfer, um genau zu sein. Dazu muss er auf die Weide.

»Gefährlich sind die Kühe nicht, aber ein bisschen störrisch«, meint Buse, während er ihnen zuschaut, wie sie hinter ein paar Büschen verschwinden. Leichtfüßig bewegen sie sich auf den steilen Hängen und dem ungewissen, von Steinen durchsetzten Untergrund. Buse schaut genau, ob ein Stier dabei ist. Welche Gefahr damit verbunden wäre, hat er mit einer Gruppe Studenten bei einer Exkursion in der Pfalz erlebt. Gerade hatten sie mit ihren Rucksäcken ein Viereck abgesteckt, und Buse wollte mit seinen Erklärungen beginnen, da näherte sich ein Stier und fing an, einen der Rucksäcke mit Hufen und Hörnern zu traktieren. »Wir haben erstmal den Rückzug angetreten und ihn sich mit dem Rucksack austoben lassen.«

Hinterwälder sind genügsam. »Eine Hochleistungskuh mit 8000 bis 10 000 Litern Milchleistung pro Jahr würde auf diesen Weiden verhungern«, sagt Buse. Deshalb wäre diese kleinste mitteleuropäische Rinderrasse in den Zeiten ständiger Ertragssteigerungen fast auf der Strecke geblieben. In den 1970er Jahren war sie nahezu ausgestorben: zu wenig Milch, zu wenig Fleisch. Dabei gehören Hinterwälder zu den langlebigsten Kühen überhaupt, sie geben deutlich länger Milch als die heute weit verbreiteten schwarz-weißen Hochleistungskühe, und ihre Milch ist zudem reich an gesunden Omega-3-Fettsäuren. Ihr Fleisch ist aromatisch, butterzart und gilt als Delikatesse.

Seit den 1990er Jahren werden die Kühe als Naturschützer eingesetzt. Sie halten den Bewuchs auf den steilen Hängen kurz, die mit Maschinen nicht befahren werden können, und sorgen im Schwarzwald dafür, dass es wieder »wilde Weiden« gibt, wie sie jahrhundertelang in Europa üblich waren. Das sind weiträumige Naturlandschaften, auf denen kleine Herden von Huftieren umherstreifen und sich eine selten gewordene Flora und Fauna wieder vermehren kann.

Graslandschaften sind in Ko-Evolution mit Pflanzenfressern und Raubtierrudeln entstanden. Sie sind das Werk von wilden oder gezähmten Weidetieren. »Die Herden grasfressender Großsäugetiere (sog. Graser – insbesondere Wiederkäuer und Pferde bzw. Pferdeartige) haben die Evolution von

Gräsern und Dauer-Grünland ermöglicht«,[1] schreibt die Berliner Tierärztin Anita Idel, die mit ihrem Buch *Die Kuh ist kein Klimakiller* zur Verteidigung der Weidewirtschaft beigetragen hat. Aus evolutionärer und kulturhistorischer Perspektive sind große Pflanzenfresser und Graslandschaften also zwei Seiten einer Medaille. Das trifft auf die Great Plains in den USA ebenso zu wie auf die Savannenlandschaft Afrikas, die Puszta in Ungarn, die Grasland-Steppe in Kasachstan oder die Almwiesen in der Schweiz und in Österreich. In Afrika können die großen Pflanzenfresser mehrere tausend Kilo wiegen. Der größte Elefantenbulle brachte elf Tonnen auf die Waage und ist heute in der Smithsonian Institution in Washington D.C. ausgestellt. Ein Bisonbulle in Nordamerika kann bis zu 900 Kilo schwer werden, seine europäischen Verwandten, die Wisente, 600 bis 1000 Kilo.

Die Tiere vollbringen ein biologisches Wunder, denn sie wandeln minderwertiges und schwer verdauliches Futter in Fleisch und Milch um. Dazu müssen sie sehr, sehr viel fressen. Um das Futter zu verdauen, haben Rinder, Schafe oder Ziegen mehrere Mägen. Der Magen eines Hausrinds fasst mehr als hundert Liter, hinzu kommen noch etwa 60 Meter Darm. Für den Boden ist das Verdauungsprodukt der Rinder eine wichtige Nährstoffquelle. Denn von dem, was die Tiere fressen, kommt hinten vieles nur wenig verdaut wieder heraus. So sorgen die großen Pflanzenfresser dafür, dass die Speisekammer des Bodens immer wieder reich gefüllt wird. Und damit nicht genug: Der »goldene Tritt« von Weidetieren festigt die Bodenoberfläche und schützt sie vor Erosion. Ihr »eiserner Biss« regt das Wachstum von Gräsern und Kräutern an, sodass sich ein dichter, gut durchwurzelter Bewuchs bildet, der den Boden vor Erosion schützt.

Die großen wildlebenden Pflanzenfresser sind auf halboffene Weidelandschaften angewiesen, denn Wälder bieten ihnen nicht das ganze Jahr über ausreichend Nahrung. Geblieben sind von ihnen bei uns nur das Reh, gebietsweise der Rothirsch und als Allesfresser das Wildschwein. An ihre Stelle sind die wiederkäuenden Nutztiere getreten – Schafe und Ziegen, aber vor allem Rinder. Auf Naturschutzflächen, wie den »Grinden« im Schwarzwald, übernehmen sie zunehmend die freigewordenen »ökologischen Planstellen« ihrer bei uns ausgerotteten oder ausgestorbenen Verwandten.[2] »Wilde Weiden« nennen Naturschützer die Flächen, auf denen robuste Rinder- und Pferderassen in geringer Zahl pro Hektar teilweise ganzjährig grasen. Es gibt sie inzwischen in vielen Bundesländern von Schleswig-Holstein bis Baden-Württemberg.

Das Konzept wurde in den 1990er Jahren von Naturschutzorganisationen entwickelt, mit dem Ziel, vielfältige von Büschen, Bäumen und Gewässern durchzogene Weidelandschaften zu schaffen. Eingewanderte Pflanzen wie die Goldrute *(Solidago),* die sich zum Teil unkontrolliert ausbreiten, werden von den Pflanzenfressern zurückgedrängt; im Schutz von stacheligen Büschen und Bäumen können sich größere Laubbäume wie Eichen entwickeln. Die Tiere halten die Ränder von Gewässern offen und schaffen so Laichplätze für Amphibien. In den Trittstellen können Wildbienen ihre Nester bauen, sich spezialisierte Pflanzen ansiedeln, und der Dung der Tiere bietet einer Vielzahl von Insekten Nahrung. Wilde Weiden sind Oasen der Artenvielfalt, nicht nur über, sondern auch unter der Erde.[3]

Das Potenzial von Weidelandschaften, Kohlenstoff zu speichern, ist gewaltig. Wiesen und Weiden sind riesige terrestrische Kohlenstoffsenken, schreibt die Ernährungs- und Landwirtschaftsorganisation der Vereinten Nationen (FAO) in der Dokumentation *Grasslands of the World.* Ihre weltweite Fläche wird auf 52,5 Millionen Quadratkilometer geschätzt, das sind 40,5 Prozent der Landfläche der Erde ohne Grönland und die Antarktis, wo es bisher kein Grünland gibt.[4] Im EU-Durchschnitt sind es 19,5 Prozent, in Deutschland nur noch etwa 13 Prozent der Landesfläche.[5] Denn unsere Rinder stehen die meiste Zeit ihres Lebens im Stall. Eigentlich sind Wiederkäuer prädestiniert zur Nutzung von Böden, die zu leicht, zu erosionsgefährdet oder zu feucht sind, um beackert zu werden, aber beweidet werden können. Doch statt auf der Weide Gras zu fressen, wie es ihrer Natur entspricht, werden sie in Ställen gehalten und zu Nahrungskonkurrenten der Menschen gemacht. Ein Drittel des Ackerlands weltweit wird für die Produktion von Futtermitteln für die Tierhaltung genutzt, in Deutschland sind es knapp 40 Prozent.[6]

Für die Futterproduktion werden im Ausland Urwälder abgeholzt, wurden bei uns Hunderttausende Hektar Wiesen und Weiden für den Anbau von Viehfutter umgebrochen. Mit dieser energiereichen Ernährung kann eine Kuh so viel Milch geben wie ehemals zwei oder drei Kühe. Das nütze sogar dem Klima, wurde viele Jahre lang nahezu unwidersprochen argumentiert. Doch inzwischen tauchen immer mehr Zweifel an dieser Behauptung auf. Denn die Rechnung »mehr Milch mit weniger Kühen = weniger Emissionen« geht nicht auf, wenn alle klimarelevanten Faktoren mit einbezogen werden. Das sind insbesondere die Kohlenstoff-, Stickstoff- und Lachgasemissionen, die der Ackerbau, der Umbruch von Grünland und das Abholzen von Regenwäldern für die Schaffung von Ackerflächen verursachen.[7]

Auch aus einem zweiten Grund stimmt die Rechnung nicht: Hochleistungskühe sterben meist früh. Das ist eine Folge der Zucht, die jahrzehntelang auf immer höhere Milchleistung gesetzt hat. Die Züchter nutzten eine genetische Veranlagung aus, die Kühe zu besonders sorgsamen und selbstlosen Müttern macht. In den ersten Wochen nach der Geburt stellen sie ihr eigenes Wohl zurück und zehren von den eigenen Energiereserven, um ihr Kalb zu ernähren.[8] Doch anstelle des Kalbs, das nach ein paar Wochen anfängt, Gras zu fressen, saugt nun die nimmersatte Melkmaschine an den Zitzen, und die Kuh gibt, was sie kann. Bisweilen opfert ihr auf Milchproduktion programmierter Körper selbst das Fett zwischen den Klauen. Weltmeister im Milchgeben sind Holstein-Friesians (HF). Europäische Einwanderer brachten die Rasse im 17. Jahrhundert mit in ihre neue Heimat in den USA und Kanada, von wo aus sie als sogenannte HF-Hochleistungsrinder wieder nach Europa zurückgekehrt sind.

Die einseitige Zucht auf immer mehr Milchleistung hat ihren Preis: Euterentzündungen, Stoffwechselstörungen, Klauenkrankheiten, Rückgang der Fruchtbarkeit. All das führt dazu, dass eine HF-Kuh oft schon nach wenigen Jahren »ersetzt« werden muss.[9] »Der größte Feind der Hochleistungsmilchkuh ist ihr Kalb, das später noch mehr Milch gibt«, sagen Landwirte. Aber je schneller eine Kuh von einer neuen abgelöst wird, umso mehr Kühe müssen gehalten werden. Eine Kuh kalbt nach zwei Jahren zum ersten Mal, und erst danach kann sie Milch geben. So lange hat sie gefressen, gerülpst, Mist und Gülle produziert. Bezieht man den Kuhnachwuchs in den CO_2-Fußabdruck der Milchproduktion mit ein, werden die niedrigsten Treibhausgasemissionen nicht etwa in den Hochleistungsbetrieben erzielt, sondern in Biobetrieben mit einer Milchleistung von 5000 bis 7000 Kilo.[10]

Zu einem ähnlichen Ergebnis kommt eine Vergleichsuntersuchung der Universität Kiel. Darin wurden zwei Betriebe gegenübergestellt: ein sogenannter Low-input-Betrieb, der ohne mineralische Düngung, mit marginalem Kraftfuttereinsatz, Weißklee- und Weidefütterung auskommt und eine Kreuzung aus HF-Kühen mit Jersey-Rindern hält, eine sehr alte robuste Rinderrasse. Der andere ist ein Betrieb mit ganzjähriger Stallhaltung von Hochleistungskühen, die Gras- und Maissilage fressen sowie drei Tonnen Kraftfutter pro Jahr und Kuh. Ergebnis: Die Hochleistungskühe geben fast doppelt so viel Milch wie ihre genügsameren Schwestern auf der Weide.

Bezieht man für den CO_2-Fußabdruck jedoch alle Faktoren mit ein – wie die Düngerproduktion für den Anbau von Ackerpflanzen, die als Futter genutzt werden, den Landnutzungswandel für die Herstellung des Soja-Futters, die CO_2- und Lachgasemissionen im Ackerbau und die Kohlenstoffspeicherung im Boden beim Weidegang, dann sei »das low input System deutlich günstiger einzustufen«, sagt der Agrarwissenschaftler Friedhelm Taube. Er kritisiert, dass die Umwandlung von Dauergrünland in eine ackerbauliche Nutzung die weltweit stärkste Freisetzung von CO_2 aus dem Boden darstelle.[11] Umgekehrt führe insbesondere in den ersten Jahren eine Neuanlage von Grünland auf Mineralböden zur höchsten CO_2-Bindung. »Vor diesem Hintergrund ist die Erhaltung alten Dauergrünlands eine der wirkungsvollsten Maßnahmen im Sinne einer CO_2-Senkenfunktion.«[12] Kurz: Wer etwas gegen den Klimawandel tun möchte, sollte Grünland erhalten oder neues, am besten artenreiches Grünland, schaffen.

Ein Lob den Dunghaufen

Aber wie werden Weiden zu Kohlenstoffsenken? Ein Weg lässt sich auf der Wilden Weide im Hochschwarzwald beobachten. Jörn Buse gehört zu dem Team von zwölf Wissenschaftlern der Nationalparkverwaltung, das die biologische Vielfalt in dem 10 000 Hektar großen Gebiet zwischen Baden-Baden und Freudenstadt-Kniebis erfasst. Sein Spezialgebiet sind Dungkäfer. Für manchen Nichteingeweihten mag es eine ungewöhnliche Vorstellung sein, sich ausgerechnet diese Tiere als Forschungsobjekt auszusuchen. Schließlich leben die Käfer von Exkrementen. Doch wer Buse zuhört, wird bald von seiner Faszination angesteckt.

»Ohne die Käfer hätten wir ein echtes Problem«, sagt er. Dung enthält viele Nährstoffe. »Es wäre aus Sicht der Natur völlig vergeudet, wenn das einfach liegen bliebe.« Zudem wäre der Nährstoffkreislauf nicht geschlossen, und das gibt es in der Natur nicht, in der alles mehrfach genutzt wird. Es sei denn, der Mensch greift ein, wie es in Australien der Fall war. Dort gab es vor Ankunft der Europäer keine großen Weidetiere. Die größten waren die Kängurus. Um die Grasflächen zu nutzen, führte man Rinder ein – mit katastrophalen Folgen. »Die Rinder hatten ihre Weideflächen komplett zugeschissen, die Regeneration der Grasnarbe war äußerst dürftig«, sagt Buse. Warum? Weil es in Australien keine Käferfauna gab, die den Dung der Rinder in den Boden schaffen konnte. Die Lösung für das Problem waren schließlich Importkäfer aus Südafrika, die man nachgezüchtet und in Australien ausgewildert hat. »Das zeigt, wie wichtig so eine Tiergruppe ist, die den Nährstoffkreislauf bedient.«

Etwa 100 Arten gibt es in Europa. »Man kann sie finden, bis es schneit oder friert. Wenn die Temperatur auf wenige Grad Celsius steigt, wenn es frostfrei wird, sind sie sofort aktiv«, sagt der Wissenschaftler. Doch damit nicht genug: Um die Dungbewohner herum hat sich ein ganzes Nahrungsnetz gebildet. Es reicht bis zu Vögeln und Fledermäusen, die die Insekten fressen, die von der Ressource Dung leben. Die Zahl der Stare *(Sturnus vulgaris)* hat sich in Europa seit dem Jahr 2000 nahezu halbiert, weil sie auf den meist viehlosen Weiden zu wenig Insekten für die Aufzucht ihrer Jungen finden.[13]

Um die Vielfalt der Dungbewohner anschaulich zu machen, gibt Buse mir den Auftrag, mit ihm einen »besonders schönen« Kuhfladen zu suchen. Die Anforderungen sind hoch: Mindestens drei Handteller groß soll er sein, eher Hügel als flacher Teller, die Oberfläche schon ein wenig angetrocknet, mit ein paar Löchern drin – eine Art dunkelgrüner Dung-Kilimandscharo. Und den finden wir auch tatsächlich im Halbschatten hinter einem Busch. »Da hat eine Kuh einen Turm gebaut. Der wiegt bestimmt etwa ein Kilo. Da ist gut was drin«, stellt Buse befriedigt fest. Er geht in die Knie, greift unversehens hinein in die graugrüne Masse, bricht sie auseinander und hält mir ein Stück unter die Nase. Als ich unwillkürlich zurückzucke, lacht er. »Riecht wie Gras. Stinkt überhaupt nicht«, stelle ich fest. Buse nickt: »Warum soll das auch stinken? Es ist ja nur fermentiertes Gras.« Dann zeigt er auf einen Käfer. »Da ist einer von denen, die nach unten tunneln, ein kleiner. Er gräbt 20 bis 25 Zentimeter tief.«

Später im Labor wird er einige Funde aus seiner Käfersammlung präsentieren. Unter der Lupe zeigt sich eine Wunderwelt der Evolution: Flügeldecken wie glänzend gehämmerter Stahl, Nackenschilde wie Triceratops-Saurier, Hörner wie Rinder oder Nashörner, grobe Rechen, Pflugscharen und mit Zacken bewehrte schaufelartige Beine, perfekt zum Graben und zum Transportieren des kostbaren Rohstoffes Dung. Der französische Insektenforscher Jean-Henri Fabre vergleicht in seinen Erinnerungen 1879 den Fleiß der Käfer mit dem von Goldsuchern. »Man kann die Vielfalt der Werkzeuge gar nicht genug bewundern, mit denen sie den Unrat bewegen, zerkleinern, formen oder tiefe Höhlen graben, in denen sie sich samt ihrer Beute einschließen.« Nie hätten »Abenteurer aus allen vier Enden der Welt mit solcher Leidenschaft auf einem kalifornischen Claim gearbeitet«.[14] Größere Arten, wie die blauviolett schimmernden Waldmistkäfer, schaffen pro Pärchen 400 Gramm Dung innerhalb von drei bis vier Tagen in den Boden. Dabei sind sie nur 10 bis 20 Millimeter groß. Zwei Pärchen würden also reichen, um einen Haufen wie den Dung-Kilimandscharo innerhalb von einer Woche verschwinden zu lassen. Allerdings sind einige der großen tunnelnden Arten bei uns in Deutschland aus Mangel an dauerhaft genutzten Weideflächen fast ausgestorben.

Beim Blick durch die Lupe in Buses Labor erklärt der Wissenschaftler später, wie die Käfer Dunghaufen und Partner für die Grabarbeiten finden. Die Fühler der Käfer sind vorne verdickt. An den Enden befinden sich Riechkolben, die dicht mit Geruchsrezeptoren besetzt sind. Wenn die Käfer von anderen Käfern oder von Dunghaufen Witterung aufnehmen wollen, spannen sie die Riechkolben auf. »Das sind die Nasen der Käfer. Sie riechen die Dunghaufen über Hunderte von Metern und können sie gezielt anfliegen«, sagt Buse.

Um dem Treiben im Dung noch genauer auf die Schliche zu kommen, schaufelt Buse einen Teil des Haufens in einen Eimer. Am Wegesrand, wo wir vor den munteren Kühen sicher sind, untersucht er ihn. Die grüne Masse ist durchlöchert wie ein Schwamm, und es wimmelt nur so von kleinen braunen und schwarzen Käfern. Die meisten sind gerade mal fünf bis sieben Millimeter groß. Einige von ihnen legen ihre Eier direkt in die Haufen, andere sind als Räuber darauf spezialisiert, Eier und Larven anderer Arten zu fressen oder die Pilze, die sich im Dung ansiedeln. Wieder andere filtern den Dung, um die Nährstoffe herauszuziehen. Es ist eine ganze Gemeinschaft von Lebewesen, die ausschließlich damit beschäftigt ist, den wertvollen Rohstoff zu verarbeiten.

Es gibt sogar Käfer, die den Dung bis zu 1,5 Meter tief im Boden vergraben, als Nahrungsreserve für sich und ihre Nachkommen. Dabei arbeiten die Käfer im Team. Während das Weibchen unter der Erde die Gänge gräbt, ist das Männchen damit beschäftigt, die Erde aus dem Bau herauszutransportieren. Dann befüllen sie die Kammern mit frischem Dung, das Weibchen legt ein Ei hinein, und die Kammer wird mit noch mehr Dung gefüllt. Die Larven fressen das Substrat, und die Nährstoffe in ihren Ausscheidungen sind dann so weit aufgeschlossen, dass Pflanzen sie direkt verwerten können. Ein perfekter Kreislauf.

Pro Haufen habe er schon bis zu tausend Tiere gezählt, sagt Buse. In Israel, wo er ebenfalls gearbeitet hat, können es 2000 bis 2500 Tiere pro Haufen sein. In der Döberitzer Heide vor den Toren Potsdams fanden die Forscher im Dung von wildlebenden Pferden sogar zwischen 4000 und 10 000 Käfer. Die Döberitzer Heide ist ein etwa 3600 Hektar großer ehemaliger Truppenübungsplatz, der jetzt der Heinz-Sielmann-Stiftung gehört und wo die großen Pflanzenfresser wie Wisent, Przewalski-Pferd und Rothirsch frei in der Natur leben können.[15]

Am Ende findet Buse sogar noch die Sensation des Tages, den ersten Nachweis einer bundesweit seltenen Art im Nationalpark: *Coprimorphus scrutator,* Suchender Dungkäfer. Er erkennt ihn an den hellen Flügeldecken und den hellen Halsschildseiten. Für den Käferfreund Buse »der Hammer«, denn das Tier gilt in Deutschland als vom Aussterben bedroht (Rote Liste 1). Das Exemplar nimmt er mit ins Labor. Mitleid mit dem seltenen Tier lässt er nicht gelten. »Ein Tod für die Wissenschaft«, sagt er. Bei Insekten mit ihren hohen Vermehrungsraten könne man sicher sein: Ein Dungkäfer, auch ein *Coprimorphus scrutator,* kommt niemals allein. Die anderen Käfer werden in die Freiheit entlassen. Einer hat einen Grashalm erklommen und turnt prekär auf der Spitze herum, die sich unter seinem Gewicht beugt. Dann hebt er zaghaft seine Flügeldecken, faltet seine Flügel auseinander, und schwupp ist er weg, auf der Suche nach einem neuen leckeren Dunghaufen.

Die großen Weidetiere produzieren beim Verdauen und mit ihrem Dung Methan (CH_4). So war es schon, als nach dem Ende der letzten Eiszeit in Europa noch Wisent, Auerochse und Elch grasten. Dieser Teil ihrer Biologie hat den Tieren einen schlechten Ruf eingebracht. Schließlich ist das Treibhauspotenzial von Methan fast 30-mal höher als das von CO_2. Das Gas entsteht immer dann, wenn Mikroben den Kohlenstoff aus Pflanzenresten unter Sauerstoffabschluss abbauen. Auch hier leisten Dungkäfer eine für das Klima segensreiche Arbeit. Weil sie Gänge in die Haufen graben, sorgen sie für Belüftung und für die Zufuhr von Sauerstoff. So machen sie den methanproduzierenden Mikroorganismen den Garaus, wie eine

Forschergruppe in Finnland festgestellt hat. Sie schlägt vor: »Wenn wir den Effekt der Viehhaltung auf das Klima ermitteln wollen, sollten wir die Käfer in die Rechnung mit einbeziehen.«[16] Hinzu kommt, dass die Käfer Nährstoffe in die Böden transportieren sowie Pflanzensamen unter dem Haufen und in seiner Umgebung verteilen. All das fördert das Wachstum von Pflanzen, und mehr ober- und unterirdische Biomasse bedeutet auch, dass mehr Kohlenstoff gebunden wird.

Offensichtlich halten sich die Nährstoffe viele Jahrtausende im Boden. Das haben Luftbilder vom Serengeti-Nationalpark in Tansania ergeben. Dort finden sich, vor allem aus größerer Höhe gut erkennbar, immer wieder Hotspots des Pflanzenwachstums und der Artenvielfalt, deren Ursprung man sich lange nicht erklären konnte. Untersuchungen des Bodens haben ergeben, dass es sich um steinzeitliche Viehgehege handelt. In den Böden ist der Gehalt von wichtigen Pflanzennährstoffen wie Phosphor, Stickstoff und Kohlenstoff immer noch erhöht. Die Forscher schließen daraus, dass der in den Nächten reichlich anfallende Dung der steinzeitlichen Herden an diesen Stellen den Boden mit Nährstoffen angereichert hat – und dass dieser Effekt bis heute, also mehr als 3000 Jahre später noch immer nachweisbar ist. Diese Hotspots werden nach wie vor von Wildtieren besucht. Zum Teil richten sie sogar ihre Wanderungsrouten danach aus.[17]

Auch Dungkäfer werden immer seltener. Das liegt zum einen daran, dass Milchkühe und Mastrinder fast ausschließlich im Stall gehalten werden. Von der mehr als reichlich anfallenden Gülle können diese Insekten nicht leben, und Mist schätzen sie ebenfalls nicht, denn er ist ihnen nicht frisch genug. Sie brauchen Dung, und den gibt es ausschließlich auf der Weide. Aber auch dort droht ihnen ein weiterer menschengemachter Feind, und der stammt aus der Pharmaindustrie. Medikamente gegen Würmer gefährden auch die Dungkäferfauna, denn die Mittel beeinträchtigen das Wachstum vieler Larven. Werden die Nutztiere regelmäßig entwurmt, was vor allem bei Pferden der Fall ist, werden ihre Dunghaufen zur ökologischen Falle. Die Käfer nehmen das Gift nicht wahr. Vom Dung angelockt legen sie immer wieder ihre Eier hinein, aber die Larven überleben nicht, sodass die Dungkäferfauna, vor allem im Umfeld von Reitställen, immer weiter verarmt.[18] Auch der Einsatz von Medikamenten in der Tierhaltung kann also verhindern, dass pflanzlicher Kohlenstoff im Boden eingelagert wird.

Für ausgedehnte Weidelandschaften spricht ein weiterer Grund. Mittlerweile gilt es als gesichert, dass sie das Risiko senkt, an einer von Zecken übertragenen Borreliose zu erkranken. Zum einen fressen die Paarhufer die Zecken beim Grasen mit auf. Zweitens bevorzugen Zecken warme und feuchte Mähwiesen gegenüber Weidelandschaften, wo die Tiere das Gras eher kurzhalten. Und drittens filtern die Weidetiere die Erreger heraus: Saugt eine von Borreliose befallene Zecke an einem Paarhufer und fällt danach ab, ist sie frei vom Erreger.[19]

Nicht jeder muss sich mit dem Dunghaufen und seiner Lebensgemeinschaft anfreunden. Nicht jeder muss die Nase so tief hineinstecken wie Herr Buse und seine Wissenschaftskollegen. Aber es ist höchste Zeit für eine Wende in der Agrarproduktion. Weidetiere schaffen abwechslungsreiche Landschaften, fördern die Vielfalt unserer Natur und die Anreicherung von Kohlenstoff im Boden. Könnte der Boden sprechen, er würde fordern: »Gebt den Kühen die Weide zurück.« Wir sollten uns der Bedeutung von Weidewirtschaft für die Böden, den Klimawandel und die Artenvielfalt bewusst werden. Das gilt auch für eine weitere – oft geschmähte – Tierart. Weil ihre Vertreter aussehen wie Würmchen, haben auch sie wenig Sympathisanten.

Tipp:
Verkaufstricks bei der Milch

Kühe, die viel Zeit auf der Weide verbringen, geben gesündere Milch. Je größer der Anteil von Grünfutter oder Heu ist, desto höher ist auch der Anteil wertvoller Fettsäuren in ihrer Milch. Kein Wunder also, wenn Kunden im Supermarkt gern zu Weidemilch greifen und auch bereit sind, dafür mehr zu zahlen. Auch ich gehöre dazu. Der Produzent meiner Milch »garantiert«, dass die Kühe an »mindestens 120 Tagen im Jahr und mindestens sechs Stunden pro Tag« auf »saftigen grünen Weiden« stehen und »frisches Gras, Klee oder Kräuter fressen«. Für die Bezeichnung Weidemilch ist das ausreichend, wie ich inzwischen enttäuscht festgestellt habe. Das liegt auch daran, dass der Begriff lebensmittelrechtlich weder definiert noch geschützt ist. Es »existieren keine rechtlichen Vorgaben, wann eine Milch als ›Weide-Milch‹ bezeichnet werden darf«, so ein Entscheidung des OLG Nürnberg 2017.[20] Die restlichen 246 Tage eines Jahres könnten die Kühe demzufolge im Stall verbringen, und die Wahrscheinlichkeit ist hoch, dass sie vor allem dann auf die Weide kommen, wenn sie keine Milch geben, also in 60 Tagen vor der Geburt eines neuen Kalbes.

Strenger sind die Anforderungen bei dem Label »PRO WEIDELAND – Deutsche Weidecharta«. Hier müssen die Tiere an 120 Tagen im Jahr mindestens sechs Stunden auf der Weide grasen, und pro Kuh müssen mindestens 2000 Quadratmeter Weideland zur Verfügung stehen. Sie sollen »ganzjährige Bewegungsfreiheit« haben und gentechnikfrei gefüttert werden. Die Landwirte erhalten fünf Cent mehr pro Liter Milch und werden regelmäßig kontrolliert. »Biomilch« ist eine geschützte Bezeichnung. Die Milch muss von Biobetrieben erzeugt werden, separat gesammelt und getrennt in Molkereien weiterverarbeitet werden. Ebenfalls geschützt sind die Bezeichnungen »Heumilch« und »Bergerzeugnis«. Bei »Heumilch« besteht das Futter der Kühe im Sommer vorwiegend aus frischen Gräsern, aus Hülsenfrüchten wie Klee, Erbsen oder Wicken sowie Kräutern und im Winter aus Heu. Gentechnisch verändertes Futter, Silage oder Gärheu sind verboten. »Bergmilch« muss in Berggebieten erzeugt werden, und auch das Futter muss zu mindestens 60 Prozent aus Gebieten mit steiler Hanglage und/oder kürzerer Vegetationszeit stammen. Die Kühe sollen mindestens ein Viertel ihres Lebens am Berg oder auf der Alm grasen. Der Begriff »Bergbauernmilch« hingegen ist nicht geschützt.[21]

NEMATODEN
Könige des Grauens

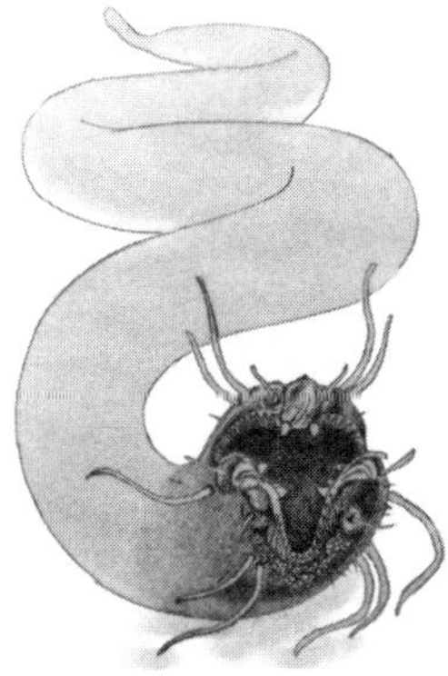

Wir sind schleimig und weiß. Wir leben im Wasser und auf dem Land, im Blumentopf auf der Fensterbank, im Moos der Gartenmauer, im Komposthaufen und im Gemüsebeet. Sogar in aufgeweichten Bierdeckeln hat man uns schon gefunden. Wir sind die zahlenreichste Tiergruppe der Erde, aber wir haben wenige Freunde. Das liegt vor allem an einigen unter uns, die über Kartoffeln, Rüben oder Weizen herfallen. Andere können sogar Krankheiten wie Flussblindheit oder Trichinose auslösen. In der Öffentlichkeit bestimmen sie das Bild. Dabei sind die meisten von uns sehr nützlich. Wer die Zusammenhänge im Boden verstehen will, kommt um uns nicht herum.

Sie sind überall

Kann ein Wurm schön sein? Dazu noch ein dünner weißer? Einer, der seinen wissenschaftlichen Namen Nematode dem griechischen Wort für Faden, »nema«, verdankt? Was bei den meisten Menschen Abscheu auslöst, bringt Professorin Liliane Rueß ins Schwärmen: »Für mich als Bodenökologin sind sie wunderhübsche Tiere. Ihre Strukturen sind so fein. Sie haben alle möglichen Kopfanhänge, von denen kein Mensch weiß, für was sie zuständig sind. Manche tragen Krönchen, andere haben Ornamente auf der Haut, ähnlich einem Tatoo. Die Schönheit erkennt man erst, wenn man ein paar Wochen hinter dem Mikroskop gesessen hat und sich mit ihnen befasst hat.«[1] Die feinen Strukturen der Körperoberflächen der Fadenwürmer begeistern sie, wie Ornithologen die Federn farbenprächtiger Paradiesvögel.

Liliane Rueß leitet am Institut für Biologie der Humboldt-Universität zu Berlin die Arbeitsgruppe Ökologie, und die Nematoden sind ihre Lieblingstiere. Mehr als 20 000 Arten weltweit wurden bisher beschrieben, und vermutlich sind noch immer nicht alle entdeckt, denn sie können vom Äquator bis zum Polarkreis nahezu überall leben. Man hat Nematoden mehr als drei Kilometer tief in einem südafrikanischen Bergwerk gefunden, in den Wipfeln von Bäumen und in den Körpern von Mückenlarven, Ameisen, Regenwürmern und Menschen. Die meisten sind kleiner als einen Millimeter. Der Riesen-Fadenwurm *(Placentonema gigantissima)* kann acht Meter lang werden und lebt in der Placenta von Pottwalen.[2]

»Myriaden von ihnen leben im Boden, verborgen hinter einem Schleier aus Unwissenheit«, schrieb der Nestor der Nematologie, der US-Zoologe Nathan A. Cobb 1915. Die Zahl der Experten, die sich mit diesen Würmchen beschäftigen, sei überschaubar, und in der Öffentlichkeit sei die einhellige Reaktion Ekel, bedauerte er damals. Cobb, der 1888 bei dem

Zoologen Ernst Haeckel in Jena promoviert hatte, widmete sein Leben trotzdem den Würmchen. Wie Liliane Rueß faszinierte auch ihn die »wundervolle Komplexität ihrer Körperstrukturen«, die sich wegen ihrer Transparenz unter dem Mikroskop perfekt studieren lassen. Außerdem waren sie reichhaltig vorhandenes und leicht zugängliches Forschungsmaterial. Legt man alle Nematoden von einem vier Hektar großen Acker aneinander, so reichen sie einmal um die Erde, hat Cobb ausgerechnet und konstatiert: »Wir müssen uns mit dem Gedanken anfreunden, dass Nematoden und ihre Eier omnipräsent sind.«[3]

Nematoden stellen etwa 81 Prozent aller mehrzelligen Tiere. Das heißt: Vier von fünf Tieren auf der Erde sind Nematoden. Cobb zufolge gibt es sogar eine Art, die nur auf deutschen Bierdeckeln aus Zellstoff lebt. Sie wird Bierfilzälchen *(Panagrellus redivivus)* genannt und wurde 1922 entdeckt. Mithilfe von Nematoden gelang auch eine der wichtigsten Erkenntnisse der modernen Genetik. Der Würzburger Zoologe Theodor Boveri bewies unter anderem an den Eiern einer Nematodenart Anfang des 20. Jahrhunderts die Chromosomentheorie der Vererbung, die besagt, dass sich die Träger der Erbsubstanz im Zellkern befinden.[4]

Cobb lebte vor der Erfindung luftdicht in Plastik abgepackter Lebensmittel, durchgängiger Kühlketten und Getränkedosen aus Aluminium. Flaschen mit Essig, in denen kleine für Menschen unschädliche bakterienfressende Würmchen – sogenannte Essigälchen *(Anguillula* oder *Turbatrix aceti)* – schwimmen, beunruhigten seine Zeitgenossen nicht über die Maßen. Heute sind sie allenfalls Aquarienfreunden ein Begriff, weil sie sich leicht züchten und an Fische verfüttern lassen. Mit dem bloßen Auge sind sie als Trübung erkennbar, und das ist vielleicht ganz gut so.

Der niederländische Naturforscher und Erfinder des Mikroskops Antoni van Leeuwenhoek (1632–1723) schockierte seine Gäste jedenfalls sehr, als er ihnen die durchscheinenden Würmchen unter seinen Vergrößerungsgeräten präsentierte: »Ich habe einige ehrenwerte Damen in meinem Haus gehabt, die auf die Beobachtung der kleinen Aale im Essig erpicht waren. Aber einige von ihnen waren nach dem Schauspiel so angewidert, dass sie sich schworen, nie wieder Essig zu benutzen.«[5] Ekel und Unkenntnis sind bis heute vorherrschend. Wer das Wort Nematode in eine Online-Suchmaschine eingibt, erhält Millionen von Treffern. Die meisten handeln davon, wie man sie am besten bekämpft. Dabei ernähren sich von den etwa 20 000 bekannten Arten nur etwa 3000 von Pflanzen, und nur etwa 100 sind bedeutende Schädlinge landwirtschaftlicher Kulturen.[6] Weil sie sich in die Wurzeln oder Früchte ihrer Wirtspflanzen fressen und Erträge stark einschränken können, sind die Tiere vielen Landwirten ein Begriff.

Eine Nematodenmutter kann im Laufe ihres kurzen Lebens bis zu 500 Eier legen, die im Boden in einer Zyste mit lederartiger Hülle einige Jahre überdauern können, auch das ein Grund, warum Biolandwirte eine bis zu siebenjährige Fruchtfolge einhalten. Im 19. Jahrhundert mussten 24 Zuckerfabriken schließen, da die Rüben »müde« geworden waren und die Felder keine Erträge mehr lieferten. 1859 entdeckte ein Botaniker die Ursache: kleine Würmchen, die an ihren Wurzeln saugen, Rüben-Älchen. Landwirte hatten Jahr für Jahr Rüben, mit denen sich gutes Geld verdienen ließ, auf dem gleichen Acker angebaut und so für ein Älchen-Schlaraffenland gesorgt. Julius Kühn, nach dem die Bundesforschungsanstalt benannt wurde, empfahl den Landwirten daher bereits 1871, Pausen einzulegen und stattdessen sogenannte Fangpflanzen anzubauen und so die »Würmer durch geeignete Nährpflanzen gleichsam einzufangen, um sie dann durch Zerstörung derselben zu vernichten«.[7]

Kühn war damit seiner Zeit weit voraus. Nach dem Zweiten Weltkrieg verließ man sich eher auf die Segnungen der Chemie. Sogenannte Entseuchungsmittel vertrieben die Nematoden zuverlässig aus dem Boden. Wie sich bald herausstellte, schädigten diese Gifte jedoch das Klima, das Grundwasser und insbesondere die Gesundheit der Arbeitskräfte, die den Boden mit ihnen behandelten. Die Mittel wurden daraufhin verboten.[8] Aus diesem Grund sehen wir heute wieder Felder mit gelb und rostrot blühenden Studentenblumen *(Tagetes)*, mit gelb blühendem Senf, der ein bisschen so aussieht wie Raps, aber später blüht. Solche zur Biokontrolle eingesetzten Pflanzen können, wie Kühn es schon im 19. Jahrhundert vorgeschlagen hatte, die Vermehrung pflanzenschädlicher Nematoden umweltschonend einschränken. Die Pflanzen verlocken die Älchen zum Schlüpfen und lassen sie dann an ihren Wurzeln verhungern: eine unsichtbare Abwehrschlacht im Boden.[9]

Wie facettenreich die ausfallen kann, zeigt ein weiteres Beispiel: »Die Schlinge ist ausgelegt, der Jäger lauert. Ahnungslos schiebt sich ein Tier in die Falle, die daraufhin blitzschnell und erbarmungslos zuschnappt. Zwar wehrt sich das Opfer verzweifelt, doch es hilft nichts: sein Schicksal ist besiegelt, sein Leben verwirkt«, so begann 1984 eine Reportage über unterirdische Jäger in der Wochenzeitung *Die Zeit*. Sie beschreibt Pilze auf Nematodenfang. Mehr als hundert fleischfressende Pilze sind der Wissenschaft bekannt, und sie haben unterschiedliche Jagdstrategien. Einige umschlingen die Nematoden mit ihren Hyphen wie eine *Boa constrictor* ihre Beute, bevor sie sie verzehren.[10] Der Austernsaitling *(Pleurotus ostreatus)*, ein beliebter Speisepilz, benutzt kein solches »Lasso«, sondern scheidet einen »chemischen Kampfstoff« aus, der Nematoden wehrlos macht, sodass die Pilze sie »erlegen« und aussaugen können. Allen, die diese Pilze gern essen, sei gesagt: Uns Menschen schadet diese Nahrungsvorliebe der Saitlinge nicht.

Manche Pilze sind Teilzeitjäger. Bodenbakterien rufen sie zu Hilfe, wenn bakterienfressende Nematoden überhandnehmen. Senden die Bakterien mit einem Botenstoff SOS, werden die Pilze, die sich normalerweise von totem organischen Material ernähren, zu Räubern und fangen an, Nematoden zu fressen.[11] Nematodenfressende Pilze hat es schon zur Zeit der Dinosaurier gegeben. Im Bernstein eingeschlossen wurden Pilzhyphen gefunden, die ihr Wurmopfer eng umfangen halten – im Todeskampf vereint und für die Nachwelt konserviert.[12]

Nematoden in der Klimaforschung

Wer über Pandabären forscht oder über das Korallensterben, kann sich vieler interessierter Zuhörerinnen und Zuhörer sicher sein. Aber wie begeistert man jemanden für Nematoden? »Die meisten Menschen wissen das ja nicht so unbedingt und wollen vielleicht wissen, was das ist«, sagt Liliane Rueß. »Ich erzähle ihnen dann: Das sind sehr kleine Tierchen, die im Boden an Bakterien und Pilzen fressen. Dass sie die Zusammensetzung von Bakterien und Pilze verändern und aktiv halten. Dass Nematoden zur Mikrofauna gehören und den Pflanzen Nährstoffe zur Verfügung stellen.« Nematoden sorgen dafür, dass die Pflanzen im Boden etwas zu futtern haben und deshalb besser wachsen können, der Boden also fruchtbar bleibt.

Diese sogenannten »freilebenden« Nematoden, die sich nicht als Schädlinge von Pflanzen ernähren oder als Parasiten in Tieren leben, halten sich bevorzugt im Flüssigkeitsfilm zwischen den Bodenpartikeln auf. Sauerstoff nehmen sie über die Haut auf. Lange wurde ihre Rolle im Nährstoffkreislauf Boden unterschätzt. Ihr Gesamtgewicht an den Bodenorganismen betrage gerade mal zwei Prozent, »ihre Bedeutung [...] hinsichtlich einer leicht zugänglichen und sich rasch umsetzenden Nährstoffreserve ist nicht sehr groß«, heißt es in einem Grundlagenwerk aus dem Jahr 1962.[13] Das würde heute wohl kein Bodenbiologe mehr so formulieren, zumal in Zeiten des Klimawandels. Denn auch hier kommen die Nematoden ins Spiel.

Seit den 1990er Jahren fährt Liliane Rueß in die Tundra nach Nordschweden und Finnland, um zu erforschen, wie Nematoden die Prozesse in den Böden der Arktis beeinflussen. Die Tundra ist eine Kältesteppe. In der offenen Landschaft, die mit Flechten, Moosen, Gräsern und in tieferen Lagen mit sommergrünen Zwergsträuchern bewachsen ist, können die Pflanzen nur deshalb überleben, weil die Sonne im Sommer Tag und Nacht scheint und dabei jedes Jahr wenige Zentimeter Boden an der Oberfläche auftaut. Die Pflanzen wachsen also auf einer Schicht aus Eis, ein Boden, der als Permafrost bezeichnet wird. In der Tundra dauert der Winter bis zu unserem Sommeranfang und kehrt nach etwa drei Monaten schon wieder zurück. Entsprechend klein bleiben die Pflanzen. Während Fichten, Lärchen und Birken bei uns zehn Meter und höher werden, reicht ihr Kronendach den Forscherinnen und Forschern in der Tundra gerade mal bis zur Schulter.

Trotzdem speichert die Tundra unterirdisch weltweit den meisten Kohlenstoff pro Hektar: 500 Tonnen, 100 Tonnen mehr als die oberirdische Pflanzenbiomasse in den Tropen, so Rueß. Das liegt an der Temperatur. In unserer gemäßigten Klimazone haben die Mikroorganismen es warm genug, um die organische Substanz im Boden zu zersetzen. In der Tundra hingegen ist die Temperatur für sie zu niedrig, um für längere Zeit effektiv arbeiten zu können. Zudem gibt es nicht viele Zersetzer, die in diesem unwirtlichen Klima überleben können. Es sind vor allem Nematoden, Pilze und Bakterien. Für Regenwürmer beispielsweise ist es viel zu kalt. So fällt zwar wenig Streu an, aber das Wenige sorgt von Sommer zu Sommer dafür, dass die organische Substanz Boden immer weiter zunimmt. »In der Tundra laufen Sie auf Kohlenstoff«, sagt Liliane Rueß.

Klimaforscher nennen das eine Kohlenstoff-Senke, und die ist für sie ein ideales Forschungsobjekt. Eine Veränderung des Weltklimas macht sich unter diesen extremen Bedingungen viel deutlicher bemerkbar. Zum einen, weil die Lebewesen am unteren Ende des Temperaturlimits leben und jede kleinste Veränderung große Auswirkungen hat, zum anderen, weil der geschätzte Temperaturanstieg dort doppelt so hoch ist wie im globalen Mittel. Will man, wie Liliane Rueß, die Zusammenhänge von Klimawandel und Bodenorganismen erforschen, erwartet man in der Tundra am ehesten deutliche Reaktionen des Ökosystems.

Was passiert in Permafrostgebieten, wenn der Boden bis in tiefere Schichten auftaut? Aus den Alpen kennen wir die dramatischen Folgen. Dann gehen Muren ab, Lawinen aus aufgetautem Schlamm und Gestein, die alles unter sich begraben. In Permafrostböden ist nahezu alles, was einst gelebt hat, wie in einer Tiefkühltruhe eingefroren. Taut der Boden auf, beschleunigt sich die mikrobielle Umsetzung des Kohlenstoffs und des Stickstoffs. Die vormals tiefgefrorenen »Lebensmittel« verwandeln sich für die Mikroorganismen in ein Hochzeitsbuffet, und sie fangen an, ordentlich zu futtern. Das Problem für die Umwelt ist dabei, dass sie bei ihrer Atmung einen Teil des in der Biomasse festgelegten Kohlenstoffs als CO_2 wieder freisetzen und damit den Klimawandel beschleunigen. Gleichzeitig machen die Mikroorganismen den in der Streu gebundenen Stickstoff für die Pflanzen verfügbar. So weit waren die Fakten der Wissenschaft bekannt.

Das Team um Liliane Rueß schaute genauer hin. Um den Verlauf des Klimawandels vor Ort zu untersuchen, reisten die Forscher, beladen mit Zelten, Messinstrumenten und allerhand wissenschaftlichen Materialien, für mehrere Jahre in den hohen Norden nach Abisko in Schweden. Ihre Arbeitsutensilien waren Dünger und durchscheinende Folien. Mit den über dem Boden aufgespannten Folien wurde die Lufttemperatur darunter um vier Grad und die Bodentemperatur darunter um 1,5 Grad erhöht, um herauszufinden, wie Pflanzen und Mikroorganismen in der Tundra darauf reagieren. Der Dünger (Nitrat, Phosphat, Kalium) sowie Zucker als Futter für Mikroorganismen dienten dazu, die Rolle dieser Nährstoffe im Boden zu erkunden.

Das Projekt lief über sieben Jahre, und die Ergebnisse machten deutlich, wie überraschend komplex die Beziehungen sein können. Nicht immer entwickelte sich das Ökosystem so, wie die Wissenschaftler es erwartet hatten. Wo sie die Temperatur erhöhten und / oder Dünger gaben, wuchs in der an der Baumgrenze gelegenen Zwergstrauchtundra auf einmal auch Gras. In der Gebirgstundra, auf über tausend Meter Höhe, stiegt die Pflanzenbiomasse generell an. Das hatten sie auch so erwartet. Die Überraschung stellte sich ein, als sie den Boden mit Zucker »fütterten«, der Lieblingsspeise von Bakterien, denn den können sie schnell umsetzen.[14] Die Idee dahinter: mehr Bakterien im Boden verbessern die Nährstoffverfügbarkeit für die Pflanzen. Pflanzenwachstum und bakterielle Biomasse hätten also beide zunehmen müssen.

Zur Verwunderung von Professorin Rueß und ihrem Team wuchsen die Pflanzen allerdings schlechter: »Wir in Mitteleuropa gehen davon aus, dass wir die Bakterien brauchen, damit sie Pflanzennährstoffe aus der Streu und anderer abgestorbener Biomasse mobilisieren.« In der Tundra ist es anders. Dort sind Nährstoffe sehr knapp, Bakterien konkurrieren mit den Pflanzen um diese Nährstoffe. Liliane Rueß erkannte: »Wo wir die Bakterien mit Zucker gefüttert haben, ist die bakterielle Gemeinschaft angewachsen, aber sie stellte für die Pflanzen kaum Nährstoffe bereit. Die Bakterien behielten den Großteil für sich.«

Und noch eine Überraschung hatte die Tundra parat, und hier kommen die Nematoden ins Spiel. Ihre Zahl erhöhte sich unter den Zelten, mit denen die Forscher klimabedingte

Temperaturerhöhung simulierten. »Mehr Nematoden führten dann zu einer stärkeren Beweidung der Bakterien und Pilze. Das reduziert zwar deren Dichte, hält sie aber auch aktiv und fördert so die Mineralisierung. Zudem haben die Nematoden mit ihren Ausscheidungen, das heißt mittels Ammonium, die Pflanzen gedüngt. Diese wuchsen dann insgesamt besser«, so Liliane Rueß. Die Nematoden halten also – wenigstens zu einem Teil – Bakterien und Pilze in Schach und helfen den Pflanzen, mehr Biomasse aufzubauen. Die Folge ist, dass klimaschädliches CO_2 aus der Atmosphäre gebunden wird. Die Leistung der Nematoden bringt der Titel einer Doktorarbeit aus der Arbeitsgruppe von Liliane Rueß auf den Punkt – Nematoden »Small but powerful« »klein, aber ohoh!«.[15]

Möglicherweise profitieren einige Nematodenarten sogar regional von der Erderwärmung. In Cedar Creek in Minnesota (USA) haben Wissenschaftler aus Deutschland und den USA Wiesenparzellen mit einer Heizlampe um etwa drei Grad erwärmt und protokolliert, was dann passierte. Wieder einmal zeigte sich, dass Biodiversität sich auszahlt. Pflanzengemeinschaften mit höherer Biodiversität waren im Grasland bei steigenden Temperaturen produktiver als Monokulturen. Die Zahl der Nematoden im Boden spiegelte dieses Ergebnis. In Monokulturparzellen ging ihre Vielfalt deutlich zurück, in Beobachtungsflächen mit großer Pflanzenvielfalt hingegen nahm sie zu.[16]

Pflanzenvielfalt fördert also die kleinen Würmchen, die wiederum dazu beitragen, dass die Pflanzen besser wachsen und mehr Kohlenstoff assimilieren können.[16] So übel sind Fadenwürmer also gar nicht, sondern für das Zusammenspiel im Ökosystem Boden viel wichtiger, als man Anfang der 1960er Jahre noch glaubte. Um diese Zeit begann auch der Siegeszug von industriell hergestellten Kohlenstoffverbindungen. Die allerdings entwickeln sich nicht nur für Meere, sondern auch für die Böden zu einer Belastung, die erst langsam ins Bewusstsein rückt.

Tipp:
Vom Ekelpaket zum Nützling

Die Sicht auf Nematoden beginnt sich zu wandeln. Neuerdings werden sie sogar als Pflanzenschutzmittel verkauft, beispielsweise gegen Trauermücken *(Sciaridae).* Das sind die kleinen schwarzen Fliegen, die sich vor allem im Winter in Blumentöpfen entwickeln. Ihren Namen verdanken sie ihren dunkel gefärbten Flügeln. Im Sommer, wenn ich eine Pflanze aus Versehen zu stark gegossen habe, oder im Herbst, wenn ich Hibiskus und Co. zum Überwintern ins Haus hole, habe ich sie schon öfters in meinen Blumentöpfen entdeckt. Trauermücken können zwar nicht stechen, sind im Haus aber lästig.

Mir widerstrebt es trotzdem, Pflanzen wegzuwerfen, nur weil Trauermücken in ihrer Erde leben. Lange Zeit habe ich die Mücken mit Gelbstickern bekämpft. Das sind klebrige Plastikfolien, an denen die Insekten verenden, was zugegeben nicht schön aussieht. In der Natur zersetzen die Mücken Pflanzenreste im Boden und schließen damit Nährstoffe für andere Organismen auf, sind also durchaus nützlich. Im Blumentopf hingegen können sie anfangen, die feinen Haarwurzeln der Pflanzen zu fressen, wenn sie nicht ausreichend andere Nahrung finden. Vermehren die Mücken sich zu stark, nehmen die Pflanzen nicht mehr ausreichend Wasser auf. Sie welken, selbst wenn der Boden feucht ist.

Wer befallene Pflanzen retten möchte, kann es mit sogenannten SF-Nematoden versuchen. Die fressen die Larven der Trauermücken. Die Nematoden müssen im Internet oder Gartencenter bestellt werden, damit sie »frisch« geliefert werden können. Sie werden dann mit dem Gießwasser ausgegossen. Wenn sie alle Mückenlarven verzehrt haben, verschwinden die Nematoden wieder. In Gewächshäusern werden Nematoden gezielt eingesetzt, um Schädlinge zu bekämpfen, beispielsweise den Gefurchten Dickmaulrüssler *(Otiorhynchus sulcatus),* erkennbar an seinem gefurchten Rücken und seinem markanten Rüssel. Die Larven des nachtaktiven Käfers fressen an den Wurzeln von Pflanzen und die erwachsenen Tiere an den Blättern. Spezielle Nematoden machen ihnen den Garaus. Die einstigen Ekelpakete im Boden haben sich immer mehr in wichtige Helfer verwandelt, die Schädlinge ohne den Einsatz von Giften in Schach halten können.

MIKROPLASTIK

Don Juan aus der Retorte

Wir sind vielgestaltig – rund, eckig, faserig, transparent, oftmals quietschbunt. Wir sind wandlungsfähig. Von der Sonne zersetzt, vom Wind zerzaust, vom Wasser im Sand gerieben werden wir kleiner und kleiner, bis wir mit dem Auge nicht mehr erkennbar sind. Unser Grundbaustein ist der alles Lebenden, aber wir sind Produkte einer Industrie, die die Reaktionsfreudigkeit des Kohlenstoffs mit anderen Elementen und weiteren Kohlenstoffatomen immer weiter perfektioniert hat. Die Folgen finden sich milliardenfach im Boden.

Alles dreht sich im wirbelnden Reigen

Die Bilder sind schockierend: Der Ufersaum der Schlei in Schleswig-Holstein ist über Kilometer verseucht mit Plastikfetzen – der größte Teil ist in kleinste Stücke gehäckselt. Mehrere Tonnen sollen es sein.[1] Die Quelle wurde schnell identifiziert: ein Klärwerk. Aber wie kommt das Plastik ins Klärwerk? Die Antwort lautet: aus dem Müll. Verbraucher kennen die Mahnung, keinen Plastikmüll in die Biotonne zu werfen. Verpackungen gehören in die gelbe Tonne oder den gelben Sack, Papier in den Altpapier-, Glas in den Glascontainer. Schließlich sollen Abfälle, soweit möglich, wieder verwertet werden, die Bioabfälle beispielsweise als Kompost in Gärten und auf Äckern die Böden verbessern. Ein perfekter Kreislauf, den die Natur seit Jahrmillionen praktiziert. Grundlage für die Wiederverwertung ist das Kreislaufwirtschaftsgesetz, das die umweltverträgliche »Bewirtschaftung« von Abfällen zum Ziel hat.[2]

Was viele nicht wissen: Plastik landet dennoch seit Jahren ganz legal im Biomüll, und das wenigste davon stammt aus den Biotonnen der mehr oder weniger gut sortierenden Bürgerinnen und Bürger. Jeden Tag werden tonnenweise Lebensmittel aus Supermärkten und Restaurants entsorgt – weil das Haltbarkeitsdatum (fast) abgelaufen, Salat welk geworden ist oder Bananen zu reif sind, um sie noch zu verkaufen. Das alles soll getrennt gesammelt und möglichst wiederverwertet werden, beispielsweise zu Biogas und Kompost. Allerdings ist ein großer Teil dieser Lebensmittel noch verpackt: durchsichtige Schalen für Salat, bunt bedruckte Folien für Käse und Wurst, weiße Schalen für Fleisch und Hack, Becher für Joghurt, Tüten für Milch und Sahne.

Stehen irgendwo fleißige Helferinnen und Helfer und mühen sich, gammeliges Gemüse, alten Käse und abgelaufenen Aufschnitt auszupacken und für die Wiederverwertung in die richtigen Tonnen zu sortieren? Selbstverständlich nicht. Die Lebensmittel werden von Entsorgungsunternehmen abgeholt, und dort verlässt man sich auf Maschinen. Sie pressen die »Biomasse« aus der Kunststoffverpackung. Die Lebensmittelreste werden in Biogasanlagen und/oder Kompostwerken verarbeitet, die Kunststoffe zuvor in Zentrifugen und Sieben abgeschieden und separat entsorgt.

In Deutschland gibt es für so ziemlich alles Grenzwerte, auch für Plastik im Biomüll. Verformbare Kunststoffe wie Folienbestandteile dürfen nicht mehr als 0,1 Prozent der Trockenmasse von Kompost oder Klärschlamm ausmachen. Für alle anderen Fremdstoffe wie Hartkunststoff, Glas, Metall et cetera gilt ein Grenzwert von 0,4 Prozent. Macht insgesamt 0,5 Prozent »Fremdstoffe«, die in der Landwirtschaft, mit dem Kompost im Gartenbau oder in Hausgärten landen.[3] Experten schätzen, dass allein in Europa durch das Ausbringen von Klärschlamm zwischen 60 000 und 400 000 Tonnen Mikroplastik – Teile mit einer Größe von weniger als fünf Millimetern – verbreitet werden.[4] Mikroplastik findet sich in Kosmetika und Zahnpasta, im Abrieb von Autoreifen, und es entsteht aus Müll, der achtlos weggeworfen wird, vom Bonbonpapier bis zur Getränkeflasche.

Zudem gibt es seit einigen Jahren einen neuen Trend: Spargel wächst unter Thermofolien, damit man ihn früher ernten kann, oder Erdbeeren auf mikroperforiertem schwarzem Polyethylen, das die Früchte, so der Hersteller, sauber hält und die Ernte steigert. Vorgärten verschwinden unter mit Steinen belegten Kunststofffolien, Straßenböschungen werden mit Folien befestigt. Ist der Geist erst einmal aus der Flasche, gibt es keinen Weg zurück. Selbst wenn die Folien nach der Ernte entfernt werden, bleiben fast immer Fetzen auf den Böden zurück. Nach und nach zersetzen Wind und Sonne sie in immer kleinere Teilchen, die im Boden zurückbleiben.[5] Plastik wird überall auf der Welt gefunden, quasi alle terrestrischen Ökosysteme sind mehr oder weniger damit verseucht. Offenbar überzieht die Menschheit die ganze Welt mit Plastikmüll.[6]

Der Siegeszug des Kunststoffs begann 1854 mit einem Traum während einer Fahrt mit dem Pferdeomnibus. In dem Bus saß der deutsche Chemiker Friedrich August Kekulé, der in einem Londoner Hospital arbeitete. Plötzlich gaukelten vor seinen Augen die Atome: »Ich hatte sie immer in Bewegung gesehen, jene kleine Wesen, aber es war mir nie gelungen, die Art ihrer Bewegung zu erlauschen. Heute sah ich, wie vielfach zwei kleinere sich zu Pärchen zusammenfügten; wie größere zwei kleine umfassten, noch größere drei und selbst vier der kleinen festhielten, und wie sich Alles in wirbelndem Reigen drehte. Ich sah, wie größere eine Reihe bildeten und nur an den Enden der Kette noch kleinere mitschleppten.«[7]

Als der Ruf des Schaffners Kekulé weckte, hatte er die Grundlagen der organischen Chemie entdeckt, die in Form von Produkten des täglichen Bedarfs aus unserem Leben nicht mehr wegzudenken sind. Man muss sich nur einmal in der eigenen Wohnung umschauen: Einkaufs- und Mülltüten, Fensterrahmen, Fußboden, Badewanne, Türgriffe, Blumentöpfe, Getränkeflaschen, Bekleidung, Autoreifen, Kosmetika. Kunststoffe sind überall. Mehr als acht Milliarden Tonnen wurden davon bislang weltweit produziert, und die Mengen wachsen weiter.[8]

Nur der kleinste Teil davon wird recycelt. Das meiste befindet sich noch in der Umwelt, lagert auf Deponien, dreht sich in den Müllstrudeln der Ozeane, verrottet an Stränden zu immer kleineren Partikeln, die von den Tieren wieder aufgenommen werden, landet auf landwirtschaftlichen Flächen oder in Form von Plastikfolie oder Unkrautvlies aus Polyethylen oder Polypropylen im »pflegeleichten« Garten. Millionen Quadratmeter lebendiger Boden sind damit schon bedeckt worden, ein Todesurteil für die natürliche Vielfalt über und unter der Erde.[9] Friedrich August Kekulé, der auch Hobbybotaniker und Schmetterlingssammler war, hätte das vermutlich als einen unvorstellbaren Frevel angesehen.

Die Müllstrudel in den Ozeanen sind vielen eindrücklich aus dem Fernsehen bekannt. Die Folgen an den Stränden der Welt sind unübersehbar. Dass es mit unseren Böden nicht viel besser aussieht, kann man auf den ersten Blick weniger gut erkennen. Deshalb stecken die Erkenntnisse darüber noch in den Kinderschuhen. Anfang des Jahres 2019 zeigte ein Team um den Tierökologen Professor Christian Laforsch von der Universität Bayreuth, wie stark Ackerböden mit Plastikmüll kontaminiert sind. Mithilfe eines speziellen Spektrometers, das auch kleinste Partikel von 0,02 Millimetern eindeutig identifizieren kann, untersuchten die Forscher in Mittelfranken ein 0,5 Hektar großes Feld. Dort wuchs außer Weizen und Gerste auch Triticale, eine Kreuzung von Weizen und Roggen, außerdem Luzerne und Weißer Senf. Der Landwirt düngte ausschließlich mit dem Stallmist von Kühen und Schweinen und einem Mineraldünger (Ammoniumsulfat). Er wirtschaftete konventionell, nutzte aber weder Gewächshäuser aus Kunststoff noch Folien und andere plastikhaltige Hilfsmittel.

Trotzdem fanden die Wissenschaftler auf der Oberfläche des Bodens hochgerechnet auf einen Hektar 206 Plastikteilchen, die größer als fünf Millimeter waren. Sie gelten als Makroplastik. In 68 Prozent der Fälle handelte es sich um Polyethylen – ein Kunststoff, der besonders oft für Einwegverpackungen verwendet wird. 14 Prozent der Plastikpartikel bestanden aus Polystyrol, auch bekannt als Styropor. Der Anteil von Polypropylen, aus dem sich feste transparente Verpackungen, Rohre, Gartenmöbel oder Kunststoffteile für die Elektroindustrie herstellen lassen, lag bei acht Prozent und der von PVC, das vor allem im Bausektor eingesetzt wird, bei fünf Prozent.[10]

Darüber hinaus untersuchten die Wissenschaftler den Ackerboden auch stichprobenartig auf Mikroplastikteilchen.

Pro Kilo Trockengewicht enthielt er im Durchschnitt 0,34 davon. Hochgerechnet auf eine Fläche von einem Hektar bedeutet das eine Kontamination von mindestens 150 000 solchen Teilchen, so die Wissenschaftler. Auch hier war der Anteil von Polyethylen mit 62,5 Prozent am höchsten.[11]

Eine Untersuchung, ebenfalls von der Universität Bayreuth, richtet das Augenmerk auf die Gefahr, die zusätzlich von Klärschlamm für die Umwelt ausgehen kann. Dafür zählten die Wissenschaftler die Kunststoffpartikel im Dünger aus Gärresten. Sie fanden darin bis zu 900 Teilchen Mikroplastik pro Kilogramm Trockengewicht. In einer Biogasanlage, die hauptsächlich Abfälle aus Industrie und Handel annimmt, waren es 895 Teile. Im Biomüll, in dem vor allem Grünschnitt und Biomüll aus Haushalten verarbeitet wurden, fanden die Forscher 146 Stücke Mikroplastik pro Kilo im unfertigen Dünger. In den Resten aus Anlagen, in denen nur Energiepflanzen verarbeitet waren, fand man keine oder fast keine Teile.[12]

Sieht es in Gewässern besser aus? Nicht wirklich. Die plastikverseuchte Schlei ist nur die Spitze des Eisbergs. Zwischen 2014 und 2017 überprüften Wissenschaftler Wasserproben von 22 Flüssen der Bundesländer Baden-Württemberg, Bayern, Hessen, Nordrhein-Westfalen und Rheinland-Pfalz. Das Ergebnis war, dass (Mikro)Plastik an allen Probestellen nachgewiesen werden konnte. Die Konzentrationen lagen zwischen 2,9 Partikeln pro Kubikmeter im Rhein bei Nackenheim und bis zu 214 Partikeln pro Kubikmeter im Mündungsbereich der Emscher. Woher genau das Mikroplastik stammt, konnten die Forscher nicht belegen, wiesen aber darauf hin: »Erste Untersuchungen an Kläranlagen zeigen jedoch, dass Mikroplastik dort nicht vollständig zurückgehalten werden kann.«[13]

Die Forscher schließen aus den Zahlen, dass die Kontamination durch Mikroplastik an Land und damit für die Böden noch viel größer ist als in Flüssen oder Seen. Der untersuchte Acker in Mittelfranken wurde zwar vergleichsweise sanft bewirtschaftet, trotzdem fanden sich dort überraschend viele Plastikpartikel. Äcker hingegen, die regelmäßig mit Kompost aus Kläranlagen gedüngt werden, oder mit Folie bewirtschaftete Felder, wie beispielsweise Erdbeerplantagen, sind vermutlich noch viel stärker belastet.[14]

Giftiges Futter

Der Plastikmüll bleibt nicht an der Bodenoberfläche. Landwirtschaftliche Maschinen pflügen die Erde um, und Regen spült die Plastikteilchen in tiefere Bodenschichten. Der Boden wird ständig von Lebewesen wie Insekten, Wirbeltieren und Regenwürmern durchwühlt und durchmischt. Was bedeutet diese Anreicherung des Bodens mit Zivilisationsmüll wie Plastik? Kann er seine Funktionen noch erfüllen? Und wie geht es den Bodentieren, die mit Bestandteilen konfrontiert werden, die zwar zum großen Teil aus Kohlenstoff bestehen, aber als Verbindungen auftreten, auf die sie die Evolution überhaupt nicht vorbereitet hat? Es bedurfte Millionen von Jahren, bis die Pilze es lernten, Lignin (der Grundbaustein von Holz) zu zersetzen.

Die Wissenschaft tut sich schwer damit, die Wirkung dieser Stoffe auf die Böden zu beurteilen. Das beginnt schon bei den Analysemethoden. Kohlenstoff in organischer Form ist ein entscheidender Faktor für die Bodenfruchtbarkeit, also positiv. Im Allgemeinen wird der Boden zur Ermittlung seines Kohlenstoffgehalts zunächst getrocknet und dann für die Analyse vermuffelt. Dabei entweicht die organische Substanz gasförmig. Die Gewichtsdifferenz vor und nach dem Glühen entspricht der Menge an organischer Substanz. Wenn es sich jedoch bei einem Teil des Kohlenstoffs im Boden um menschengemachte Industrieprodukte handelt, verzerrt das die Ergebnisse der Analysen.

»Sie messen jeden Kohlenstoff, auch den Kohlenstoff, der im Mikroplastik ist. Aber das ist ein Kohlenstoff mit ganz anderen Eigenschaften, mit einem ganz anderen Ursprung. Das ist ein Kohlenstoff, der Umweltverschmutzung ist«, sagt der Biologe Professor Rillig aus Berlin. »Das ist der einzige Fall, den ich kenne, in dem sich Umweltverschmutzung als Ökosystemservice ausgibt.« Die Konsumgesellschaft zeigt ihr wahres Gesicht beim Müll, den sie hinterlässt. Denn so einfach es ist, Kunststoffe herzustellen, so schwierig ist es, sie wieder loszuwerden. Biologisch abbaubar sind sie in der Regel nicht, sondern zerfallen in immer kleinere Partikel bis in den Nanobereich von unter 1 bis 100 Millionstel Millimetern.

Eine Forschergruppe um Professor Rillig und den Umweltwissenschaftler Dr. Anderson Abel de Souza Machado gehört zu den Ersten, die versuchen herauszufinden, welche Auswirkungen diese Umweltverschmutzung auf das Ökosystem im Boden hat. Das ist schwierig, weil die Wissenschaft das komplexe System von Wechselwirkungen im Boden noch längst nicht ganz verstanden hat. Rillig und sein Team versetzten Erde mit vier verschiedenen Mikroplastiktypen in steigenden Konzentrationen. Im Versuchsgarten der Freien Universität Berlin in Dahlem wurden die Proben fünf Wochen lang natürlichen Bedingungen ausgesetzt. Anschließend untersuchten die Wissenschaftler den Boden und die Aktivität seiner Mikroorganismen.

Die offensichtlichste Wirkung hatten Polyesterfasern.[15] Solche synthetischen Mikrofasern stammen oft von Kleidungsstücken. Sie werden von Kläranlagen nicht vollständig herausgefiltert und gelangen am Ende mit dem Klärschlamm auf die Felder. Im Meer stammt 35 Prozent des Mikroplastiks vom Faserabrieb bei der Wäsche von Textilien wie Fleecehemden oder Sporttrikots.[16] »Wenn man diese Fasern in den Boden mischt, wird er fluffiger, das kann man sofort sehen«, sagt Rillig. »Das ist kein biologischer, das ist ein rein physikalischer Effekt.«

Die Folgen sind schwer abzuschätzen. Einerseits verbessert sich die Fähigkeit der Böden, Wasser aufzunehmen, geringfügig, andererseits kann das dazu führen, dass die Feuchtigkeit auch schneller verdunstet. Außerdem verringerte sich der Anteil stabiler Bodenaggregate in Böden, die mit Polyesterfasern versetzt waren, signifikant. Die Fasern beeinträchtigten also offensichtlich die Bildung von Bodenaggregaten, die wiederum die Bodenerosion mindern. Auch die Mikroben reagierten auf die Veränderungen im Erdreich, aber noch sei es zu früh, den kompletten Wirkmechanismus zu erklären und die genauen Folgen vorherzusagen, so Rillig.

Das ist auch deshalb schwierig, weil die Mikropartikel äußerst vielgestaltig sind und in einer unüberschaubaren Vielzahl von chemischen Zusammensetzungen, Zusatzstoffen und Eigenschaften wie Oberflächenladungen vorkommen.[17] Pflanzenwurzeln binden im Boden mithilfe von positiv und negativ geladenen Teilchen – sogenannten Kationen und Anionen – Stoffe an sich, die sie für ihre Ernährung oder für den Wasseraustausch brauchen. Das System hat sich über Millionen Jahre entwickelt und ist auf Plastikmüll nicht eingestellt. Hinzu kommt, dass es sich dabei, so Rillig, nicht um einen einzigen Schadstoff handelt, »sondern um eine riesige Gruppe, und alle haben unterschiedliche Wirkungen«. Außerdem enthalten Kunststoffe Additive, zum Beispiel Weichmacher, Stabilisatoren, Antioxidantien, Farben und vieles mehr.[18] Einige dieser Stoffe verändern das Hormonsystem von Organismen und können dadurch möglicherweise die Gesundheit schädigen. All das ist noch nicht vollständig erforscht.

Wenn die Wissenschaft nicht weiter weiß, müssen Regenwürmer herhalten. Einige Arten lassen sich leicht züchten. Sie gehören deshalb weltweit zu den beliebtesten »Haustieren« der Umweltforscher. Das gilt insbesondere für den Kompostwurm. Um herauszufinden, wie die Würmer auf Mikroplastik reagieren, versetzten chinesische Wissenschaftler Böden, in denen Regenwürmer lebten, mit steigenden Dosierungen von Mikroplastik. Das Ergebnis war, dass weniger als 0,5 Prozent Gewichtsanteil von Mikroplastik im Boden die Regenwürmer nicht sichtbar beeinträchtigten, höhere Konzentrationen hingegen schon. Bei zwei Prozent Gewichtsanteil im Boden waren nach 30 Tagen 40 Prozent der Regenwürmer gestorben. Fazit der Forscher: Die Kontamination von Böden mit Mikroplastik kann die Gesundheit von Regenwürmern massiv beeinträchtigen.[19] Konzentrationen wie in dem Experiment gibt es in der Umwelt durchaus. In mit Plastikmüll hoch verunreinigten Böden wurden sogar sieben Prozent Plastik festgestellt.[20] Rillig und Machado befürchten, dass Mikroplastik ein neuer »Langzeit-Stressfaktor für die Umwelt« sein kann und sich als eine »entstehende globale Bedrohung für terrestrische Ökosysteme« erweisen könnte.[21]

Der Plastikmüll auf Ackerflächen beschäftigt inzwischen auch die Bundespolitik. Anlass war der eingangs erwähnte Umweltskandal in der Schlei. Schleswig-Holstein und Baden-Württemberg forderten deshalb in einem Entschließungsantrag im Juli 2018, die Entsorgung verpackter Lebensmittel zu verbessern. Nun will die Bundesregierung zusammen mit den Ländern ein »bundeseinheitliches Konzept zur ordnungsgemäßen und schadlosen Verwertung von verpackten Lebensmittelabfällen« entwickeln, dass dann in ein »mögliches abfallrechtliches Rechtssetzungsverfahren einbezogen« werden soll.[22] Bis etwas konkret passiert, kann es also noch dauern.

Tipp: Mikroplastik aus der Waschmaschine

Fleecekleidung ist kuschelig, sehr leicht, warm und trocknet schnell, also superpraktisch für Sport, Reisen oder die Arbeit im Garten. Eine Weile wurden sie uns sogar mit dem Hinweis verkauft, dass sie aus alten PET-Flaschen hergestellt werden. Tue Gutes und trage Fleece – diese Rechnung geht offensichtlich nicht auf. Sie müsste heißen: Tue Gutes und verzichte, wo immer möglich, auf Produkte aus Kunststoff. Bei der Kleidung würde das heißen: zu Wolle, Baumwolle oder Seide greifen. Beim Einkauf von Lebensmitteln: möglichst unverpackte Ware. Ein Blick auf die Label von Kleidungsstücken und ins Supermarktregal zeigt, wie schwierig das ist. Verbraucher können ihren Teil leisten, aber der Ball liegt auch bei der Industrie und Politik. Kunststoff gehört nicht auf den Acker. Um das zu garantieren, bedarf es einer nachhaltigen Bewirtschaftung, nachhaltiger Industrieprodukte, Gesetzen und Kontrollen. Bis es so weit ist, wird der Anteil von Kunststoff im Boden weiter steigen. Mit den Folgen werden sich spätere Generationen herumschlagen müssen.

Wie dramatisch die Situation schon jetzt ist, erwies sich bei einem Besuch von Wissenschaftlern auf Henderson Island im Pazifik. Im Umkreis von 5000 Kilometern gibt es dort keine menschlichen Besiedlungen. Dennoch fanden sie an den Stränden der fünf mal zehn Kilometer großen Insel hochgerechnet 17,6 Millionen Tonnen Plastikmüll, 670 Teile auf einem Quadratmeter – Fischernetze, Leinen und Bojen, aber auch Plastikflaschen, Zahnbürsten, Strohhalme und Besteck.[23] Ein Verbot von Plastikstrohhalmen, Einweggeschirr und -besteck soll in der EU ab 2021 umgesetzt werden. Ein Minischritt in die richtige Richtung. Für jeden Einzelnen gilt: Produkte aus Plastik nach Möglichkeit meiden.

BODENEXPERIMENTE
Glaskugel der Wissenschaft

Wenn es um uns herum regnet, stehen wir im Trocknen. Nachts ist es bei uns ein wenig wärmer als in der Umgebung. Einige von uns werden gedüngt, andere erhalten eine Extradosis CO_2, manche werden abgefressen, und ein Teil wächst einfach so, wie die Natur es will. Wir sind Teil weltweiter Experimente, die helfen sollen, den Klimawandel besser zu verstehen. Wir sind die Glaskugel der modernen Umweltwissenschaft. Wir simulieren die Zukunft und zeigen, dass der Boden immer wieder für Überraschungen gut ist.

Das Kohlendioxid in der Atmosphäre treibt den Klimawandel an. Auf der Welt wird es wärmer, die Niederschläge verlagern sich in andere Jahreszeiten, werden unvorhersehbarer, es gibt sowohl mehr Dürren als auch mehr Überschwemmungen. Der Mittelmeerraum beispielsweise wird trockener, die mittleren und nördlichen Breiten werden feuchter. Hier fallen Niederschläge vor allem im Winter, im Sommer hingegen nehmen sie ab. In Deutschland machen sich die Veränderungen besonders in den ostdeutschen Regionen durch stärkere Trockenheit bemerkbar.[1] Wie reagieren Pflanzen und Mikroorganismen darauf, und welche Art von Landwirtschaft wird in den kommenden Jahren und Jahrzehnten noch möglich sein? In die Zukunft zu schauen war schon immer ein Wunsch der Menschen. Einst befragten sie die Götter oder die Sterne, deuteten hingeworfene Knochen oder Maiskörner. Heute gibt es andere Methoden.

In Bad Lauchstädt, einer 10 000-Einwohner-Stadt in Sachsen-Anhalt, haben Wissenschaftler auf einer sieben Hektar großen Versuchsanlage eine Zeitmaschine für das Klima gebaut. Die Stadt liegt im Windschatten des Harzes. Hier regnet es weniger als 500 Millimeter im Jahr, und die Prognosen sagen voraus, dass die ohnehin trockenen Sommer noch trockener werden. Meteorologen rechnen mit 20 Prozent weniger Regen zu dieser Jahreszeit, während es im Herbst und gegen Ende des Winters etwas mehr Niederschläge geben wird. Im Jahresmittel gibt es also vermutlich kaum weniger Niederschläge, aber sie fallen zu anderen Zeiten. Die Region ist ein guter Ort, um die Folgen des Klimawandels zu simulieren, zumal sich hier eine der weltweit ältesten Lehr- und Versuchsstationen der Agrar- und Umweltforschung befindet. Seit 1895 wird hier Forschung betrieben. Um die Wende zum 20. Jahrhundert nahmen in Bad Lauchstädt einige der ersten wissenschaftlich dokumentierten Düngeversuche ihren Anfang. Das Ziel war die Steigerung der Erträge.

Ohne menschlichen Einfluss herrscht in Böden normalerweise ein Mangel an Nährstoffen. In der Natur haben die Pflanzen zusammen mit ihren mikrobiellen Gemeinschaften Wege gefunden, mit dieser Knappheit zu leben. Der moderne Mensch gibt sich damit nicht zufrieden. 1822 berichtete die britische Sonntagszeitung *The Observer,* dass findige Wissenschaftler und Unternehmer begonnen hatten, nach dem Motto »Versuch macht klug« mit künstlich erzeugten Düngemitteln zu experimentieren. Zu den Ersten gehörten der Guts- und Düngemittelfabrikbesitzer Sir John Bennet Lawes (1814–1900) und der Agrarchemiker Sir Joseph Henry Gilbert (1817–1901). Sie steigerten die Erträge auf der Versuchsfarm in Rothamstedt, indem sie Materialien einsetzten, die beträchtliche Mengen an Stickstoff, Phosphor, Kalium, Natrium und Magnesium enthielten. Besonders begehrt war das sogenannte Superphosphat. Seine Herkunft ist nichts für schwache Nerven. Knochen von Soldaten und Pferden, die auf den Schlachtfeldern der Napoleonischen Kriege bei Leipzig, Austerlitz und Waterloo ihr Leben gelassen hatten, wurden eingesammelt und in die Knochenmühlen nach Yorkshire gebracht. Dort produzierte man daraus unter Hinzunahme von Schwefelsäure Dünger für die Landwirtschaft.[2]

Weitere Entdeckungen kamen hinzu. Die Salpetervorkommen in Lateinamerika entwickelten sich im Laufe des 19. Jahrhunderts zu einer sprudelnden Quelle für Stickstoffdünger. Hunderttausende Tonnen Salpeter oder Natriumnitrat ($NaNO_3$) wurden auf Schiffen nach Europa importiert, wo wegen des Bevölkerungswachstums der Nahrungsmittelbedarf stark angestiegen war. Der Gründer der Versuchsstation in Bad Lauchstädt, Professor Dr. Max Maerker (1842–1901), entdeckte, dass sich auch mit Kalisalzen, einem Abfallprodukt aus dem Salzbergbau, die landwirtschaftlichen Erträge steigern ließen. Er setzte sich zudem dafür ein, ein Nebenprodukt der Eisen- und Stahlerzeugung, die Thomas-Schlacke, fein gemahlen als phosphathaltigen Dünger zu verwenden.

Waren es damals ausgelaugte Böden und die Ernährung einer rasant wachsenden Bevölkerung, die die landwirtschaftliche Forschung bewegten, so ist es heute die Sorge um die Folgen des Klimawandels. Die Versuchsstation in Bad Lauchstädt ist Teil dieses Wandels. Ein wenig futuristisch sieht es auf dem Gelände aus. Stahlkonstruktionen ragen in den Himmel wie die Skelette überdimensionierter Gewächshäuser. Sie sind so hoch und so breit, dass Traktoren hindurchfahren können. Die Global Change Experimental Facility (GCEF) ist mit rund sieben Hektar die weltweit größte Freilandversuchsanlage im Bereich landwirtschaftlicher Klimaforschung. »Wir haben die Möglichkeit, die Dächer in der Nacht mit einer Folie zu schließen, oben und an der Seite. Das ist so, als ob wir eine Decke über die Fläche legen würden. So manipulieren wir eine Temperaturerhöhung von ein bis zwei Grad Celsius. Mit den Dächern schaffen wir es auch, die Niederschläge im Sommer um 20 Prozent zu reduzieren«, erklärt Professor Francois Buscot vom Helmholtz-Zentrum für Umweltforschung.

Den Kern der Anlage bilden 50 Parzellen mit einer Größe von 16 mal 24 Metern, auf denen fünf unterschiedliche Landnutzungen untersucht werden: konventioneller und ökologischer Ackerbau, intensive sowie extensive Graslandnutzung durch Mahd oder durch Beweidung mit Schafen. Die Versuchsanlage ist seit 2014 in Betrieb, und das Experiment soll mindestens 15 Jahre laufen. In diesem Zeitraum wollen die Wissenschaftler die Folgen von Klimawandel und Landnutzung auf das Ökosystem Boden genau untersuchen. Wie bedingen Landnutzung und Klimawandel einander, und wie sind die ökologischen Zusammenhänge über und unter der Erde?

Wenig ist darüber bislang bekannt. Manches deutet darauf hin, dass die biologische Schädlingsbekämpfung unter wärmeren Bedingungen auf biologisch bewirtschafteten Flächen besser funktioniert als auf konventionell bewirtschafteten. Offenbar sind Räuber aktiver, wenn es warm ist. Auch Pflanzen reagieren auf den Klimawandel. Sie verändern ihr Erscheinungsbild, wachsen bei Trockenheit beispielsweise langsamer. Einige passen sich genetisch den veränderten Bedingungen an.[3] Bei Trockenheit wird zudem weniger Streu abgebaut, denn Mikroorganismen mögen es lieber feucht.

Erste Ergebnisse auf dem Versuchsgelände deuten darauf hin, dass der ökologische Landbau der Sommertrockenheit besser widersteht als der konventionelle. Zum einen, weil die organische Bodensubstanz im Biolandbau höher ist, zum anderen, weil Mikroorganismen den Pflanzen helfen können, der Trockenheit zu trotzen. Mykorrhiza-Pilze und Bakterien funktionieren wie Wasserträger, die das kostbare Nass aus Bodenregionen heranschaffen können, die die Pflanzenwurzeln von sich aus nicht erreichen. Sie sind in extensiv genutzten Böden viel zahlreicher vertreten als in intensiv bewirtschafteten. Vermutlich ist das auch der Grund dafür, dass die Erträge von Biolandwirten im trocknen heißen Sommer 2018 bei vielen Kulturen weniger stark einbrachen als bei ihren konventionell wirtschaftenden Kollegen.[4]

Eine Extradosis Kohlenstoff

Eine der Hauptursachen der Erderwärmung ist mehr CO_2 in der Atmosphäre. Auf Pflanzen wirkt eine erhöhte CO_2-Konzentration zunächst wachstumsfördernd, denn so steht mehr CO_2 für die Photosynthese zur Verfügung. Es geht ihnen ähnlich wie einem Sportler, der durch eine Maske zusätzlichen Sauerstoff atmet, um leistungsfähiger zu sein. Diese Wirkung ist nachweisbar. Aufschluss darüber geben die Unterschiede im CO_2-Gehalt der Atmosphäre zwischen den Sommer- und den Wintermonaten. Langjährige Messungen auf Hawaii und in Alaska haben ergeben, dass der CO_2-Gehalt in der Luft im Sommer sinkt. Dann betreiben die Pflanzen auf der Nordhalbkugel, wo sich die größte Landmasse befindet, fleißig Photosynthese und binden dabei CO_2.

Im Winter kommt die Photosynthese weitgehend zum Stillstand, und die Zersetzung von Laub und Pflanzenresten setzt einen Teil des aufgenommenen CO_2 wieder frei. Die Schwankungen zwischen Sommer und Winter sind abhängig von der Stärke der Photosynthese im Sommer. Diese jahreszeitlichen Schwankungen nehmen zu. Folglich absorbieren die Pflanzen in ihrer Wachstumsphase weltweit mehr CO_2.[5] Wir müssen ihnen also dankbar sein, denn sie greifen uns im Kampf gegen den Klimawandel kräftig unter die Arme.

Doch möglicherweise ist dieser Effekt nicht von Dauer. Hier kommt auch der Mais *(Zea mays)* ins Spiel. Er wird zwischen Mitte April und Mitte Mai gesät und wächst innerhalb von wenigen Monaten mehr als mannshoch. Keine heimische Pflanze schafft das. Aber der Mais hat eine besonders effektive Methode entwickelt, CO_2 zu speichern: Er schnappt sich bei einem Atemzug gleich vier Kohlenstoffatome statt drei wie der Großteil der anderen Pflanzenarten. Dieser Fähigkeit verdankt er sein besonders schnelles Wachstum.

Etwa drei Prozent der Pflanzen weltweit haben diese Fähigkeit im Laufe der Evolution entwickelt. Man bezeichnet sie als C_4-Pflanzen, und die meisten von ihnen sind Gräser. Dazu gehören Rispenhirse *(Panicum miliaceum)*, »das Korn des armen Mannes«, Zuckerrohr *(Saccharum officinarum)* oder Chinaschilf *(Miscanthus)*, ein aus Ostasien stammendes, dekoratives, bis zu zwei Meter hoch werdendes Gras. Etwa 25 Prozent der Photosyntheseleistung an Land stammt von diesen Pflanzen. Was sie vereint: Sie wachsen vor allem dort, wo es heiß und trocken ist. Etwa 70 Prozent aller Pflanzenarten im amerikanischen Death-Valley-Nationalpark, einem Hitzepool in der Mojawe-Wüste, sind C_4-Pflanzen. Auch der Mais, der in weiten Teilen Europas angebaut wird, stammt ursprünglich aus dem heißen Süden und wurde durch Züchtungen an das nördlichere Klima angepasst. C_4-Pflanzen gibt es seit etwa 30 Millionen Jahren. Aus evolutionsbiologischer Sicht könnte man sie als Hightech-Modelle bezeichnen.

Die restlichen etwa 97 Prozent der Pflanzenarten nennt man C_3-Pflanzen. Sie bilden bei der Photosynthese nur Verbindungen mit drei Kohlenstoffatomen. Zur Zeit ihrer Entstehung war das kein Problem, denn die CO_2-Konzentration in der Atmosphäre war viel höher als heute. Auch in unseren Breiten, wo es normalerweise ausreichend regnet, ist diese Form der Photosynthese der C_3-Pflanzen ausreichend. Aber was passiert, wenn die CO_2-Konzentration weiter steigt und es zugleich wärmer und trockener wird? Bislang galt: Von höheren CO_2-Konzentrationen profitieren die C_3-Pflanzen stärker als die ohnehin schon optimierten C_4-Pflanzen.

Um herauszufinden, ob das zutrifft, wurden an vielen Orten der Welt ausgefeilte Messstationen aufgestellt: auf dem Furkapass in den Schweizer Alpen, auf Äckern in Deutschland, in den Prärien und Waldgebieten Nordamerikas sowie in der kanadischen Tundra. Die Pflanzen, die in, zwischen oder unter diesen Konstruktionen aus Stahl und Kunststoff wuchsen, erhielten eine Extradosis CO_2, mit der die Konzentration von derzeit etwa 400 ppm auf 550 ppm erhöht wurde. Das ist der Wert, der Modellrechnungen zufolge Mitte des 21. Jahrhunderts vorherrschen wird. Tatsächlich fuhren vor allem die C_3-Pflanzen ihre Photosyntheserate rasant hoch: Nutzpflanzen um 59 Prozent, krautige Wildpflanzen um 41 Prozent, Gehölze um 49 Prozent. Die C_4-Sprinter hingegen schafften nur Steigerungsraten zwischen 11 und 21 Prozent.[6] Das klingt erst einmal positiv, zumal die Pflanzen auch mit Trockenheit besser zurechtkamen.[7] Nach einigen Jahren zeigte sich jedoch, dass der Düngeeffekt bei den C_3-Pflanzen nicht anhält. Die

Pflanzen gewöhnen sich offenbar an die höheren CO_2-Konzentrationen, sodass ihr Wachstum wieder nachlässt.

Für eine Überraschung sorgten allerdings einige Naturgräser bei einem zwanzig Jahre dauernden Versuch in den USA. Diese C_4-Pflanzen legten nach zwölf Jahren, in denen sie auf die höheren CO_2-Dosen kaum reagiert hatten, im Wachstum plötzlich zu. Das könnte positive Auswirkungen auf den Klimawandel haben. Melissa Pastore, Ökologin an der Universität von Minnesota und an dem Versuch beteiligt, kommt zu folgendem Schluss: »Grasland-Ökosysteme machen immerhin 40 Prozent der Vegetation außerhalb landwirtschaftlicher Nutzflächen aus. Und sie schlucken große Mengen des Kohlendioxids, das durch menschliche Aktivitäten zusätzlich in die Atmosphäre gelangt. Wenn sich Savannen und Prärien mit ihren C_4-Pflanzen aber so verhalten wie in unserem Experiment, dann könnten sie mehr CO_2 entfernen und die Erderwärmung effektiver verlangsamen, als wir gedacht haben – während uns C_3-Gräser vielleicht weniger dabei helfen.«[8]

Höhere CO_2-Konzentration und Erderwärmung haben nicht nur Auswirkungen auf die Pflanzenwelt. Hinzu kommen Meeresspiegelanstieg, Dürren, Überschwemmungen, stärkere Stürme, ein weltweites Artensterben und – im Zusammenhang dieses Buches besonders wichtig – die Auswirkungen auf die CO_2-Speicherungsfunktion der Böden. Wenn es wärmer wird, werden die Bodenorganismen aktiver und zersetzen mehr organisches Material. Dadurch wird mehr CO_2 freigesetzt, sodass die Bodenorganismen den Klimawandel eher noch beschleunigen könnten. Aber auch hier bleibt abzuwarten, wie es sich entwickelt. »Jede Tür, die wir zu einem neuen Erkenntnisraum öffnen, führt uns in einen Raum mit mehr als einer Tür zu den nächsten Erkenntnisräumen«, sagt der Umweltsoziologe Ortwin Renn. Das gilt ganz besonders für Bodenlebewesen, die immer wieder für Überraschungen sorgen.[9]

Lange war die Wissenschaft überzeugt, dass der größte Teil der organischen Stoffe im Boden von zerfallenem Pflanzenmaterial stammt – bis eine Horde Wiedergänger auf der Bühne der Humusproduzenten auftauchte: Bakterien. Offensichtlich ist ihr Anteil an dem im Boden gespeicherten Kohlenstoff ebenfalls hoch. Um dies genauer zu untersuchen, impften Forscher Bodenproben mit Bakterien, die sie mit dem stabilen ^{13}C-Kohlenstoffisotop markiert hatten. Nach 224 Tagen schauten sie, wo der Kohlenstoff der mittlerweile abgestorbenen Mikroorganismen geblieben war. Wenn Bakterien sterben, zerfällt ihre Biomasse, und ein Teil dient Pflanzen und anderen Mikroorganismen als Nahrung. So weit bekannt, so weit erwartet. Aber 40 Prozent des Kohlenstoffs der abgestorbenen Bakterien-Biomasse fanden die Forscher festgebunden an mineralische Bestandteile im Boden, vor allem an solche, die nur wenige Tausendstel Millimeter groß waren, und fast ausschließlich an rauen und kantigen Flächen. Es sind diese Zellreste, die maßgeblich zur Humusbildung und zur dauerhaften Bindung von Kohlenstoff im Boden beitragen, ist Professor Ingrid Kögel-Knabner, Leiterin des Lehrstuhls für Bodenkunde an der Technischen Universität München, überzeugt.[10]

Bei Untersuchungen im Vorfeld eines Schweizer Gletschers, der sich in den vergangenen 150 Jahren um einen Kilometer zurückgezogen hat, fanden sich im Boden ebenfalls Bakterienreste. Wenn ein Gletscher schmilzt, siedelt sich nach und nach wieder Leben an: erst Moose und Flechten, dann Gräser und Blütenpflanzen, schließlich je nach Höhenlage Büsche und Bäume. Mit ihnen steigt die Zahl und Vielfalt der Mikroorganismen im Boden. Beim Blick durch das Elektronenmikroskop stellte sich heraus, dass die Mineralpartikel des zerfallenen Granitgesteins aus dem Vorfeld des Gletschers mit einem dichten Film von Mikrobenrückständen bedeckt waren. Der Film wurde dicker, je weiter entfernt von der Gletscherzunge sich die Mineralpartikel befanden, das heißt je länger die Vegetation schon bestand. Offensichtlich blieben die Bakterienreste als dauerhafte Kohlenstoffverbindungen im Boden erhalten.[11]

Boden und Kohlenstoff, Boden und Klima, das zeigt sich immer wieder, sind komplexe Beziehungen und bergen manche unerwartete Erkenntnis. In Zukunft wird dieses Wissen noch wichtiger werden, denn der Boden rückt bei den Verhandlungen über Möglichkeiten zur Begrenzung des Klimawandels immer mehr in den Fokus. Der Weltklimarat (IPCC) hat in seinem Gutachten 2019 nachdrücklich darauf hingewiesen. Ihm zufolge ließen sich zwischen zwei und knapp zehn Gigatonnen CO_2-Emissionen jährlich durch »nachhaltiges Landmanagement« einsparen, ohne die Produktivität von Landsystemen zu beeinträchtigen. Beispiele dafür sind »bodenschonende Land- und Forstwirtschaftspraktiken«, die »Vielfalt von Nutzpflanzen und Arten im Wald«, »ökologischer Landbau«, die »Erhaltung von Bestäubern« und vieles mehr.[12] Sie alle fördern zudem die Anreicherung von fein zersetzter organischer Substanz in Böden. Für die Bodenfruchtbarkeit ist sie einer der wichtigsten Taktgeber.

Tipp:
Kohlenstoff im Garten speichern

Vergessen Sie mineralischen Dünger, nutzen Sie Kompost. Das kostet keinen Pfennig, Sie brauchen nur eine kleine Ecke im Garten, windgeschützt im Halbschatten, auf gelockertem unversiegeltem Boden. Darüber legen Sie eine zehn bis 20 Zentimeter dicke Schicht aus dünnen Zweigen, die für Belüftung von unten sorgt. Darauf werden die Pflanzenreste aus dem Garten oder Gemüsereste aus der Küche geworfen. Laub und Rasenschnitt müssen dünn verteilt werden, damit Sauerstoff hindurchgelangt und der Komposthaufen nicht anfängt zu faulen. Moos ist ungeeignet, weil es sich zu langsam zersetzt.

Zwiebelschalen, Kaffeesatz und Teeblätter sind ideal. Eierschalen reichern den Kompost mit Kalk an. Gekochtes, Fleisch- und Fischreste gehören nicht auf den Kompost, weil sie Ratten anlocken. Zwischendurch sollte für eine ausreichende Sauerstoffzufuhr immer mal wieder eine dünne Schicht Zweige eingestreut werden.

Generell wird der Kompost besser, je vielfältiger die »Zutaten« sind, denn auch für die Mikroorganismen gilt: *variatio delectat,* Abwechslung erfreut. Für einen guten Kompost ist deshalb eine Mischung aus schnell und langsam abbaubarer organischer Substanz wichtig, weil er so über eine lange Zeit hinweg Nährstoffe an die Mikroorganismen und später an die Pflanzen abgeben kann. Das ist ähnlich wie bei uns Menschen: Eine Scheibe Schwarzbrot macht länger satt als ein Stück Sahnetorte.

Eine ähnliche Funktion kann ein Zaun aus Totholz haben. Dazu werden abgeschnittene Zweige zwischen zwei Reihen Pfosten aufgeschichtet. Während das Holz unten am Boden, wo es feucht ist, langsam von den Mikroorganismen zersetzt wird und zerfällt, bietet der mit Zweigen gefüllte Zwischenraum ein Versteck für Amphibien und Insekten, Futter für wirbellose Tiere und Nistmöglichkeiten für Vögel. Ist der Zaun ausreichend zusammengefallen, kann er von oben mit neuen Zweigen aufgestockt werden. Die Nährstoffe bleiben vor Ort im eigenen Garten.

HUMUS
Die Verwandlung

Ich war das Laub, das im Herbst herabfällt und auf dem Waldboden eine federnde, duftende Schicht bildet. Ich war der tote Baum, der stehen bleiben durfte, bis er komplett zerfallen war. Ich war die Feinwurzel eines Baumes, die nur wenige Jahre lebte. Ich war eine tote Maus, die von Käfern im Boden vergraben wurde. Nun bin ich Teil des Bodens von Gärten, Äckern, Wiesen und Wäldern. Ich gebe ihm seine dunkle Farbe. Ich bin zersetzte organische Materie und bestehe zu 58 Prozent aus Kohlenstoff, den Pflanzen einst aus der Atmosphäre gewonnen haben.[1] *Ich mache Böden fruchtbar.*

Die Entstehung von Humus kann man riechen: erdig und ein ganz klein wenig muffig, eine würzige Mischung aus geraspelten Möhren, Roter Bete, Pilzen und Spinat. Am besten wahrnehmbar ist der Duft nach einem Sommerregen oder wenn man eine Handvoll Laub im Wald aufnimmt und daran schnuppert. Der Duft von Humus stammt vor allem von einer Substanz namens Geosmin. Die menschliche Nase kann selbst kleinste Mengen davon wahrnehmen: 0,1 ppb, also 0,1 Partikel unter einer Milliarde. Diese Fähigkeit ist möglicherweise ein Erbe aus der Zeit, als Menschen auf der Suche nach Wasser und Nahrung durch die Wälder streiften. Der Duft zeigt an: Hier ist Leben, ist es ausreichend feucht, hier sind Mikroorganismen am Werk, die Humus produzieren, hier gibt es vielleicht etwas zu essen. Es ist der gleiche Duft, der bis heute die Herzen beim Spaziergang höher schlagen lässt und der die Abwehrkräfte des Körpers stärken kann. Es ist der Duft, den viele mit einem Sommertag im Wald assoziieren.[2]

Die Entstehung von Humus kann man sogar beobachten. Das beginnt mit den Farben des Herbstes in der Natur. Die beim Herabfallen noch leuchtend gelb und rot gefärbten Blätter nehmen innerhalb weniger Tage eine braungraue Färbung an, werden schlaff und löchrig, weil Bodentiere Teile herausfressen. Nach und nach sackt das Laub zusammen, bis es im Frühjahr nahezu vollständig abgebaut ist. Die Bodenorganismen haben gute Arbeit geleistet. Allenfalls die Eichen- oder Buchenblätter kann man noch erkennen, da sie langsamer zersetzt werden. Auch der Kompost im Garten ist auf die halbe Höhe geschrumpft. Etwas ist über den Winter passiert.

»Das Senfkorn keimt versteckt in meinen Ohren, aus meinem Herzen wächst der Seidelbast«, heißt es in dem Gedicht »Cognac im Frühling« von Carl Zuckmayer (1896–1977). Das ist die poetische Version, die biologische lässt sich so zusammenfassen: Eine Vielzahl von Lebewesen hat alles, was einmal gelebt hat, in immer kleinere Bestandteile zerlegt und ermöglicht damit neues Leben. »Es ist, als wäre das Sterben aufgehalten und der verbleibende Rest an Lebensenergie in eine andere stoffliche Zustandsform übergegangen, um neues Leben zu nähren«, sagt Professor Ewald Schnug, Direktor des Instituts für Pflanzenbau und Bodenkunde am Julius Kühn-Institut, einer Bundesforschungsanstalt.[3]

Kleine, nur ein bis zwei Zentimeter große Käfer, die Schwarzhörnigen Totengräber *(Nicrophorus vespilloides),* schaffen es, innerhalb von wenigen Stunden eine tote Maus oder einen toten Vogel vollständig zu vergraben. Sie sind nicht nur die Leichenbestatter der Natur, sondern verstehen sich auch auf die Mumifizierung. Sie konservieren den Kadaver so, dass er ihren Larven so lange als Futter dienen kann, bis sie sich verpuppen.

Das Tempo der Wiederverwertung unterscheidet sich je nach Klimazone. Von einem 200-Kilo-Tapir im tropischen Regenwald Costa Ricas sind nach ein paar Tagen nicht einmal mehr die Knochen zu sehen. In unseren gemäßigten Breiten würde es mehrere Wochen dauern, bis die Natur ein Tier von dieser Größe »verarbeitet« hat. Als im kleinen Dorf Brodowin in Brandenburg vor einigen Jahren ein Wolf eine Hirschkuh riss, dokumentierte ein Dorfbewohner in Absprache mit der Jägerschaft, was danach geschah. Der Wolf kam noch einmal wieder, aber fraß nicht mehr von dem Kadaver. Den Rest erledigten Kolkraben, Adler, Füchse und viele kleine und immer kleinere Tiere. Nach drei Wochen war die Hirschkuh komplett verschwunden.

In russischen Permafrost-Regionen hingegen werden gut erhaltene Mammuts gefunden, die vor mehr als 30 000 Jahren gestorben sind. Kälte konserviert organische Substanz, weil die Mikroorganismen bei Frost ihre Arbeit einstellen. Hinzu kommt, dass die Vegetationszeit im hohen Norden sehr kurz ist. In den wenigen Sommerwochen produzieren die Pflanzen und ihre Wurzeln zwar viel Biomasse, diese wird im Boden jedoch wegen der langen Winter kaum abgebaut. Deshalb ist im Boden der Tundra, wie im Kapitel über die Nematoden beschrieben, sogar mehr Kohlenstoff gespeichert als in der oberirdischen Pflanzenbiomasse der Tropen.

Böden sind in ständiger Bewegung, und das nicht nur, weil Regenwürmer oder Maulwürfe sie durchwühlen. Es gibt ein vielfältiges Nahrungsnetz, das damit beschäftigt ist, alles, was dort lebt, vom toten Maulwurf bis zum kleinsten Kotkrümel, immer wieder zu recyceln. Das ist die Leistung des Edaphons. So bezeichnen Wissenschaftler die Gesamtheit aller im Boden lebenden Organismen. Es besteht aus der Bodenflora – Pilzen, Bakterien, Viren, Algen und Flechten – und der Bodenfauna, den im Boden lebenden Tieren. Die große Mehrzahl sind unter einem Zehntel Millimeter große Mikroorganismen, die mit dem bloßen Auge nicht oder kaum noch erkennbar sind, wie Amöben, Fadenwürmer und Wimperntierchen. Zur mittelgroßen Gruppe der Bodentiere gehören Milben oder Springschwänze, die bis zu zwei Millimeter groß werden können. Es folgen die »großen« Bodentiere: Asseln, Spinnen, Regenwürmer, Käfer und andere Insekten. Und schließlich die »Riesen« unter der Erde: Maulwürfe, Mäuse, Hamster oder Ziesel, die asiatischen Erdhörnchen.

Sie alle sind auf die eine oder andere Art und Weise daran beteiligt, alles, was in den Boden gelangt oder auf die Bodenoberfläche fällt, in zersetzte organische Substanz umzuwandeln, letztendlich also in Humus. Der ist im Boden ein wahrer Alleskönner. Er speichert Wasser, Mineral- und Nährstoffe. Zusammen mit Tonmineralen im Boden bildet er, vor allem im Darm von Regenwürmern, Ton-Humus-Komplexe. Das sind feste Verbindungen, die wie ein dreidimensionales Kartenhaus gestapelt sind. Sie lassen genügend Zwischenräume für Luft und Wasser. So haben die Mikroorganismen des Edaphons ausreichend Luft zum Atmen, und die Pflanzenwurzeln finden Wasser und Platz zum Wachsen. Außerdem stabilisieren die Ton-Humus-Komplexe den Boden und machen ihn widerstandsfähiger gegen Wasser- und Winderosion.

»Die Fruchtbarkeit des Bodens hängt eigentlich nur von ihm [dem Humus] ab, denn außer dem Wasser ist er es allein, was den Pflanzen im Boden Nahrung gibt.« So formulierte es 1810 der Begründer der modernen Agrarwissenschaft in Deutschland, Albrecht Thaer, in seinen *Grundsätze[n] der rationellen Landwirthschaft.* Für Thaer war der Humus »Bedingung des Lebens«. »Tod und Zerstörung« sind, so schrieb er, »zur Erhaltung und Hervorbringung neuen Lebens durchaus nothwendig«.[4] So ausschließlich würde man es heute nicht mehr formulieren, denn viele Nährstoffe werden erst bei der Verwitterung von Mineralen freigesetzt. An der Bedeutung von Humus hat sich dennoch nichts geändert.

Allerdings wissen wir heute mehr über das komplexe Nahrungsnetz, das von Pflanzenwurzeln, welken Blättern, toten Tieren, Mikroorganismen und deren Ausscheidungen lebt. In einem Quadratmeter Boden bis zu einer Tiefe von 30 Zentimetern können 60 Billionen Bakterien leben, eine Milliarde Pilze, 500 Millionen Einzeller, 10 Millionen Fadenwürmer, 1 Million Algen, 200 Regenwürmer, jeweils 50 Schnecken, Spinnen und Asseln, 150 Tausendfüßer, 100 Käfer, 200 Fliegenlarven und 0,001 Wirbeltiere, wie beispielsweise der Maulwurf. Zusammen wiegen sie circa ein Kilo. Auf einen Hektar bezogen entspricht das rund 10 000 Kilo oder dem Gewicht von 20 Rindern.[5] Rechnet man das auf einen Garten hoch, ergibt es bei einer Grundstücksfläche von 500 Quadratmetern 500 Kilo Lebewesen, die bis auf ein paar Regenwürmer, Schnecken oder Asseln kaum ein Gartenbesitzer jemals zu Gesicht bekommt. In einem ständigen Kreislauf von Leben und Sterben, Fressen und Gefressenwerden sorgen diese Lebewesen dafür, dass der Boden fruchtbar bleibt.

Die Verwandlung von totem organischen Material in Humus vollzieht sich tagtäglich vor unseren Augen und ist doch nahezu unsichtbar. Die Vorarbeiten übernehmen die »Schredderer«. Das können Asseln *(Oniscidea)* sein oder Hornmilben *(Oribatida)*. Asseln gehören zu den Krebstieren, aber sie können dauerhaft an Land leben. Da sie kein Innenskelett haben, müssen sie sich wie Krebse häuten, um wachsen zu können. Dazu streifen sie ihren alten Panzer mühsam ab, indem sie ihre Körpersegmente immer wieder zusammenziehen und strecken, was so aussieht, als würde jemand versuchen, einen Hut nur mit dem Runzeln der Stirn abzulegen.[6] Asseln atmen durch Kiemen, deshalb brauchen sie Feuchtigkeit, um zu überleben. Da ihr Panzer wenig Schutz vor Austrocknung bietet, verstecken sich die Tiere tagsüber unter Steinen, Baumrinde, Laub oder anderem Material. Dort kann man sie finden, denn mit einer Größe von zwei bis 20 Millimetern sind sie mit dem bloßen Auge gut erkennbar.

Hornmilben sind kleinere, bis zu einem Millimeter große kugelige Insekten, die schon seit 380 Millionen Jahren auf der Erde leben. Vor allem im Wald gehören sie zu den wichtigsten Laub- und Streuzersetzern. Auf einem Quadratmeter Waldboden können Hunderttausende solcher Spinnentiere leben, die man wegen ihrer Winzigkeit dennoch nie zu Gesicht bekommt. Im Laufe der Jahrmillionen haben sie Abwehrmechanismen entwickelt, um sich Räuber effektiv vom Leib zu halten. Sie haben eine »Rüstung«, mit der sie rundum gepanzert sind. Wenn Gefahr droht, falten sie sich kugelförmig zusammen und klappen den vorderen Teil des Körpers nach unten wie ein Ritter sein Visier. Zudem sind sie mit einer Giftspritze bewaffnet. Professor Stefan Scheu, Tierökologe an der Georg-August-Universität Göttingen, nennt sie deshalb »Wunderwerke der Evolution«.

Streuzersetzer wie Hornmilben oder Asseln bereiten die Nahrung für andere Organismen vor, indem sie das abgestorbene Pflanzenmaterial zerkleinern und damit seine Oberfläche vergrößern. Die Blätter- oder Stängelstreu ist nun bereit für die nächste Stufe: Bakterien und Pilze, die ebenfalls anfangen, die toten Blätter zu fressen und zu verdauen. Die Pilze und Bakterien sind wiederum Nahrung für Fadenwürmer oder Springschwänze *(Collembola)*. Das sind Ur-Insekten, die sich mit einem gegabelten Schwanz mehrere Zentimeter in die Luft katapultieren und dabei Saltos schlagen können, um Fressfeinden wie Spinnen, Raubmilben oder Käferlarven zu entkommen.

Allerdings sind sie dabei nicht annähernd so effektiv wie die Hornmilben, wie Dr. Michael Heethoff im Rahmen eines von der Deutschen Forschungsgemeinschaft geförderten Projekts herausfand. Dazu fütterten die Wissenschaftler im Labor einen relativ großen räuberischen Käfer mit Hornmilben. Der Käfer war etwa 35-mal so schwer wie die Hornmilben und konnte sie trotzdem nicht überwältigen. Heethoff: »Das ist vergleichbar mit einem Kaninchen, welches einen ausgewachsenen Tiger in die Flucht schlägt.« Erst als die Biologen die Giftdrüsen der Hornmilben künstlich entleert hatten, konnten sich die Tiere nicht länger gegen die Käfer wehren.[7]

Da die meisten Bodenlebewesen mikroskopisch klein sind, tappten Forscher bis vor einiger Zeit weitgehend im Dunkeln bei der Frage, wer genau wen frisst, damit am Ende Humus dabei herauskommt. Eines ihrer Hilfsmittel war das Mikroskop. Damit untersuchte man die Mundwerkzeuge und stellte Vermutungen an: Haben Fadenwürmer einen Zahn oder eine Raspel, dann leben sie wohl räuberisch. Haben sie einen Stachel, stechen sie vielleicht einen Pilz an oder eine Pflanzenwurzel. Haben sie eine unbewaffnete Mundhöhle, fressen sie meist Bakterien. Die bevorzugte Beute räuberischer Milben, kleine Spinnentiere, leitet man von der Form der Scheren ab, welche zur Jagd eingesetzt werden. Dichte, kammartige Zähne dürften runde, glatte Fadenwürmer festhalten. Kieferklauen in Nussknackerform dienen zum Zerquetschen von Pilzsporen, während rückwärtsgerichtete Zähne flüchtige Beute festhalten können.

Aber all das sind nur Vermutungen. Selbst Fütterungsversuche im Labor sind nur bedingt aussagekräftig, wie Fadenwurmforscherin Professorin Liliane Rueß erklärt. Klar gebe man den Bodentieren bei Versuchen eine Nahrungsauswahl, aber ob diese dem Nahrungsangebot in der Natur entspreche, wisse man nicht, deshalb könne man aus dem Fressverhalten der Tiere im Labor nur bedingt Schlüsse ableiten. Die Aussagekraft solcher Versuche verdeutlicht sie an einem Beispiel: »Wenn ich Sie hier zwei Tage einschließe mit Vanilleeiscreme als einziger Nahrung. Sie würden die Eiscreme essen. Wenn ich Sie herauslasse, was essen Sie dann?« Die Antwort ist klar. Bestimmt kein Vanilleeis, auch keins mit Schokolade, vermutlich für eine Weile überhaupt kein Eis. Genauso ergehe es den Mikroorganismen im Labor.

Um mehr zu erfahren, arbeiten die Wissenschaftler wie moderne Kriminologen, die einen Straftäter mithilfe eines genetischen Fingerabdrucks überführen. Dazu reichern sie das Futter von Bodenlebewesen beispielsweise mit markiertem Kohlenstoff an, dessen Weg sie dann im Nahrungsnetz verfolgen können. Die Marker finden sich in der Gensubstanz der Bodentiere wieder, sodass sich feststellen lässt, wer wen gefressen hat. In diesem Fall handelt es sich bei den Markern um die stabilen Isotope des Kohlenstoffs. Isotope sind Atomarten, die unterschiedlich viele Neutronen enthalten. Beim Kohlenstoff sind das 12 oder 13 Neutronen, entsprechend heißen die Isotope ^{12}C-Kohlenstoff und ^{13}C-Kohlenstoff. Am häufigsten, mit 98,9 Prozent, kommt in der Natur der ^{12}C-Kohlenstoff vor. Der ^{13}C-Kohlenstoff macht gerade mal 1,1 Prozent aus. Lebewesen bevorzugen den Einbau von ^{12}C-Kohlenstoff in ihre Zellen. Folglich nimmt in einer Fresskette der relative Anteil des ^{12}C-Kohlenstoffs zu: Räuber haben in ihrer Biomasse mehr ^{12}C-Isotope als ihre Opfer.

Eine erste Bilanz hat zu überraschenden Ergebnissen geführt. Die Wissenschaftler hatten auf einem Acker Mais mit Kohlenstoffisotopen markiert. Danach verfolgten sie die Wanderung der Isotope durch das Nahrungsnetz – von der Pflanzenwurzel über Bakterien und Pilze bis zu Nematoden, Springschwänzen, Milben und zur Makrofauna. Sie maßen, wie viel Kohlenstoff sich in einer Wurzel befindet, wie viel davon sie an ihre Umgebung abgegeben hat und verfolgten dann den Weg des Kohlenstoffs weiter. Dabei zählten sie in dem Nahrungsnetz 141 Arten, die in mehr als 2000 Fressbeziehungen zueinander stehen.[8] Und sie konnten eine bis dahin geltende Lehrmeinung widerlegen. Man war nämlich davon ausgegangen, dass auf einem Acker Bakterien die wichtigste Rolle spielen. Liliane Rueß: »Es wird gedüngt, wir haben eine große bakterielle Gemeinschaft, und die hat auch den meisten Kohlenstoff aufgenommen. Aber am Ende waren es die Pilze, die am meisten umgesetzt haben. Die hatten nicht die größte Biomasse, aber sie waren am aktivsten.«[9]

Was treibt die Bodenorganismen zu ihrer mühevollen Arbeit an? Es ist vor allem die Suche nach Stickstoff. Mikroorganismen – wie alle anderen Organismen auch – brauchen ihn für den Aufbau ihrer Zellen und für ihre Erbsubstanz. Ohne menschlichen Einfluss ist pflanzenverfügbarer Stickstoff in der Natur aber Mangelware. Stickstoff kommt zwar als gasförmiges N_2 in der Luft vor, aber das ist eine sehr stabile Verbindung. Nur einige Bakterien an den Wurzeln von Hülsenfrüchten wie Bohnen, Linsen, Erbsen, Klee oder Lupinen, die sogenannten Knöllchenbakterien, sind dazu im Stande, wie im Pflanzen-Kapitel beschrieben, diesen Luft-Stickstoff aufzunehmen.

Auf dem Komposthaufen, in der Streu auf dem Waldboden oder im Stallmist hingegen kommt Stickstoff immer in Verbindung mit anderen Stoffen vor, insbesondere mit Kohlenstoff, den die Pflanzen aus der Atmosphäre aufgenommen oder den

Tiere und Menschen wieder ausgeschieden haben. Je weniger Kohlenstoffanteile (C) auf einen Stickstoffanteil (N) kommen, desto interessanter wird das abgestorbene organische Material für die Mikroorganismen. Die Wissenschaft spricht dann von einem engen Kohlenstoff-Stickstoff-Verhältnis, kurz C/N-Verhältnis. Feine Pflanzenwurzeln sind eine Superressource, quasi die Sahnetorte, weil bei ihnen drei Kohlenstoffanteile auf einen Stickstoffanteil kommen. Beim Mist ist das Verhältnis 15 zu eins, für sehr viele Mikroorganismen ebenfalls lecker. Bei Laub liegt das Verhältnis zwischen 30 und 80 zu eins, bei Stroh zwischen 60 und mehr als 100 zu eins, bei Holzschnitt 100 bis 150 zu eins und bei Papier sogar 1000 zu eins. Ein weites C/N-Verhältnis bedeutet, dass die Stoffe von den Mikroorganismen nur noch langsam zersetzt werden können.[10]

Die Rolle des C/N-Verhältnisses lässt sich im eigenen Garten gut beobachten: Rasenschnitt zersetzt sich schneller als Laub, Laub schneller als Holz. Wer selbst Kompost macht, kann die Bedeutung des C/N-Verhältnisses beim Umheben feststellen: Küchenabfälle und Pflanzenreste sind nach einem Jahr verrottet, die eingestreuten Zweige oder Kaffee-Filtertüten aus Papier noch gut erkennbar. Das hat mit den C/N-Vorlieben der Mikroorganismen zu tun. Sie verhalten sich wie Kinder am Buffet – nehmen sich zuerst das, was für sie am leckersten ist. Bei Kindern ist das meist der Nachtisch, bei den Mikroorganismen sind das Küchenabfälle oder Rasenschnitt. Laub ähnelt für sie – je nach Baumart – schon eher einer Scheibe Schwarzbrot: kann man auch noch später fressen. Holz, gerbstoffhaltiges Eichenlaub und Filtertüten hingegen sind wie die harte Kruste eines Schweinebratens. Nicht jeder kann sich dafür begeistern, und auch Mikroorganismen überlassen so schwer verdauliches Material lieber den Spezialisten in ihren Reihen.

Bis die abgestorbene Biomasse die feinkrümelige Konsistenz und die dunkle Farbe reifen Komposts erreicht hat, dauert es ein bis zwei Jahre. Wer den Prozess beschleunigen will, hebt das verrottende Pflanzenmaterial zwischendurch um, um die Sauerstoffzufuhr zu verbessern. Am Ende entsteht eine gleichmäßig strukturierte, an Nährstoffen reiche Substanz, die auf dem Gartenboden verteilt werden kann. Dort sorgen weitere kleine und Kleinstlebewesen dafür, dass der Kompost in den Boden eingearbeitet wird, sich mit Bodenpartikeln verbindet und dort den Pflanzen wieder als Nahrung dienen kann – kurz zu der fein zersetzten organischen Substanz wird, die sich Humus nennt.[11]

Die schwarze Farbe der Fruchtbarkeit

Humus ist der Grund, warum die obere Bodenschicht meist dunkel ist. Deshalb ist die Farbe des Bodens auch ein Indikator für seine Fruchtbarkeit. Einer der fruchtbarsten Böden verdankt der schwarzen Farbe sogar seinen Namen, die Schwarzerde oder Tschernosem (von Russisch *tscherno* = schwarz). Das ist humusreicher Boden mit einem C/N-Verhältnis von circa 10:1. Er gehört deshalb zu den ertragreichsten der Welt.[12] Die bis zu 80 Zentimeter dicke, vor allem aus abgestorbenen Wurzeln bestehende organische Substanz ist vor etwa 10 000 bis 7000 Jahren nach der letzten Eiszeit in Steppenlandschaften mit kontinentalem Klima entstanden, also in Regionen mit trocknen heißen Sommern und kalten Wintern: in den Prärien Nordamerikas oder den Steppen der Ukraine und Kasachstans.

Die Frühjahrsregen sorgten für üppigen Pflanzenwuchs, und die Pflanzenwurzeln speicherten einen großen Teil der Photosyntheseprodukte. Im Steppenboden tragen Wurzelreste und Wurzelausscheidungen zu mehr als 50 Prozent der Humusbildung bei. Im Sommer vertrocknete die Vegetation. Bodentiere wie Regenwürmer, Hamster oder Ziesel trugen die abgestorbenen organischen Rückstände in den Boden. Manche ihrer Gänge kann man noch heute erkennen. Wegen der Trockenheit im Sommer und der Kälte im Winter konnte die organische Substanz nicht vollständig zersetzt werden. Steppenbrände spülten zusätzlichen Kohlenstoff in den Boden. Das alles gibt der Schwarzerde ihre dunkle Farbe.[13]

Auch in Europa gibt es diesen Bodentyp, zum Beispiel in Österreich im Weinviertel oder im Thüringer Becken und in der Magdeburger und Hildesheimer Börde in Deutschland. In Asel im Landkreis Hildesheim wurden einige Quadratmeter Schwarzerde sogar zum Naturdenkmal erklärt und damit naturschutzrechtlich geschützt. Dort kann man den Bodentyp in einer 1,20 Meter tiefen Grube besichtigen. Im Jahr 2005 wurde die Schwarzerde anlässlich des Weltbodentages zum Boden des Jahres ausgerufen. Der Weltbodentag findet jährlich am 5. Dezember statt und ist ein internationaler Aktionstag, mit dem weltweit für den dringend notwendigen Schutz des Bodens geworben wird.[14]

Wer in eine kürzlich ausgehobene Baugrube schaut, wird feststellen, dass meist nur der oberste Meter, manchmal auch nur die obersten Zentimeter richtig dunkel gefärbt sind. Diese dünne Haut fruchtbarer Erde, die mit Pflanzenwurzeln und Mikroorganismen durchsetzt ist, heißt nicht ohne Grund im Volksmund Mutterboden. Er ist die Quelle der Fruchtbarkeit. Er ist die Grundlage unserer Existenz. Wir sollten sorgsam mit ihm umgehen, als Gartenliebhaberin, als Häuslebauer, als Landwirt oder als Investor. Wir leben im Zeitalter des Anthropozäns, einem Erdzeitalter, in dem der Mensch zum wichtigsten Einflussfaktor für die biologischen, atmosphärischen und geologischen Prozesse auf der Erde geworden ist. Es ist höchste Zeit, sich dieser Verantwortung zu stellen. Dazu gehört auch, die wichtige Rolle des Bodens für den Klimawandel zu erkennen und, wo möglich, zu nutzen. Erste Ansätze dazu gibt es bereits. Die 4-Promille-Initiative, von der im nächsten

Kapitel die Rede sein wird, will im Rahmen des Klimaabkommens den Humusaufbau im Boden steigern – ein sinnvolles, aber auch ein ehrgeiziges Ziel.

Tipp:
Der Kressetest für guten Kompost

Um festzustellen, ob mein Kompost reif ist, mache ich den Kresse-Test. Dazu nehme ich eine große Handvoll Kompost, von dem ich annehme, dass er sich ausreichend zersetzt hat, und fülle ihn in ein Weck- oder Marmeladenglas. Zum Vergleich fülle ich in ein zweites Glas ein Substrat wie Watte, Garten- oder Aussaaterde. Kompost und Substrat werden leicht angefeuchtet, sollen aber nicht nass sein. Dann werden die Kressesamen auf die Oberfläche gestreut, leicht angedrückt und das Ganze mit einer Folie abgedeckt an einen hellen Ort gestellt. Kressesamen keimen nach drei bis vier Tagen. Sobald sich kleine Blätter gebildet haben, sollten sie in beiden Gläsern die nächsten sechs bis acht Tage grün bleiben. Die grünen Blätter zeigen, dass der Kompost reif ist und im Garten ausgebracht werden kann. Ist der Kompost noch zu frisch, werden die Kresseblätter im Kompostglas gelb oder braun. Der Kompost sollte dann weiter lagern und am besten noch einmal umgeschichtet werden, damit die Mikroorganismen, die ihn bearbeiten, viel Sauerstoff zum Atmen bekommen. Dann kann der Test nach einigen Wochen wiederholt werden.

KOHLENSTOFFSPEICHERUNG

Die 4-Promille-Initiative

Wir haben beides im Blick: Klimawandel und den Schutz unserer Lebensgrundlagen. Wir haben uns auf eine Zahl geeinigt: Vier Promille oder 0,4 Prozent mehr Kohlenstoff sollten weltweit und Jahr für Jahr in den Böden zusätzlich gespeichert werden. Dafür brauchen wir Unterstützer aus der Politik, aus der Landwirtschaft und aus der Bevölkerung.

Einsammeln und einsparen

Die Idee klingt brillant: Weil die Menschheit beim Einsparen von CO_2 nicht vorankommt, sammelt sie den Kohlenstoff ein und speichert ihn – auf Wiesen und Weiden, auf Grasland und Äckern, in Mooren, Wäldern und Gärten. Das ist die Quintessenz der 4-Promille-Initiative, die am 1. Dezember 2015 auf der UN-Weltklimakonferenz in Paris von der französischen Regierung vorgestellt wurde. Die Menschheit soll weltweit dafür sorgen, dass geeignete Flächen im Schnitt jährlich 0,4 Prozent mehr Kohlenstoff anreichern. Das könnte dazu beitragen, die Klimaerwärmung bis zum Jahr 2100 auf weniger als zwei Grad im Vergleich zum Niveau vor Beginn der Industrialisierung zu begrenzen. Parallel dazu erhöhen sich durch den Humusaufbau die Bodenfruchtbarkeit und die landwirtschaftlichen Erträge. Geeignet sind dazu knapp 40 Prozent der weltweiten Landfläche. Der Rest sind Wälder oder als Wüsten, Eisschilde oder Ödland für die CO_2-Speicherung ungeeignet.

Die Initiatoren betonen ausdrücklich, dass sie damit nicht notwendige Maßnahmen zur CO_2-Einsparung konterkarieren wollen. Jeder Bereich solle und müsse seinen Beitrag leisten, damit die 4-Promille-Initiative nicht zum Ablasshandel wird, hinter dem sich alle diejenigen verstecken können, die so weitermachen wollen wie bisher.[1] Deutschlands ehemaliger Minister für Ernährung und Landwirtschaft Christian Schmidt (CSU) gehörte zu den Erstunterzeichnern der Gemeinsamen Erklärung der Initiative. »Die Landwirtschaft ist der einzige Wirtschaftszweig, der durch die Bindung von atmosphärischem Kohlenstoffdioxid in langfristig festgelegte Biomasse aktiv zum Klimaschutz beitragen kann«, so der Minister damals. Mit der Produktion von Nahrungsmitteln Klimaschutz betreiben – das klingt beinahe so, also ob der Traum von der Nachhaltigkeit menschlicher Existenz auf dem Planeten doch ein Stück weit Wirklichkeit werden könnte.[2]

Mit der 4-Promille-Initiative könnten Böden im Rahmen der Klimadebatte endlich die notwendige Aufmerksamkeit erhalten. Wie bedeutsam der Schutz des Bodenkohlenstoffs ist, darauf verweist Professor Rattan Lal. Er ist Direktor des Carbon Management and Sequestration Centers an der Universität Ohio in den USA. Seit die Menschheit Landwirtschaft betreibt, hätten Böden weltweit etwa 130 Gigatonnen (Milliarden Tonnen) an Kohlenstoff verloren, schätzt der Bodenwissenschaftler.[3] Betroffen sind davon alle Teile der Welt – vom »Dust Bowl«, den großen Ebenen im Zentrum der USA, über die Steppen Patagoniens, die Grasländer in der Mongolei, Afrika südlich der Sahara oder das Gebiet rings um den zwischen Kasachstan und Usbekistan gelegenen Aralsee.

Auch Europa ist von Erosion, Wüstenbildung und dem Verlust von Bodenfruchtbarkeit nicht ausgenommen. »Durch die landwirtschaftliche Nutzung haben 45 Prozent von Europas Böden deutlich an organischer Substanz – dazu gehören Humus und Bodenlebewesen – verloren. Die natürliche Fruchtbarkeit der Äcker ist gesunken«, heißt es im Bodenatlas der Heinrich-Böll-Stiftung.[4] In Deutschland ist ein Viertel aller Ackerflächen stark erosionsgefährdet, vor allem in den Küstenregionen an Nord- und Ostsee.[5] Trotz Supersaat, Hightech, Kunstdünger und Gülle scheint das »Immer-schneller-mehr« seine Grenzen erreicht zu haben. Bei den wichtigsten Getreidesorten wie Weizen, Gerste und Mais stagnieren die Hektarerträge in Nord- und Mitteleuropa seit mehr als 20 Jahren, und wenn das Wetter nicht mitspielt, weil es zu nass oder zu trocken ist, brechen die Erträge sogar massiv ein.[6]

Es gibt also viele Gründe, die für die 4-Promille-Initiative sprechen. Die Begeisterung dafür hält sich in Deutschland trotzdem in Grenzen. Das hat vor allem praktische Gründe. Kein Bodentyp kann unbegrenzt Kohlenstoff einlagern. Früher oder später ist Schluss. Jährlich vier Promille mehr lassen sich also nur für einen begrenzten Zeitraum erreichen. Wird den Böden mehr organische Substanz in Form von Kompost, Stallmist oder Gülle zugeführt, als sie speichern oder als die Pflanzen beim Wachstum aufnehmen können, besteht die Gefahr, dass die Böden überdüngt werden. Die organische Substanz gelangt dann ins Grundwasser und entweicht in die Atmosphäre, wie es in vielen Regionen Deutschlands mit intensiver Tierhaltung schon heute der Fall ist. Hinzu kommt, dass der optimale Kohlenstoffgehalt in Böden von mehreren Faktoren beeinflusst wird.

Erstens: Er ist abhängig von der Temperatur. In kühlen oder kalten Regionen speichert der Boden mehr Kohlenstoff als in heißen, weil die Mikroorganismen bei Kälte langsamer arbeiten.

Zweitens: Feuchtigkeit spielt eine große Rolle. Ein gutes Beispiel dafür sind Moore. Sie bestehen zu 30 Prozent und mehr aus organischer Substanz, vor allem aus abgestorbenen Pflanzenteilen. Ist im Moor ausreichend Wasser vorhanden, wird die organische Substanz nicht zersetzt. Moore sind deshalb die effizientesten und preiswertesten Speicher von Kohlenstoff, und tiefgründige Moorböden enthalten den meisten Kohlenstoff.

Drittens: Boden ist nicht gleich Boden. Wie viel Humus ein Boden speichern kann, hängt auch davon ab, wie stark das Gestein verwittert ist, aus dem er entstand. Grundsätzlich gilt: Je feiner die Bodenpartikel zermahlen sind, umso günstiger ist ein Boden für die Humusanreicherung. Der meiste Kohlenstoff lagert sich an Tonminerale an. Humus »verklebt« diese anorganischen Teilchen zu Ton-Humus-Komplexen, einem Bodenverband mit vielen klitzekleinen Hohlräumen, der Wasser und Luft sehr gut speichern kann und so einen idealen Lebensraum für Mikroorganismen und Pflanzenwurzeln schafft. Sandige oder lehmige Böden hingegen bestehen weitgehend aus Partikeln, die größer sind als 0,002 Millimeter. Bei Sand sind es sogar bis zu zwei Millimeter. Das Gefüge dieser Böden sieht eher aus wie ein Kasten voller Murmeln. Sie können weniger Humus speichern, weil ihnen die Tonpartikel weitgehend fehlen. Ob ein Boden viele feine und feinste Partikel enthält, lässt sich mit den Fingern testen. Tonhaltiger Boden fühlt sich mehlig an und bleibt zwischen den Fingerrillen haften. Reibt man hingegen Sand zwischen den Fingern, kann man die einzelnen Körner fühlen.

Viertens: Das Kohlenstoffoptimum hängt auch von der Bewirtschaftung ab. Grünland, vor allem wenn es beweidet wird, kann doppelt so viel Kohlenstoff speichern wie Ackerböden. Mit bis zu acht Prozent liegt der Humusgehalt von Grünland sogar höher als im Waldboden.[7]

Für die 4-Promille-Initiative bedeutet das: Bevor die Speicherung von Kohlenstoff in den Böden fachlich fundiert beginnen kann, müssen die Wissenschaftler ins Feld. Und zwar im wahrsten Sinne des Wortes. Sie müssen ergründen, welcher Boden wie viel Kohlenstoff bislang schon gespeichert hat und wie viel er zusätzlich speichern kann.

Vor dem Erfolg der Schweiß

Betrachtet man die Gesetzeslage, hätte diese Erfassung schon lange geschehen müssen. Das Bundesbodenschutzgesetz von 1999 regelt in § 17 die gute fachliche Praxis, wonach bei der Bewirtschaftung ein »standorttypischer Humusgehalt« angestrebt werden soll (§ 17 Absatz 7). Weil es keine Ausführungsbestimmungen gab, was darunter zu verstehen ist, war das Gesetz bis vor kurzem ein Papiertiger.[8] Wie viel Kohlenstoff ist in welchen Böden gespeichert? Was ist standorttypisch? Wie lässt sich das erreichen? Dazu steht im Bundesbodenschutzgesetz nichts.

Erst mit dem Kyoto-Protokoll, das im Februar 2005 in Kraft trat, kam langsam, aber sicher Bewegung in die Sache.

Das Abkommen legt verbindliche Ziele für den Ausstoß von Treibhausgasen fest, über den die Industrieländer regelmäßig Bericht erstatten müssen. Zur Klimabilanz gehören auch die Auswirkungen von Landnutzungsänderungen, die Konsequenzen für die Kohlenstoffspeicherung in Böden haben, wie die Umwandlung von Grün- in Ackerland. Sie werden in einer Art Buchhaltung für den Klimaschutz erfasst, dem nationalen Inventarbericht.[9] Damit rückt die Landwirtschaft ebenfalls in den Fokus der Klimaberichterstattung.

Aus diesem Grund haben Wissenschaftler des Thünen-Instituts zwischen 2012 und 2018 im ganzen Land mehr als 120 000 Bodenproben von mehr als 3100 Standorten genommen: einen Meter lange Bohrkerne von Wiesen und Weiden, Äckern, Weinbergen und Obstplantagen. Im Labor wurden die darin enthaltenen organischen Kohlenstoffvorräte gemessen. 2018 lagen die Ergebnisse vor. Die gute Nachricht zuerst: Im obersten Meter landwirtschaftlich genutzter Böden sind hierzulande insgesamt rund 2,4 Milliarden Tonnen organischer Kohlenstoff gespeichert, etwa die Hälfte im Ackerland, die andere Hälfte im Grünland. Folglich speichern die knapp fünf Millionen Hektar Grünland ebenso viel Kohlenstoff wie die zwölf Millionen Hektar Ackerland. Insgesamt speichern die landwirtschaftlich genutzten Böden »mehr als doppelt so viel Kohlenstoff wie alle Bäume in den Wäldern Deutschlands zusammen«.[10] Für die Landwirtschaft klingt das wie eine gute Nachricht.

Doch das gilt nur auf den ersten Blick. Die Inventarisierung des Bodenkohlenstoffs kam zu spät, um die Verluste der vergangenen Jahrzehnte zu erfassen. Sie müssen massiv sein – allein schon wegen der großflächigen Umwandlung von Grünland in Äcker, die immer mit Kohlenstoffverlusten einhergeht. Mitte der 1960er Jahre betrug der Anteil von Grünland noch 41 Prozent an der landwirtschaftlich genutzten Fläche (ehemaliges Bundesgebiet).[11] Seitdem ist er auf etwas mehr als ein Viertel gesunken. Je länger die Umwandlung zurückliegt, umso weniger Kohlenstoff hat ein solcher Acker zumeist gespeichert. Ehemalige Grünlandböden können auch nach 60 Jahren und mehr noch Kohlenstoff abgeben, den sie einst als Grünland gespeichert hatten. Die höchsten Kohlenstoffverluste weist landwirtschaftlich genutzter Moorboden auf, wenn er für die Bewirtschaftung trockengelegt wird.[12] In Deutschland werden 90 Prozent der Moore land- und forstwirtschaftlich genutzt. Deshalb gehören diese Bodenflächen zu denjenigen mit den höchsten Kohlenstoffverlusten in der Vergangenheit. Die Prognosen für die nächsten Jahre lassen ebenfalls nichts Gutes erhoffen. Ackerböden können in den kommenden Jahren weiterhin viel Kohlenstoff verlieren. Die höchsten Verluste werden für Ackerböden für Teile der neuen Bundesländer vorausgesagt.[13]

In einigen Regionen Ostdeutschlands werden nur noch etwa 40 Prozent aller Äcker auch organisch gedüngt, was helfen würde, den Humus aufzubauen.[14] Stattdessen bringen die Landwirte Mineraldünger aus. Dann gelangen zu wenige Pflanzenreste und andere organische Stoffe in die Böden, und die Bodenlebewesen werden unausgewogen ernährt. Die Agrarwissenschaftlerin Dr. Andrea Beste beschreibt es so: »Das ist ähnlich wie bei Menschen, die viel Zucker, aber zu wenig Vitamine und Ballaststoffe essen. Diese falsche Ernährung des Bodens führt zu einer geringeren Vielfalt und Aktivität von Bodenlebewesen und damit zum Abbau von Humus.«[15]

Bewirtschaften lassen sich diese Böden trotzdem. Zukunftsfähig ist diese Art der Landwirtschaft allerdings nicht. Die natürliche Fruchtbarkeit geht, bedingt durch die Kohlenstoffverluste, immer weiter zurück. Die Böden können schlechter Wasser speichern, was sie in Zeiten des Klimawandels anfälliger für Trockenheit macht. Sie sind erosionsgefährdeter, weil der Humus für die Entstehung stabiler Ton-Humus-Komplexe fehlt. Der Thünen-Wissenschaftler Dr. Axel Don mahnt nachdrücklich, die Vorräte an organischem Kohlenstoff durch eine nachhaltige Nutzung zu sichern und zu mehren: »Unter sich verändernden Klimabedingungen ist der Erhalt und, wo möglich, Aufbau von Humus eine große Herausforderung, aber auch eine wichtige Maßnahme zur Klimaanpassung.«[16]

Der Praxistest

Die Ökoregion Kaindorf in der Steiermark hat den Sprung in die Praxis gewagt. Nach dem Motto »Nur wer etwas tut, kann auch etwas verändern« haben sich dort mehrere Ortschaften mit dem Ziel zusammengetan, ihre Treibhausgasemissionen drastisch zu verringern. Eine zentrale Rolle spielt in diesem Konzept die Landwirtschaft. Was landwirtschaftliche Betriebe zusätzlich an CO_2 in ihren Böden speichern, können sich andere Betriebe anrechnen lassen, wenn sie CO_2-Zertifikate erwerben. Wer ausreichend CO_2-Zertifikate erwirbt, darf sein Unternehmen sogar CO_2-neutral nennen. Deshalb arbeitet in der Ökoregion der erste CO_2-neutrale Malereibetrieb Österreichs, und auch ein Brauer produziert sein Bier CO_2-neutral. Die Landwirte erhalten 30 Euro pro Tonne zusätzliches CO_2, das sie in ihren Böden speichern, und die Unternehmen zahlen dafür 45 Euro. Die Differenz von 15 Euro fließt in das Monitoring der Humusbilanz, die fachliche Beratung der Landwirte und die Organisation des Zertifikatehandels.

Mehr als hundert Landwirte beteiligen sich mit insgesamt mehr als 1000 Hektar, Tendenz steigend. Beim Start des Projekts entnimmt ein zertifizierter Sachverständiger Bodenproben, die in einem unabhängigen Labor analysiert werden. Nach zwei bis fünf Jahren, je nachdem, wie es der Landwirt wünscht, wird vom selben Sachverständigen eine weitere Probe genommen, der zusätzlich aufgebaute Humus errechnet und auf die CO_2-Mengen umgerechnet. Nach der Auszahlung der Gelder für die Zertifikate muss der Landwirt garantieren, dass der Humusgehalt für fünf Jahre stabil bleibt. Das wird in einer dritten Kontrolluntersuchung überprüft.

Auch die Provinz Friesland in den Niederlanden hat das Konzept übernommen. In Friesland werden 75 Prozent der Landesfläche landwirtschaftlich genutzt, vor allem für die Produktion von Saatkartoffeln, die weltweit vertrieben werden. Diese intensive Produktion belastet die Umwelt, vor allem das Grundwasser, und das schadet dem Image der Landwirtschaft. Die Provinz sucht deshalb nach Wegen, ihre Landwirtschaft nachhaltiger zu gestalten, und startet ein eigenes Humus-Aufbauprogramm analog zur Ökoregion in der Steiermark.[17]

Die 4-Promille-Initiative könnte also in der Tat einen Pfad in die Zukunft weisen. Das Thünen-Institut unterzog sie 2018 einer wissenschaftlichen Bewertung. Ergebnis: »Trotz hoher Unsicherheiten in der globalen Datenbasis ist unbestreitbar, dass das theoretische Potenzial zur Steigerung von Bodenkohlenstoff global groß ist und theoretisch die gesamten anthropogenen Treibhausgasemissionen zumindest vorübergehend kompensieren könnte.«[18] So sieht es auch Christian Rehmer, der Leiter Agrarpolitik beim BUND, Bund für Umwelt und Naturschutz Deutschland: »Wenn die politischen Maßnahmen dafür sorgen, dass Böden besser bewirtschaftet werden, und dazu gehört auch die Einlagerung von organischer Substanz, dann ist das zu begrüßen.«

Weltweit bewirtschaften Menschen laut der Welternährungsorganisation FAO ungefähr fünf Milliarden Hektar Acker- und Weideland. Weideland, das in Trockengebieten liegt und zu intensiv beweidet wird, weist oft einen niedrigen Humusgehalt von ein bis zwei Prozent auf, weil es zu oft abgefressen wird. »Da es sich jedoch über große Flächen erstreckt, kann es insgesamt sehr viel Kohlenstoff absorbieren, wenn es gut bewirtschaftet, also zum Beispiel kontrolliert beweidet wird, wenn Brände vermieden, Bäume gepflanzt, Boden und Wasser bewahrt werden, wenn erodiertes und versalztes Land sich erholen kann und Feuchtgebiete wiederhergestellt werden«, heißt es im Bodenatlas der Heinrich-Böll-Stitung.[19]

Wissenschaftler haben eine Rechnung aufgemacht, wie viel Kohlenstoff aus der Atmosphäre sich weltweit mit einer Landwirtschaft akkumulieren lassen könnte, die Humusaufbau statt Humusabbau betreibt. Ohio-State-University-Professor Rattan Lal und seine Kollegen schätzen, dass durch die Wiederherstellung degradierter Böden und ihrer Vegetation bis 2100 etwa 330 Gigatonnen Kohlenstoff in Böden und in Pflanzen gespeichert werden könnten. Weil auf diese Weise auch die Bodenfruchtbarkeit verbessert würde, nennt er die Anreicherung von Kohlenstoff in den Böden eine Win-win-Situation und eine Brücke in die Zukunft.[20] Professor Martin Wiesmeier vom Lehrstuhl für Bodenkunde der Technischen Universität München hat errechnet, dass die Ackerböden Bayerns durchschnittlich nur zu 50 Prozent mit Kohlenstoff gesättigt sind und Grünlandböden zu 73 Prozent, sodass in Bayern Humusaufbau nahezu flächendeckend über mehrere Jahrzehnte möglich wäre.[21] Bundesweit werden ähnliche Berechnungen aufgestellt.

Ihre Wirkung entfalten kann Kohlenstoffanreicherung im Boden jedoch erst, wenn sie in ein gesetzliches Regelwerk gefasst und regelmäßig überprüft wird. Kurzfristig helfen würde mehr Biolandbau. Biolandwirte dürfen nur organisch düngen. Ihre Böden enthalten deshalb im Allgemeinen mehr Kohlenstoff als konventionell bewirtschaftete Böden.[21] Bislang gibt es vor allem in Regionen mit viel Nutztierhaltung große Mengen von organischem Dünger, obwohl zum Teil gar nicht genug Flächen vorhanden sind, um ihn naturverträglich aufzunehmen. Dürfte ein Landwirt hingegen nur so viel Vieh halten, wie er auf seinen eigenen oder gepachteten Flächen ernähren kann, und würde dieses Vieh nicht im Stall, sondern auf der Weide gehalten, würde sich der organische Dünger gleichmäßiger auf alle Regionen in Deutschland verteilen und die natürliche Fruchtbarkeit von Böden fördern.[22] Wie bereits beschrieben, sind die Moore Deutschlands größte Kohlenstoffsenken. Gelänge es, sie zu nutzen, ohne dass der Moorkörper abgebaut wird, wäre sehr schnell viel gewonnen. All das ist nur möglich, wenn die Agrarförderung grundsätzlich umsteuert – hin zu einer konsequenten Honorierung von Leistungen der Landwirtschaft für Klimaschutz und Biodiversität.[23]

Tipp:
Klima-, Arten- und Bodenschutz vor der Haustür

Die Veränderung beginnt im eigenen Garten und auf den Grünflächen von Kommunen. Wer mit offenen Augen durchs Land fährt, sieht immer mehr bunte Wegraine in den Städten, sieht Vorgärten, in denen Wildblumen blühen, Dächer, die begrünt sind. Imker ziehen mit ihren Bienen in die Städte, weil sie dort mehr ernten als in unseren von intensiver Bewirtschaftung geprägten Landschaften. Das Gute daran: Wildblumen brauchen keinen klimaschädlichen Kunstdünger, und sie können wichtige Trittsteine werden für Vögel und Insekten, die auf der Suche nach Nahrung und Nistmöglichkeiten sind. »Wenn alle Gärten naturnah wären, dann hätten wir deutschlandweit einen Biotopverbund«, sagt Professor Peter Berthold, ehemaliger Leiter der Vogelwarte Radolfzell, einer Außenstelle des Max-Planck-Instituts für Ornithologie.

Der Wandel hat begonnen, aber immer noch verschwinden Vorgärten unter Folie, Kies und Schotter – Arten- und Klimaschutz im Garten sieht anders aus. Der Naturschutzbund Deutschland (NABU) nennt diese Steinwüsten »Gärten des Grauens«. Pflegeleicht sollen sie sein, das hoffen ihre Besitzer. Wenn sie sich da mal nicht getäuscht haben. Laub fliegt auf die Fläche und Pflanzensamen. Das Laub bildet Humus, in dem die Pflanzensamen keimen können. Moos siedelt sich an. Wer dann nicht zur Giftspritze greifen will, muss jäten. Weniger Arbeit machen die Steingärten auf die Dauer also nicht. Hinzu kommt: In Zeiten von Hitzewellen heizen sich solche Vorgärten, anders als mit Vegetation bedeckte Flächen, stark auf, und bei Starkregen muss das Wasser in die dann ohnehin überlastete Kanalisation abfließen. Viele Kommunen diskutieren deshalb darüber, wie sich solche Steinwüsten verhindern lassen. Wer hingegen statt in Steine in heimische Pflanzen investiert, unterstützt die Artenvielfalt und setzt ein Zeichen gegen den Klimawandel.

DER BODEN UND DAS KAPITAL

Jagd nach Rendite

Ich werde täglich teurer. Nicht nur in begehrten Stadtlagen, sondern auch auf dem Land, denn ich bin ein knappes Gut. Der Mensch kann Tiere klonen, Pflanzen züchten, Palmöl und Getreide in Treibstoff für Autos verwandeln, aber mich vermehren kann er nicht. Im Gegenteil: Behandelt man mich schlecht, werde ich unfruchtbar, werde vom Wind davongetragen oder über Bäche und Flüsse ins Meer geschwemmt. Gegen den Klimawandel kann ich dann nichts mehr tun. Sorry Leute. Ich bin dann mal weg.

Vom Winde verweht

Es sind Bilder wie aus den Wüsten Arabiens. Tiefblauer Himmel und überall beigefarbener Sand. Nur die Reifenspuren der Fahrzeuge geben Hinweise darauf, wo die Straße verläuft. Die Vegetation am Rand ist unter einer dicken Sandschicht verschwunden. Jedes Fahrzeug wirbelt neuen Staub auf. Das rote Klinkerhaus mit reetgedecktem Dach im Hintergrund verrät, dass dies kein Wüstensturm in der Sahara ist – wir sind Norddeutschland. Ein trockner Ostwind weht Sand und Staub von den ausgetrockneten Äckern, verteilt ihn auf Fahrbahnen und Gehwegen, auf Autos, in Gärten und auf Dächern. Selbst Hunderte Kilometer entfernt verschleiern Staubwolken den Himmel, der so abends wie auf einem Bild des englischen Landschaftsmalers William Turner in allen Schattierungen von Gelborange bis Dunkelschwarzrot schimmert.[1]

Dieser Staubsturm in Mecklenburg-Vorpommern war keine Naturkatastrophe, genauso wenig wie der Staubsturm einige Jahre zuvor, als auf der Autobahn Richtung Rostock rund 80 Fahrzeuge kollidierten, Hunderte Menschen verletzt wurden und acht ums Leben kamen. Es hatte lediglich, wie oft im April im Norden Deutschlands, kaum geregnet. Die Äcker lagen brach, und der Boden erhob sich, angefacht von einem kräftigen Wind, in die Luft.

Auch manche Überschwemmung ist keine Naturkatastrophe. Als in Bayern nach einem Wolkenbruch eine Wasserwand Ortschaften am Inn und im Tal des Flusses Rott mit einer Lawine aus zähem Schlamm und allerlei Unrat überschwemmte, waren die Ursachen hauptsächlich menschengemacht. Wasser und Schlamm waren vor allem von Maisäckern abgeschwemmt worden, die um diese Jahreszeit nur noch spärlich bewachsen waren. Die Folge waren sieben Tote und Milliardenschäden.[2]

»Der Boden ist eines der kostbarsten Güter der Menschheit. Er ist ein fundamentaler Teil der Biosphäre, und zusammen mit der Vegetation und dem Klima trägt er zur Regelung der Zirkulation bei und bestimmt die Qualität des Wassers.« So steht es in der Europäischen Bodencharta.[3] Mehr als Apell-Charakter haben diese Sätze nicht. Eine europäische Rahmenrichtlinie zum Bodenschutz existiert nicht. In Deutschland gibt es zwar ein Bundesbodenschutzgesetz, aber es fehlen Grenz- und Zielwerte für den Zustand landwirtschaftlicher Böden.[4] Wie dringend nötig eine solche Richtlinie ist, beweisen die 970 Millionen Tonnen fruchtbarer Boden, die in der EU Jahr für Jahr durch Erosion verloren gehen. Die Menge würde reichen, um die gesamte Stadt Berlin um einen Meter anzuheben.[5]

Eine europäische Strategie für den Bodenschutz gibt es nicht. Die Pläne für die »Erhaltung und größtmögliche Erhöhung des Gehalts an organischer Substanz im Boden« wurden 2014 nach achtjährigen Verhandlungen wieder eingemottet, auch weil die Bundesregierung ihr Veto eingelegt hatte. Der Deutsche Bauernverband, erklärter Gegner der Richtlinie, frohlockte, der Schritt sei »überfällig« gewesen. Ohnehin sei »die größte Bedrohung landwirtschaftlicher Böden in Deutschland der immense Flächenverbrauch durch Siedlungen und Straßen«.[6] An dem Argument ist etwas dran. Alle zehn Jahre verschwindet in Europa eine Fläche von der Größe Zyperns unter Straßen, neuen Bau- und Industriegebieten. Aber ein Schaden wiegt einen anderen nicht auf – im Gegenteil. Deutschland und Europa müssen beides angehen, die fortschreitende Flächenversiegelung ebenso wie die Bodenverluste durch Wind- und Wassererosion, die Kohlenstoffverluste und die Bodenverdichtung aufgrund der immer schwereren Landmaschinen. Deshalb ist eine europäische Richtlinie zum Bodenschutz dringender denn je.

Spricht man mit Landwirten über ihre Böden, verkünden sie unisono: »Damit kennen wir uns aus. Wir lassen doch nicht zu, dass unsere Lebensgrundlage vernichtet wird.« Für diejenigen, die in Generationen denken und nachhaltig ihren eigenen Besitz bewirtschaften, mag das zutreffen. Manche von ihnen – auch konventionelle Landwirte sind darunter – besuchen sogar mehrtägige Seminare, auf denen sie lernen, wie sie mit Mikroorganismen, Komposttee und allerlei Fermenten ihre Böden fit und angesichts des Klimawandels stressresistenter machen.[7] Sie haben festgestellt, dass die Erträge stagnieren. Schädlinge nehmen überhand. Das Wetter wird immer unberechenbarer. Ihre Böden, die Grundlage ihrer Existenz, entwickeln sich zu einem Intensivpatienten, dessen Biologie so aus dem Ruder gelaufen ist wie die Darmflora eines Menschen nach einer mehrwöchigen Antibiotikatherapie.

Gleichzeitig stehen sie von mehreren Seiten unter Druck: Sie sollen preiswert produzieren. So will es der Markt, so wollen es die Lebensmittelkonzerne, die Einzelhandelsketten und all die Verbraucherinnen und Verbraucher, die für Lebensmittel möglichst wenig Geld ausgeben wollen. Die chemische Keule – in ihrer Wortwahl Pflanzenschutzmittel – dürfen Gemüsebauern nur noch begrenzt anwenden, denn die Kontrollen auf Rückstände seitens der Handelsketten werden immer engmaschiger. Keiner der großen Verbrauchermärkte möchte für Negativschlagzeilen in der Presse sorgen, weil in seinen Möhren, Salaten oder Paprika zu viele Rückstände gefunden wurden. Und schließlich sollen die Landwirte mehr für den Erhalt der Artenvielfalt tun und weniger Düngemittel einsetzen. All das geschieht vor dem Hintergrund steigender Pacht- und Kaufpreise für landwirtschaftliche Flächen.

Zwischen 2005 und 2017 sind die Kaufpreise für Agrarland in Deutschland um durchschnittlich 177 Prozent gestiegen, von rund 8700 Euro auf 24 000 Euro. Spitzenreiter in den neuen Bundesländern sind Brandenburg mit einem Plus von 382 Prozent und Mecklenburg-Vorpommern mit 367 Prozent, in den westdeutschen Bundesländern sind es Niedersachsen mit einem Anstieg von 132 Prozent und Schleswig-Holstein mit 116 Prozent.[8] Das sind auch die Bundesländer mit einem hohen Anteil von erneuerbaren Energien und Viehzucht. Die höheren Kosten müssen auch die Landwirte erwirtschaften, die weder Biogas- noch Wind- oder Solaranlagen besitzen. Das gelingt nur noch mit Rationalisierung, mit der Produktion großer Mengen und einer begrenzten Produktpalette. Vor allem Biobetrieben fällt es schwer, in diesem Land-Monopoly noch mitzuhalten.

Die Wünsche der Verbraucherinnen und Verbraucher nach mehr Produkt- und Geschmacksvielfalt bleiben dabei auf der Strecke. Wer mehr als die drei oder vier üblichen Sorten Tomaten kaufen möchte, wer einen kräftig schmeckenden Spargel bevorzugt oder Erdbeeren, die nach Erdbeeren schmecken, geht selbst auf den allermeisten Wochenmärkten leer aus. An der Misere ändern auch die circa 280 Euro pro Hektar und Jahr nichts, die ein Landwirt an EU-Zahlungen erhält. Im Gegenteil: Vermutlich verschlimmern sie alles noch, weil die Zahlungen aus dem EU-Etat Größe belohnen. Je mehr Hektar ein Betrieb bewirtschaftet, desto mehr Fördergelder erhält er, umso eher kann er rationalisieren und noch preiswerter produzieren, getreu nach dem Motto: Wir müssen die Welt ernähren.

Dabei könnten die meisten Länder durchaus selbst ausreichend Lebensmittel für die eigene Bevölkerung produzieren, damit ihrer Landbevölkerung Arbeit geben und eine Zukunft bieten. Stattdessen zerstören konkurrenzlos preiswerte, mit EU-Milliarden geförderte Produkte weltweit bäuerliche Existenzen. Auch in Deutschland haben die EU-Gelder den Rückgang der Anzahl landwirtschaftlicher Betriebe nicht verhindert. 1960 gab es noch etwa 1,5 Millionen Betriebe, 2019 sind es noch 275 000, im Jahr 2040 könnten es nur noch 100 000 sein. »Langfristig prägen große, kapitalintensive und betriebswirtschaftlich organisierte Agrarbetriebe, die modernste Technik einsetzen, die Branche«, heißt es in einer Prognose der

DZ-Bank.[9] Dabei spielt sie auch auf einen Strukturwandel an, der die Landwirtschaft noch langfristiger verändern könnte als alles bisher Erlebte – den Einstieg großer Investoren.

Landgrabbing vor der Haustür

Wem gehört der landwirtschaftlich genutzte Boden in Deutschland? Die Informationen darüber sind spärlich. Es gibt keine Eigentumsstatistiken über Agrarflächen.[7] Der Boden und das Kapital – in Deutschland ist das ein weitgehend unbekanntes Verhältnis. Was man weiß: Die Kirchen sind mit rund 600 000 Hektar die größten Besitzer von Agrarflächen in Deutschland (etwa 190 000 Hektar die katholische, etwa 325 000 die evangelische).[10] Die staatliche Bodenverwertungs- und -verwaltungs GmbH (BVVG), die land- und forstwirtschaftlichen Flächen auf dem Gebiet der neuen Bundesländer verpachtet und verkauft, hält noch gut 100 000 Hektar, die sie bis 2030 privatisieren will.[11] Einen sehr, sehr kleinen Anteil hält der Naturschutz. Schätzungen zufolge befindet sich inzwischen etwas weniger als die Hälfte des Agrarlandes in den Händen von Erben. Hinzu kommen gut 35 Prozent im Eigentum von Landwirten.[12] Die haben beim Flächenerwerb neuerdings Konkurrenz bekommen: finanzstarke Investoren, die große Flächen erwerben.

Nach offiziellen Zahlen über Betriebsgrößen bewirtschaftet der durchschnittliche landwirtschaftliche Betrieb in Deutschland gut 60 Hektar, und selbst in Mecklenburg-Vorpommern, dem Bundesland mit den größten Betrieben, sind es »nur« 275 Hektar.[13] Angesichts von Äckern, die bis zum Horizont reichen, ist offensichtlich, dass solche Durchschnittszahlen wenig über Betriebsgrößen aussagen.

Mehr Licht ins Dunkel bringt eine Studie des Thünen-Instituts, die »überregional aktive Kapitaleigentümer in ostdeutschen Agrarunternehmen« stichprobenartig unter die Lupe genommen hat. Untersucht wurden 676 Unternehmen, die als juristische Personen wie eG, AG, GmbH, GmbH & Co. KG fungieren, davon 330 in Mecklenburg-Vorpommern. Die Landfläche überregional aktiver Investoren beträgt in diesem Segment 34 Prozent in Mecklenburg-Vorpommern, gefolgt von 21 Prozent in Sachsen, 13 Prozent in Sachsen-Anhalt und acht Prozent in Thüringen. Brandenburg hat es abgelehnt, an der Studie teilzunehmen. Nach diesen Beobachtungen »nimmt die Bedeutung externer Investoren zumindest in Mecklenburg-Vorpommern und im nördlichen Brandenburg laufend zu, gerade auch im Hinblick auf den Kauf von Gesellschaftsanteilen«.[14]

In den ostdeutschen Bundesländern sind zwischen 20 und 50 Prozent der Flächentransfers Käufe von Unternehmensanteilen. Ihr Flächenzuwachs seit 2007 beträgt 42 Prozent.[15] Die Eigentümer bewirtschaften teilweise riesige Ländereien von 10 000, 20 000 oder sogar 50 000 Hektar. 50 000 Hektar entsprechen der Größe des Bundeslands Bremen. Eines dieser Unternehmen hat seinen Sitz in Hamburg. »AgroEnergy erwirbt, pachtet und bewirtschaftet landwirtschaftliche Flächen in den ostdeutschen Bundesländern mit dem Ziel, nachhaltige Substanzwerte aufzubauen, laufende Erträge zu erwirtschaften und langfristig an möglichen Wertsteigerungen teilzuhaben«, heißt es auf der Internetseite des Unternehmens. Für eine Mindestbeteiligung in Höhe von fünf Millionen Euro werden eine »attraktive Renditeperspektive«, »geringe Risiken« und »Inflationsschutz« geboten. Man erwarte mittelfristig eine stark steigende Nachfrage nach landwirtschaftlichen Erzeugnissen und damit einen steigenden Wert landwirtschaftlicher Flächen.

So transparent wie AgroEnergy informieren die wenigsten Spieler auf dem Boden-Monopoly.[16] Experten nennen es Landgrabbing, ein Begriff, der mit Landgrabschen oder Landnahme übersetzt werden kann. Ursprünglich waren damit großflächige Käufe landwirtschaftlicher Flächen in Entwicklungsländern gemeint, zum Beispiel von staatlichen Investoren aus den USA oder China. Inzwischen steht fest: Auch Europäische Firmen und Finanzakteure spielen bei der Landnahme eine nicht zu unterschätzende Rolle, und sie findet direkt vor unserer Haustür statt.[17]

»So wie Sonnenlicht keine Ware ist oder Luft oder Wind, so sind auch Grund und Boden kein Handelsgut. Kein Mensch kann sie erschaffen, in Kisten verpacken und nach Übersee verschiffen«, heißt es in der *Zeit*.[18] Als Grundlage allen Lebens auf der Erde ist der Boden ein Gemeinschaftsgut. Daraus folgt: Wer ihn besitzt, darf ihn nutzen, aber nicht entgegen dem Gemeinwohl, und er darf ihn nicht zerstören. So will es auch das Grundgesetz von Eigentum als solchem. »Eigentum verpflichtet. Sein Gebrauch soll zugleich dem Wohle der Allgemeinheit dienen«, heißt es in Artikel 14 Absatz 2.

Doch an der Schnittstelle zwischen Kapital und Profit ist der Boden vielfach der Verlierer. Schon für Karl Marx galt: »Große Industrie und industriell betriebene große Agrikultur wirken zusammen.«[19] Zwar stand der Boden nicht im Zentrum seiner Analysen, aber ihm war bekannt, dass Böden nicht unerschöpflich sind und ihre übermäßige Nutzung »Wüsten« hinterlassen kann. Zutreffende Aussagen, wenn man bedenkt, wie stark die landwirtschaftliche Produktion heute von Preisdruck, Massenproduktion und Besitzkonzentration beherrscht wird. »Die Landwirtschaft dürfte die einzige Branche sein, die sich ihre Arbeitsgrundlage nicht mehr leisten kann«, kritisierte der luxemburgische Agrarminister Fernand Etgen 2015.[20]

Der Gesetzgeber in Deutschland trägt daran eine Mitschuld. Eigentlich sind landwirtschaftliche Flächen vor dem Ausverkauf geschützt. Wenn es kaufwillige Landwirte gibt, dürfen Verkäufe an Nichtlandwirte nicht genehmigt werden, und der Kaufpreis darf keine ungerechtfertigten Höhen erreichen. Das regelt unter anderem das Grundstücksverkehrsgesetz. Es stammt aus dem Jahr 1961. Damals gehörten den Landwirten noch etwa 85 Prozent der landwirtschaftlichen Flächen. Der Rest befand sich im Besitz von Erben, der Kirche oder Kommunen. Wollte oder musste ein Landwirt Flächen verkaufen, fand sich in der Regel in der Region ein Kollege, der die Flächen übernahm. Mit der Finanzkrise im Jahr 2008 betraten neue Akteure das Spielfeld: wohlhabende Bürger und vor allem Finanzinvestoren, die wegen der niedrigen Zinsen und der Suche nach sicheren und lukrativen Geldanlagen zunehmend in »Weide, Wald und Weinberg« investieren, statt in »Dollar, Dax und Derivate«.[71]

Vor allem ostdeutsche Bundesländer stehen im Fokus der größeren Investoren. Die Bodenpreise waren dort bis vor einigen Jahren niedriger als in den westdeutschen Bundesländern, und die Betriebe verfügen – vor allem wenn es sich um die Nachfolger der landwirtschaftlichen Produktionsgenossenschaften handelt – über tausend Hektar und mehr. Außerdem befinden sie sich oftmals nicht im Besitz von einzelnen Landwirten, sondern von juristischen Personen. Kauft ein Investor Anteile an einem solchen Unternehmen, kann er die im Grundstücksverkehrsgesetz festgelegte Genehmigungspflicht umgehen, denn das Gesetz erfasst keine sogenannten Share-Deals – wie Anteilskäufe genannt werden. Ein ebenfalls kaufwilliger Landwirt geht leer aus, er kann sein Vorkaufsrecht nicht geltend machen.

Doch damit hört die Ungleichbehandlung nicht auf. Der neue Eigentümer zahlt noch nicht einmal Grunderwerbssteuer, wenn er es richtig anstellt. Diese Steuer wird nur fällig, wenn mindestens 95 Prozent der Anteile auf einen oder mehrere neue Gesellschafter übergehen. Erwirbt der Käufer 94,9 Prozent oder weniger, spart er die Steuer und damit eine ordentliche Stange Geld. Ein Landwirt, der in Brandenburg zehn Hektar für 12 500 Euro den Hektar kauft, müsste darauf 6,5 Prozent Grunderwerbssteuer zahlen, also 8125 Euro. Wenn hingegen die Münchener Rück, eine Versicherung, 2263 Hektar zum gleichen Preis als Anteilskauf erwirbt, wie im Jahr 2016 geschehen, und dabei von der 95-Prozent-Ausnahme bei der Grunderwerbssteuer profitiert, spart das Unternehmen rund 1,8 Millionen Euro an Steuern. Es bekommt den Gegenwert von 147 Hektar geschenkt. Die Ungleichbehandlung führt zudem bei den Bundesländern zu erheblichen Mindereinnahmen, denn die Grunderwerbssteuer steht den Bundesländern zu.[22]

Problem erkannt, Problem gebannt? Wenn es denn so einfach wäre. Anteilskäufe seien »Teil der normalen Geschäftstätigkeit von Unternehmen« und sollten deshalb »nicht unterbunden« werden, lautet die Antwort der Bundesregierung auf eine Kleine Anfrage der Fraktion Bündnis 90/Die Grünen im Jahr 2019. Im Übrigen seien die Anteilskäufe seit der Föderalismusreform von 2006 Sache der Bundesländer und ihrer Grundstücksverkehrsgesetze. Deshalb muss jedes Bundesland für sich beschließen, ob es Anteilskäufe für Agrarimmobilien in das Gesetz aufnehmen und Landwirten ein Vorkaufsrecht einräumen will.[23] Zwar haben sich Landtage und Fraktionen in mehreren Bundesländern wie Mecklenburg-Vorpommern, Niedersachsen, Sachsen-Anhalt, Thüringen und Baden-Württemberg mit einer Reform des Gesetzes befasst, aber in keinem Bundesland gibt es bislang Regelungen, die solche Anteilskäufe erfassen und/oder unterbinden, obwohl sie vermutlich in allen Bundesländern zunehmen werden, weil sie lukrativ sind.

Verlässliche Zahlen darüber gibt es nicht. Share-Deals müssen nicht erfasst werden, also erfahren Politik und Öffentlichkeit, wenn überhaupt, nur vereinzelt davon. Ein Teufelskreis, denn ohne den Druck der Öffentlichkeit entsteht kein politischer Handlungsbedarf. Intransparenz und Regulierungslücken schaffen ein optimales Umfeld für Investoren. Ist die Share-Deal-Problematik hingegen bekannt, können diejenigen, die davon profitieren, Mittel und Möglichkeiten entwickeln, um Sand ins Getriebe zu streuen, sodass entsprechende Gesetzesänderungen auf die lange Bank geschoben werden.

Für die Lebensqualität auf dem Land und die Qualität der Böden sind die Auswirkungen fatal. Meist leben die Investoren weit weg. Sie lassen die Flächen von einem Pächter bewirtschaften, dessen Aufgabe es ist, möglichst hohe Renditen für die Anleger zu erzielen. Über Verbundenheit mit den Strukturen vor Ort verfügt der Pächter meist nicht, sein langfristiges Interesse am Erhalt von Böden und Natur ist begrenzt. Der Boden, mit dem er produziert, gehört ihm nicht, sondern ist eine Handelsware, an die er keine persönliche Bindung entwickeln kann. Für den Pächter ist es uninteressant, mehr als die gesetzlichen Mindeststandards in Sachen Boden-, Landschafts- und Artenschutz zu erfüllen. Soweit die Maßnahmen mit Steuergeldern finanziert werden und sich ohne Mühe umsetzen lassen, wird er sie mitnehmen. An Agrar-Umwelt-Maßnahmen beteiligt er sich, wenn es sich lohnt. Für Naturschutzprojekte wird man ihn kaum begeistern können. Sie bringen zwar Extrageld, sind aber anspruchsvoll und aufwändig. Wenn es zu Regelverstößen kommt, zum Beispiel bei der Anwendung von Pestiziden, haben es die Kommunen oder Landkreise schwer, einen Ansprechpartner auszumachen und den Zuständigen zur Verantwortung zu ziehen.

Beim individuellen Eigentum hingegen befinden sich Landbesitz und Bewirtschaftung weitgehend in einer Hand, oftmals schon seit Generationen. Die Familien sind im Ort bekannt, engagieren sich beispielsweise bei der Feuerwehr und in den kommunalen Vertretungen und haben ein Interesse daran, den Nachkommen eine gesunde und ertragreiche Lebensgrundlage weiterzugeben.

Eine Politik, die stabile Dörfer und eine gesunde Umwelt mit intakten Böden fördern will, darf die Landwirtschaft nicht anonymen Kapitalinteressen überlassen, sondern muss für

Strukturen sorgen, die vor Ort verwurzelt sind. Sie braucht Landwirte, die bereit sind, auch mal etwas mehr zu tun als das, was der Gesetzgeber fordert. Sie braucht Landwirte, die bereit sind, auf ökologische Produktionsweisen umzustellen. Interessenten, die den Boden in Deutschland nachhaltig bewirtschaften wollen, gibt es. Nur können sich die meisten die exorbitant gestiegenen Pacht- und Kaufpreise für landwirtschaftliche Flächen nicht mehr leisten. »Uns als jungen Existenzgründern ohne elterlichen Betrieb und daher mit wenig Eigenkapital zieht der Fiskus durch die Grunderwerbssteuer das Geld aus der Tasche, während außerlandwirtschaftliche Investoren vielfach in großem Umfang Land kaufen, ohne dabei auch nur einen Cent Grunderwerbssteuer zu bezahlen«, kritisiert die Arbeitsgemeinschaft bäuerliche Landwirtschaft.[24]

Es wird Zeit umzusteuern. Seitens des Bauernverbands und der Wirtschaft steht die Richtung fest, nämlich »Hightech auf dem Acker« oder »Landwirtschaft 4.0«. Das heißt: große Flächen, auf denen sich die High-Tech-Investitionen lohnen. Ganz so, als sei der Boden eine Fabrik, deren Arbeitsabläufe sich digitalisieren ließen. Mit Drohnen und Sensoren sollen Nährstoffbedarf, Unkräuter und Schädlinge präzise erfasst werden, sodass Dünger und Pestizide nur noch dort angewendet werden müssen, wo es wirklich notwendig ist. Die teure technische Aufrüstung werden sich vor allem die Großbetriebe leisten können, die damit noch »wirtschaftlicher« produzieren können.

Den Zustand der Böden verbessert eine Präzisionslandwirtschaft allein kaum. Dafür ist ein grundlegenderer Umbau notwendig, weg von Monokulturen und engen Fruchtfolgen hin zu einem gesunden Bodenleben, Vielfalt auf dem Acker und mehr Kohlenstoff im Boden. Ökologisch wirtschaftende Betriebe können hier ein Vorbild sein. Einer Studie des Thünen-Instituts zufolge kann »der ökologische Landbau einen relevanten Beitrag zur Lösung der umwelt- und ressourcenpolitischen Herausforderungen dieser Zeit leisten« und gilt »zu Recht als eine Schlüsseltechnologie für eine nachhaltige Landnutzung«.[25] Doch auch eine Agrarwende allein reicht nicht aus. Damit muss eine Ernährungswende einhergehen. Die Anfänge lassen sich schon beobachten.

Tipp: Zum Pionier des Wandels werden

Jede gesellschaftliche Veränderung braucht Menschen, die sie anstoßen, Menschen, die etwas verändern wollen und für diese Veränderungen werben. Sie sehen die Welt um sie herum als etwas an, das sich gestalten lässt: mit dem eigenen Konsumverhalten, als Pädagoginnen und Pädagogen, als Politikerinnen und Politiker in Parteien, als Mitglieder von Vereinen und Verbänden. Wenn in meiner Stadt eine Lehrerin zusammen mit ihren Schülern dafür sorgt, dass in der Feldmark um die Stadt herum mehr als hundert unterschiedliche historische Apfelsorten gepflanzt werden, sind sie Pioniere des Wandels. Wenn eine Stadt beschließt, kommunale Blühflächen anzulegen, ist sie ein Pionier des Wandels. Wer eine artenreiche Wiese anlegt, ist ein Pionier des Wandels. Den Begriff haben Wissenschaftler wie Professor Dr. Hans Joachim Schellnhuber geprägt. Der ehemalige Direktor des Potsdam-Instituts für Klimafolgenforschung ist eines von neun Mitgliedern des Wissenschaftlichen Beirats der Bundesregierung Globale Umweltveränderungen (WBGU), die 2011 den »Gesellschaftsvertrag für eine große Transformation« veröffentlicht haben. Sie meinen damit die »Transformation zur Klimaverträglichkeit«.[26] Je mehr Menschen – Verbraucher, Landwirte, Politiker – zu »Pionieren des Wandels« werden, umso eher kann dieser Wandel gelingen. Möglichkeiten gibt es viele, wie das nächste Kapitel zeigt.

PIONIERE DES WANDELS

Der Zukunft den Boden bereiten

Wir schauen nicht auf das, was wir verlieren, sondern auf das, was wir gewinnen. Für uns ist Zukunftsgestaltung eine freudvolle und kreative Aufgabe. Wir haben ein gemeinsames Ziel: intakte Landschaften, von Pestiziden und Düngemitteln unbelastetes Grundwasser, saubere Gewässer, artgerecht lebende Nutztiere und gesunde Böden, auf denen vielfältige und schmackhafte Lebensmittel möglichst regional produziert werden. Wir sind Bürgerinnen und Bürger, Landwirtinnen und Landwirte, Politikerinnen und Politiker. Wir leben die Agrar- und Ernährungswende.

Die Zukunft beginnt unspektakulär. Eine 15-Jährige stellt sich nach einem heißen Sommer mit dem Schild »Schulstreik für das Klima« vor den Sitz des schwedischen Parlaments. Es gab schon aufsehenerregendere Aktionen für den Klimaschutz. Aber diesmal ist etwas anders. Aus der einzelnen Meinungsäußerung entsteht schnell eine starke soziale Bewegung. Innerhalb weniger Monate demonstrieren weltweit Schülerinnen und Schüler jeden Freitag für den Klimaschutz. Was all diese Menschen verbindet, ist die Überzeugung, dass es einer radikalen Veränderung bedarf, um das Weltklima vor dem Kollaps zu bewahren. Sie vernetzen sich, werden zu Pionieren des Wandels.[1]

Die Wissenschaft wissen sie dabei hinter sich, die meisten Parteien hingegen werden von den Demonstrationen oder auch dem Volksbegehren für mehr Artenvielfalt in Bayern kalt erwischt. Sie haben den Bewusstseinswandel verschlafen. Wer das leise Brodeln unter der Oberfläche nicht wahrgenommen hat, für den kam die Bewegung quasi aus dem Nichts. Eine Analyse gesellschaftlicher Veränderungen hingegen zeigt, so überraschend ist das alles gar nicht. Sie laufen nach einem Muster ab, egal ob es sich um den Kampf für die Gleichberechtigung der Geschlechter handelt oder für den konsequenten Klimaschutz.

Phase 1: Das Problem wird geleugnet. Menschengemachten Klimawandel? Gibt es nicht.

Phase 2: Langsam sickert die Erkenntnis durch. Ja, wir haben ein Problem. Aber Schuld sind die anderen, in diesem Fall die Chinesen mit ihren Kohlekraftwerken, die Amerikaner mit ihrem Fracking, die Autoindustrie, die den Treibstoffverbrauch der neuen PS-starken Fahrzeuge nach unten rechnet.

Phase 3: Es folgt das Eingeständnis, dass es das Problem gibt und man selbst dazu beiträgt. Aber so richtig etwas ändern kann und will man daran nicht. Für Veränderung müssen andere sorgen, die Politik, die Wissenschaft, die Wirtschaft.

Phase 4: Das Wertesystem wandelt sich. Jeden Tag Fleisch essen ist vor allem bei jungen Leuten zunehmend out. Ein riesiges Auto zu fahren, Urlaubsflüge in weit entfernte Länder zu buchen, sorgt für schiefe Blicke bei Freunden und Bekannten. Alle Wege mit dem Fahrrad zu erledigen, mit dem Bus oder der Bahn, wird nicht mehr mitleidig belächelt, sondern immer selbstverständlicher. Gartenbesitzer wollen wieder selbst Gemüse anbauen. Sie fordern von Politikern und Landwirten, dass sie etwas gegen den Artenschwund tun und abwechslungsreiche, vielfältige Landschaften wiederherstellen. Und irgendwann, in hoffentlich nicht allzu ferner Zukunft, ist die nächste Phase erreicht.

Phase 5: Endlich fragt auch die Mehrheit: Was haben wir uns da nur gedacht? Wie konnten wir das all die Jahre tun?[2]

Phase 4 hat begonnen, in der die seit Jahrzehnten bekannten Erkenntnisse über die Ursachen des Klimawandels ernst genommen und entsprechend gehandelt wird: mit Entwürfen einer anderen Mobilität, eines Bauens und Wohnens mit stark verringertem Flächenverbrauch und – für das Thema Boden von zentraler Bedeutung – hoffentlich einer Agrar- und Ernährungswende, denn ohne die sind die globalen Nachhaltigkeitsziele nicht erreichbar. Es wäre eine Wende zum Wohle des Klimas, zum Wohle der Menschen, die in weniger begünstigten Regionen der Welt leben, der eigenen Lebensqualität in Europa und der Gesundheit.

Der bisher als Zeichen von Wohlstand betrachtete Lebensstil – viel Fleisch und immer mehr Kalorien – sorgt für einen Anstieg des Ressourcenverbrauchs und von ernährungsbedingten Krankheiten.[3] Der Weg aus dem Dilemma heißt mehr Bio, mehr regionale und saisonale Produkte, weniger Fleisch, weniger Abfälle, weniger verarbeitete Produkte. Derzeit geben Bundesbürgerinnen und -bürger für PC und Auto mehr aus als für Lebensmittel.[4] Das könnte sich in Zukunft umkehren. Es geht, wie der Präsident des Wuppertal Instituts für Klima,

Umwelt und Energie, Dr. Uwe Schneidewind, es formuliert, schließlich auch um einen Kulturwandel.

Die zahlreichen Biomärkte, die in den vergangenen Jahren entstanden sind, zeigen, dass Verbraucherinnen und Verbraucher mit ihrer Nachfrage etwas bewegen können. Aber auch deren Lieferanten stecken, wie die Landwirtschaft insgesamt, in einer Falle. Die Nahrungsmittelindustrie ist einer der am stärksten globalisierten Wirtschaftssektoren, in dem international agierende Handelsketten, Lebensmittelkonzerne und große Unternehmen der Systemgastronomie wie McDonalds die Preise bestimmen.[5] Das gilt zunehmend auch für den ökologischen Landbau.

Pioniere des Wandels versuchen, aus dem Kreislauf auszubrechen. Der Naturschutzbund Deutschland unterstützt zusammen mit Alnatura Landwirte, die von konventioneller auf ökologische Landwirtschaft umstellen wollen. Bei der Solidarischen Landwirtschaft (Solawi) teilen sich mehrere private Haushalte die Kosten eines landwirtschaftlichen Betriebs. Für einen festgesetzten, meist monatlichen Betrag erhalten sie gesunde, frische, naturnah produzierte Nahrungsmittel. Der Handel mit seinen Verdienstmargen wird umgangen. Die für viele landwirtschaftliche Betriebe tödliche Spirale von immer billiger und immer mehr wird durchbrochen. Mit ihren regelmäßigen Beiträgen sorgen sie als Pioniere des Wandels dafür, dass eine bäuerliche, vielfältige Landwirtschaft erhalten bleibt, die den Boden als etwas Kostbares wertschätzt, die Natur- und Kulturlandschaft pflegt und damit ganz nebenbei unser Klima schützt. Mit der Mitgliedschaft verpflichtet man sich für ein Jahr. Solawis gibt es deutschlandweit. Die Lebensmittel werden selbst vom Hof oder von einem Depot abgeholt.[6]

Andere Pioniere des Wandels gründen Bürgeraktiengesellschaften. Sie heißen BioBoden, Kulturland oder Regionalwert AG. Mit dem Geld ihrer privaten Anleger kaufen sie Höfe, die keinen Nachfolger finden. Die Höfe verpachten sie an gut ausgebildete Ökolandwirte, die kein eigenes Land besitzen, damit sie diese biologisch bewirtschaften. Angesichts steigender Bodenpreise ist das Geld der Aktiengesellschaften für Betriebe oft die Rettung, wenn langjährig gepachtete Flächen zum Kauf frei werden, die hohen Kaufpreise aber nicht gezahlt werden können. Die Initiativen fördern auch zahlreiche andere Projekte entlang der Wertschöpfungskette, wie Bioläden, Verarbeiter von Ökoprodukten oder Biocaterer. Monetären Gewinn werfen die Aktien nicht ab, der Zugewinn ist ideell: fruchtbare Böden, eine regionale Wertschöpfung, eine vielfältige Kulturlandschaft, und die Anleger entscheiden gemeinsam, was mit dem Geld der Gemeinschaft passieren soll.[7]

Die Zukunft beginnt bei den Verbraucherinnen und Verbrauchern. Schon jetzt essen gut zehn Prozent der Bevölkerung in Deutschland kein Fleisch, und die Hälfte verzehrt bewusst weniger Fleisch, gehört also zu den Flexitariern. Trotzdem ist der Fleischkonsum im Schnitt mit 60 Kilo pro Person in Deutschland immer noch sehr hoch. Die Deutsche Gesellschaft für Ernährung empfiehlt 300 bis 600 Gramm pro Woche, also 15 bis 30 Kilo im Jahr. Dazu maximal 250 Gramm Milch oder Joghurt, 15 bis 30 Gramm Butter und 50 bis 60 Gramm Käse täglich – würde sich jeder daran halten, bräuchte es kaum noch Massentierhaltung, und es ließen sich einige Millionen Tonnen Klimagase einsparen, ohne auf Genuss verzichten zu müssen.[8]

Eine weitere Verringerung der Treibhausgasemissionen aus der Landwirtschaft in Deutschland und eine artgerechtere Viehzucht wären möglich, wenn weniger Fleisch und weniger Milchprodukte exportiert würden. Dazu müssten sich allerdings auch unsere Ernährungsgewohnheiten ändern, insbesondere beim Fleischverzehr. Derzeit werden hier vor allem die edlen, teuren Teile eines Tieres wie Filet, Kotelett und Braten verzehrt, der Rest geht in den Export. Bis vor wenigen Jahrzehnten war das noch anders. Suppenfleisch und Innereien beispielsweise gehörten ganz selbstverständlich auf den Speiseplan, und der Hingucker auf dem kalten Buffet war eine Rinderzunge. Verzehrten die Deutschen im Jahr 1984 pro Kopf beispielsweise noch 1400 Gramm Innereien, waren es 2014 nur noch 190 Gramm.[9] Eine Bewegung, die sich »From Nose to Tail« nennt, will alles Essbare eines Tieres verarbeiten, auch aus Respekt vor dem Tier, das für die menschliche Ernährung gestorben ist. Küchenchefs kochen nach dem Prinzip, und »From Nose to Tail«-Kochbücher liefern die entsprechenden Rezepte. Essensgewohnheiten sind sozial und kulturell bedingt, sie können sich wandeln. Die Bewegung verspricht eine Bereicherung des Speiseplans, die über die Kalbsleber beim Italiener um die Ecke weit hinausgeht.

Die Gestaltungsmacht der Verbraucherinnen und Verbraucher beschränkt sich nicht auf den Griff ins Supermarktregal. Die Stulle in der Mittagspause, das gemeinsame Frühstück und Abendessen im Kreis der Familie ist oft dem Brötchen am Bahnhof, dem Mittagstisch in der Kantine und dem Treffen im Restaurant gewichen. Gegessen wird immer mehr und häufiger außer Haus. Die Gastronomie ist zum heimlichen Herrscher auf dem Lebensmittelmarkt geworden. Der Umsatz dieser Branche steigt seit Jahren und beträgt in Deutschland inzwischen circa 80 Milliarden Euro jährlich.[10] Pioniere des Wandels achten auch beim Essengehen darauf: Ist das Bio? Wo kommt es her? Sie bevorzugen Anbieter, die regionale, saisonale und Bioprodukte anbieten, und sollten wirklich mal Innereien auf der Speisekarte stehen, wenden sie sich nicht angeekelt ab, sondern probieren, ob sie ihnen nicht doch schmecken.

Die Zukunft beginnt auf dem Land. Mehr als jeder zweite Deutsche wohnt in Dörfern und Städten des ländlichen Raums, und sehr, sehr viele von ihnen sind unglücklich darüber, wie sich »ihre« Landschaft entwickelt hat. Sie sind verärgert über »Maiswüsten«, die rund 20 Prozent der landwirtschaftlichen

Flächen einnehmen. Sie sorgen sich in intensiv agrarisch genutzten Regionen um ihre Gesundheit, die ihrer Kinder und Enkel. 2019 veröffentlichte das Bündnis für enkeltaugliche Landwirtschaft, in dem sich Biohersteller und Naturkostfachhändler zusammengeschlossen haben, eine Studie zur Pestizidverbreitung mit der Luft. Sie fanden die Mittel an allen 47 untersuchten Standorten, egal ob in der Stadt oder auf dem Land. Spitzenreiter war Pendimethalin, das wie Glyphosat in der Landwirtschaft gegen Unkräuter eingesetzt wird, gefolgt von DDT, das in Deutschland seit Jahrzehnten verboten ist.[11]

Jedes Jahr demonstrieren auch deshalb Zehntausende anlässlich der Grünen Woche, einer internationalen Agrarmesse, unter dem Motto »Wir haben es satt« gegen Agrarindustrie und Massentierhaltung. So kann, so soll es nicht weitergehen. Deshalb beschließen Städte und Gemeinden, Wegraine wieder in farbenfrohe Blühflächen mit heimischen Pflanzen umzuwandeln. Sie schließen sich dem Netzwerk pestizidfreier Kommunen an. Der ländliche Raum, das sind die Dörfer, Gemeinden und Kleinstädte Deutschlands und die sie umgebende Landschaft, das sind etwa 90 Prozent der Fläche dieses Landes.[12] Hier entscheidet sich auch, ob regionale Erzeugnisse in Zukunft wieder eine Chance bekommen.

Die meisten Produkte im Supermarkt haben weite Wege hinter sich. Nur die wenigsten stammen, abgesehen von einigen saisonalen Erzeugnissen wie Äpfel oder Erdbeeren, aus der unmittelbaren Umgebung. Das steht im Widerspruch zu einem Trend in der Nachfrage, denn regionale Produkte sind ein schnell wachsender Markt, der viele Vorteile hat, für Produzenten ebenso wie für Verbraucher. Pioniere des Wandels stärken daher die regionale Vermarktung von Produkten. In Mecklenburg-Vorpommern sorgt eine Initiative, die sich Meck-Schweizer nennt, dafür, dass Produkte aus der Region wieder in der Region gekauft werden können. Eine Internethandelsplattform bringt die Mitglieder der Initiative – vom Landwirt bis zum Seifenproduzenten – sowie Händler oder Gastronomen zusammen. Weite Transportwege werden vermieden, die Produzenten wieder etwas unabhängiger vom Preisdruck großer Lebensmittelketten.[13] Die heimische Wirtschaft wird gefördert, Produktion, Wertschöpfung und Arbeitsplätze bleiben in der Region.

In einem solchen System erhalten regionaltypische Produkte eine neue Chance, und bäuerliche, dezentral arbeitende Unternehmen werden gestärkt. Es gab Zeiten, da hatte jede Region eine eigene, an Boden und Klima angepasste Spargelsorte, die zudem sehr viel schmackhafter war als die heute angebauten ertragreichen Neuzüchtungen. So sorgen Pioniere des Wandels auch für mehr Vielfalt in der Küche.

Die Zukunft beginnt in der Landwirtschaft. Die Treibhausgasemissionen sollen bis zum Jahr 2020 um 40 Prozent im Vergleich zu 1990 reduziert werden und bis zum Jahr 2050 um 80 bis 95 Prozent. Das sind die Klimaschutzziele Deutschlands und der EU. Sie betreffen auch die Landwirtschaft, die sieben Prozent der Treibhausgasemissionen Deutschlands verursacht. Werden der Humusabbau in landwirtschaftlichen Böden als Folge von Grünlandumbruch und die Entwässerung von Niedermooren mit einbezogen, ist die Landwirtschaft sogar für rund 12,9 Prozent der deutschen Treibhausgase verantwortlich, obwohl ihr Anteil an der Bruttowertschöpfung unter einem Prozent beträgt. Damit liegt sie sogar vor Industrieprozessen, die für sieben Prozent der CO_2-Emissionen verantwortlich sind.

40 Prozent, fast die Hälfte der Emissionen aus der Landwirtschaft, stammen aus entwässerten Moorböden, obwohl sie nur fünf Prozent der landwirtschaftlichen Nutzfläche Deutschlands ausmachen.[14] Um sie bewirtschaften zu können, werden sie entwässert, aber dann setzen sie Treibhausgase frei. Der schnellste Weg, CO_2 in der Landwirtschaft einzusparen, ist deshalb, den Grundwasserspiegel der Moorböden wieder an-

zuheben. Eine landwirtschaftliche Nutzung ist entweder gar nicht oder nur eingeschränkt möglich. Das heißt, die Landwirte müssten entschädigt werden. Dies auszuhandeln, ist vor allem Aufgabe der Politik.

Die Bundesregierung mahnt seit Jahren, »wir müssen handeln«, und beschließt Klimaziele, die dann doch nicht eingehalten werden. Die Wissenschaft warnt, rechnet, fordert, woraufhin in der nächsten Verhandlungsrunde noch strengere Klimaziele beschlossen werden, die wieder nicht eingehalten werden. So geht es seit mehr als 20 Jahren. Möglicherweise können viele Politiker gar nicht anders. Nur wenige von ihnen positionieren sich als Pioniere des Wandels. Manche von ihnen sind eng mit Interessengruppen – von Automobilindustrie bis Agrarindustrie – verflochten, und für alle Politiker gilt: Sie wollen gewählt werden. Deshalb lösen sie vor allem die Probleme, die in der Öffentlichkeit als drängend wahrgenommen werden. Sie würden sich ansonsten nur unbeliebt machen, denn bei jeder Entscheidung gibt es Begünstigte und Leidtragende. Während die Profiteure zufrieden sind und sich still verhalten, machen die von einer Entscheidung vermeintlich oder real Benachteiligten mobil. Den Braunkohletagebau zu stoppen, schützt das Klima und kostet Arbeitsplätze, also Wählerstimmen, Moore wieder zu vernässen hilft beim Klimaschutz und benachteiligt Landwirte, die diese Flächen bewirtschaften. Öffentlichen Druck, Moore zu renaturieren, gibt es kaum. Was Jahrhunderte als »schauriges Moor« galt, wird nicht im Handumdrehen zum Sympathieträger.

Auf die Dauer wird sich die Landwirtschaft ebenso wenig aus der Debatte um den Klimawandel heraushalten können wie die Wohnungswirtschaft, die Industrie, der Energie- oder der Verkehrssektor. In der Zeitschrift *agrarheute,* die sich vor allem an praktizierende Landwirte wendet, hat man die Zeichen der Zeit erkannt. »Landwirtschaftlich genutzte Böden sichern nicht nur die Ernährung. Sie dienen auch dem Klimaschutz. Denn sie speichern große Mengen CO_2«, heißt es da. »Für Landwirte könnte diese Eigenschaft der Böden in Zukunft noch wichtiger werden. Vor allem, wenn es künftig Preise für den Ausstoß von CO_2 geben sollte. Dann müsste die Möglichkeit einer zunehmenden CO_2-Speicherung in landwirtschaftlich genutzten Flächen ebenfalls mit einem Preisschild bedacht werden.«[15]

Das Bundesministerium für Ernährung und Landwirtschaft hat den »Humusaufbau im Ackerland« in seinen Zehn-Punkte-Plan für den Klimaschutzplan 2050 der Bundesregierung aufgenommen.[16] Mit Bodenschutz und Humusanreicherung, mit mehr Bodenfruchtbarkeit und Klimaschutz zusätzliches Geld verdienen – könnte man damit die Landwirte locken? Das zuletzt sehr angeschlagene Image der Landwirtschaft würde sich verbessern, und unsere Natur würde profitieren, wenn triste, intensiv bewirtschaftete Ackerflächen in artenreiches Grünland, extensiv genutzte wilde Weiden umgewandelt würden. Dafür lohnt es sich, zum Pionier des Wandels zu werden, denn um es mit Victor Hugo zu formulieren: »Nichts ist mächtiger als eine Idee, deren Zeit gekommen ist.«

Tipp:
Direkt anfangen

Im Herbst werde ich zwei Apfelbäume pflanzen, um meine vor einigen Jahren angelegte kleine Wildblumenwiese zu einer echten Streuobstwiese umzugestalten. Eine Sorte habe ich schon ausgesucht: den Seestermüher Zitronenapfel. Es gibt die Sorte seit etwa 1880, sie kommt aus der Seestermüher Marsch, nicht weit von meinem Wohnort. Der Baum trägt sehr saftige, große grüne Früchte, deren Sonnenseite sich leuchtend gelb färbt. Beim zweiten Baum bin ich mir noch nicht sicher.

Die Äpfel sollen sich möglichst lange halten, damit ich den Winter über keine kaufen muss, die weite Wege hinter sich haben oder Monate im Kühlhaus gelagert haben.

Umweltbewussten Freunden habe ich kürzlich eine Tonne eingespartes CO_2 geschenkt in Form eines Moorfutures. Das ist ein Zertifikat, mit dem jeder seine Treibhausgasbilanz verbessern kann. Das CO_2 wird in einem Moor festgelegt und soll dort mindestens für die nächsten 50 Jahre bleiben. Ein Moorfuture kostet zwischen 40 und 60 Euro, je nachdem, in welchem Bundesland sich das Moor befindet.[17] Ich habe mich für das Königsmoor in Schleswig-Holstein entschieden. Es liegt in der Eider-Treene-Sorge-Niederung. Sie ist mir ans Herz gewachsen, weil ich dort für mein Buch *Das Ende der Natur* Kiebitze bei der Balz beobachten konnte.

Das Moor gehört der Stiftung Naturschutz, die es seit 2011 renaturiert. Gräben und Drainagen wurden verschlossen, flache Wälle aus Torf errichtet, die das Regenwasser im Winter zurückhalten und speichern. Nun wachsen dort wieder Binsen und Torfmoos, Moorfrösche ziehen ihr blaues Hochzeitskleid an, Blaukehlchen und Bekassine brüten wieder. Ich denke, das ist gut angelegtes Geld. Ab und zu gibt es Führungen durch das Königsmoor. Dann tragen wir Gummistiefel und Fernglas und schauen uns an, wie Arten- und Biotopschutz, Klima- und Bodenschutz Hand in Hand gehen können.

ANHANG

Anmerkungen

PROLOG (S. 9–13)

1 Der Satz stammt von Professor Matthias C. Rillig.

DER BODEN (S. 15–26)

1 Heinrich-Böll-Stiftung, Institute for Advanced Sustainability Studies, Bund für Umwelt und Naturschutz Deutschland und Le Monde diplomatique, Bodenatlas 2015, S. 6.

2 Maurice Maeterlinck, Das Leben der Ameisen, Stuttgart und Berlin 1930, S. 8.

3 Willi Xylander, Rede zur Eröffnung der Sonderausstellung »Die dünne Haut der Erde« am 13.9.2018 im Museum am Schölerberg in Osnabrück.

4 Natalie Angier, Naturwissenschaft. Ein Streifzug durch die wunderbare Welt des Wissens, München 2011, S. 210f.; Primo Levi, Das periodische System, München 1991, S. 243.

5 Michael Welling, Das Boden-Metagenom – der Rohstoff für das 21. Jahrhundert, Pressemitteilung des Johann Heinrich von Thünen-Instituts, 17.12.2010, https://idw-online.de/de/news402330.

6 Wulf Amelung u.a., Scheffer/Schachtschabel. Lehrbuch der Bodenkunde, 17. Auflage, Berlin 2018.

7 Julius Kühn-Institut, Bundesforschungsanstalt für Kulturpflanzen, Thema Boden und Pflanzenernährung, https://www.julius-kuehn.de/boden-und-pflanzenernaehrung/boden-als-lebensraum/.

8 Johann Heinrich von Thünen-Institut, Hintergrund, Forschung am Metagenom Boden, ohne Datum, https://www.thuenen.de/de/thema/boden/bodenorganismen-das-universum-unter-unseren-fuessen/forschung-am-metagenom-boden/.

9 Bundesministerium für Ernährung und Landwirtschaft, Thünen-Institut, Humus in landwirtschaftlich genutzten Böden, Ausgewählte Ergebnisse der Bodenzustandserhebung, November 2018, S. 20, https://www.bmel.de/SharedDocs/Downloads/Broschueren/Bodenzustandserhebung.html.

10 Umweltbundesamt, Lachgas – Distickstoffoxid, 31.1.2019, https://

www.umweltbundesamt.de/themen/boden-landwirtschaft/umweltbelastungen-der-landwirtschaft/lachgas-methan.

11 Umweltbundesamt, Düngemittel – Was ist das?, 20.10.2017, https://www.umweltbundesamt.de/themen/boden-landwirtschaft/umweltbelastungen-der-landwirtschaft/duengemittel#textpart-1.

PFLANZEN (S. 27–40)

1 Lars Fischer, Wann entstand die Fotosynthese?, Spektrum.de, 15.10.2013, https://www.spektrum.de/news/wann-entstand-die-fotosynthese/1210667.

2 Stefan Klein, Der IQ der Sonnenblume. Sind Pflanzen intelligent?, Interview mit Stefano Mancuso, Zeitmagazin Nr. 13/2018, 21.3.2018, https://www.zeit.de/zeit-magazin/2018/13/botanik-sonnenblume-iq-stefan-mancuso-interview/komplettansicht.

3 Blatt – Spaltöffnung, https://user.uni-frankfurt.de/~dingerma/Podcast/MorphologieSS11_8.pdf; Digitale Schule Bayern.de, Größe und Häufigkeit von Spaltöffnungen bei ausgesuchten Pflanzen.

4 Daniel Lingenhöhl, Die Menschheit wiegt so viel wie alle Termiten, Spektrum.de 22.5.2018, https://www.spektrum.de/news/die-menschheit-wiegt-so-viel-wie-alle-termiten/1566852.

5 Stefano Mancuso, Alessandra Viola, Die Intelligenz der Pflanzen, München 2015, S. 42.

6 Das Projekt hieß BIODEPTH, für biodiversity and ecological processes in terrestrial herbaceous ecosystems: experimental manipulations of plant communities, und wurde von der EU finanziert.

7 Charles Darwin, Über die Entstehung der Arten durch natürliche Zuchtwahl oder die Erhaltung der begünstigten Rassen im Kampfe um's Dasein, Deutsche Übersetzung von 1876, Viertes Kapitel, S. 20, https://de.wikisource.org/wiki/Entstehung_der_Arten.

8 Sebastian Tilch, »Ein Landwirt, der bestimmte Arten fördert und düngt, ist im Schnitt nicht erfolgreicher als die Natur«, Interview mit Prof. Wolfgang Weisser (TUM) und Prof. Nico Eisenhauer (iDiv), 28.11.2017, http://biodiversity.de/produkte/interviews/jena-experiment-weisser-eisenhauer.

9 Ulrich Marsch, Jena Experiment: Artenverlust zerstört Ökosysteme, Pressemitteilung der Technischen Universität München, 28.11.2017, https://idw-online.de/de/news685394.

10 Die Zitate stammen aus einer Besichtigung der Flächen am 1.10.2018.

11 Bundesamt für Naturschutz, Zunehmende Nährstoffbelastung gefähr-

det Wildpflanzen, Pressemitteilung vom 5.12.2018, https://www.bfn.de/presse/pressemitteilung.html?no_cache=1&t...ews%5Btt_news%5D=6546&cHash=91b20a11efa94cc1eb2cd7da55705a5c.

12 Bundesamt für Naturschutz, Insektenrückgang: Daten und Fakten, 28.3.2019, https://www.bfn.de/themen/insektenrueckgang.html.

13 Max-Planck-Gesellschaft, Im Zentrum der biologischen Stickstoffchemie. Das Rätsel um ein zentrales Atom in Enzymen, die Luftstickstoff spalten, ist gelöst: Es handelt sich um Kohlenstoff, 17.11.2011, https://www.mpg.de/4652273/stickstoff_fixierung_nitrogenase.

14 Siehe Anm. 8.

15 Ebd.

16 Ebd.; Susanne Strnadl, Pestizid-Forschung, Laufkäferarmee im Einsatz gegen Schädlinge, Der Standard, 7.2.2018, https://www.derstandard.de/story/2000073738048/laufkaeferarmee-im-einsatz-gegen-schaedlinge.

17 mdr Wissen, Unsere Wiesen – bedrohte Paradiese?, »Jena-Experiment« untersucht die Zukunft des Ökosystems, 5.9.2016, https://www.mdr.de/wissen/wiesen-jenaexperiment-biodiversitaet-100.html.

18 Manuel Waltz, Artensterben und Ökosysteme. Das Gefüge zerfällt, Deutschlandfunk Kultur, 6.11.2018, https://www.deutschlandfunkkultur.de/artensterben-und-oekosysteme-das-gefuege-zerfaellt.976.de.html?dram:article_id=432464.

19 Die Information stammt aus dem Imagefilm des Jena Experiments, http://www.the-jena-experiment.de/Video.html.

20 Siehe Anm. 18.

WURZELN (S. 41–55)

1 Wunder der Natur: Die tiefste Wurzel der Welt, https://www.forschung-und-wissen.de/magazin/die-tiefste-wurzel-der-welt-13372054; ein im 19. Jahrhundert in Australien gemessener Rieseneukalyptus mit einer Höhe von 132,58 Metern hält den historischen Rekord.

2 Emanuele Coccia, Die Wurzeln der Welt. Eine Philosophie der Pflanzen, München 2018, S. 104.

3 Lore Kutschera, Erwin Lichtenegger und Monika Sobotik, Wurzelatlas der Kulturpflanzen gemäßigter Gebiete mit Arten des Feldgemüsebaues, 2. Auflage, Frankfurt am Main 2018.

4 Coccia, S. 101 u. 105; Joseph Scheppach, Das geheime Bewusstsein der Pflanzen. Botschaften aus einer unbekannten Welt, München 2009.

5 John E. Weaver, Prairie Plants and their Environment. A Fifty-Year Study in the Midwest, Lincoln 1968, S. 1.
6 Jameson Crumpler, The Roaming Ecologist, John Ernest Weaver, American botanist and prairie ecologist, Blogeintrag vom 1.11.2012, https://healthylandethic.com/2012/11/01/john-ernest-weaver-american-botanist-and-prairie-ecologist/.
7 Maurice Maeterlinck, Die Intelligenz der Blumen, Neuauflage, Frankfurt am Main 2018, S. 3.
8 Stefano Mancuso, Die Intelligenz der Pflanzen, München 2015, S. 9.
9 Carus Sterne, Charles Darwin's neue Beobachtungen über das Bewegungsvermögen der Pflanzen, Die Gartenlaube, Heft 14, S. 228–230, Heft 17, S. 285–287, 1881, https://de.wikisource.org/wiki/Charles_Darwin's_neue_Beobachtungen_über_das_Bewegungsvermögen_der_Pflanzen.
10 Geotropismus oder Gravitropismus, Botanik Online, 1996–2004, Fachbereich Biologie der Universität Hamburg, Zitat des Schweizer Botanikers, Augustin-Pyrame de Candolle, 1834/38, http://www1.biologie.uni-hamburg.de/b-online/d32/32c.htm.
11 Carus Sterne, Charles Darwin.
12 Lexikon der Biologie, Gravitropismus, Spektrum.de, https://www.spektrum.de/lexikon/biologie/gravitropismus/29339.
13 Carus Sterne, Charles Darwin.
14 František Baluška, Swarm intelligence in plant roots, Trends in Ecology & Evolution, 2010, S. 682, file:///Users/susannedohrn/Desktop/(PDF)%20Swarm%20intelligence%20in%20plant%20roots%20%7C%20Frantisek%20Baluska%20-%20Academia.edu.webarchive.
15 Helmholtz-Zentrum für Umweltforschung UFZ, Bodenforschung an den Wurzeln gepackt, DFG-Schwerpunktprogramm zur Rhizosphärenforschung startet, Pressemitteilung vom 10.9.2018, https://www.ufz.de/index.php?de=36336&webc_pm=29/2018.
16 Nicolai Koebernick u.a., Root-soil contact dynamics of Vicia faba in sand, Plant and soil 431 (2018), Nr. 1–2, S. 417–431, https://link.springer.com/article/10.1007%2Fs11104-018-3769-4.
17 Ebd.
18 Wildblumensaat für Naturgärten und Blumenwiesen gibt es z.B. bei Hof Berggarten, www.hof-berggarten.de.

PILZE (S. 57–69)

1 Die Welt der Riesenpilze, wissenschaft.de, https://www.wissenschaft.de/astronomie-physik/die-welt-der-riesenpilze/.

2 Deutsche Gesellschaft für Mykologie, Was ist ein Pilz?, https://www.dgfm-ev.de/wissenswertes/was-ist-ein-pilz.

3 Warum Pilze weder Pflanzen noch Tiere sind, Die Welt, 30.5.2011, https://www.welt.de/wissenschaft/article13402584/Warum-Pilze-weder-Pflanzen-noch-Tiere-sind.html.

4 Siehe Anm. 1.

5 Anna Lowenhaupt Tsing, Der Pilz am Ende der Welt. Über das Leben in den Ruinen des Kapitalismus, Berlin 2018.

6 Gespräch mit Prof. Matthias Rillig am 8.11.2018 in Berlin.

7 David L. Hawksworth und Robert Lücking, Fungal diversity revisited: 2.2 to 3.8 million species, Microbiology Spectrum, 28.7.2017, http://www.asmscience.org/search?value1=David+L.+Hawksworth&option1=author&noRedirect=true.

8 Muriel Bendel, Daniel Rigling, Der grösste Pilz der Schweiz, Medienmitteilung der Eidg. Forschungsanstalt für Wald, Schnee und Landschaft WSL vom 24.9.2004, https://www.waldwissen.net/wald/pilze_flechten/wsl_riesenpilz/index_DE; Dagmar Nierhaus-Wunderwald, Roland Engesser, Daniel Rigling, Hallimasch – Biologie und forstliche Bedeutung, Waldwissen.net, 2.2.2012, https://www.waldwissen.net/wald/pilze_flechten/wsl_hallimasch_arten/index_DE.

9 Jan Osterkamp, Hektarbreiter Monsterpilz ist noch älter und schwerer, Spektrum.de, 11.10.2018, https://www.spektrum.de/news/hektarbreiter-monsterpilz-ist-noch-aelter-und-schwerer/1601042.

10 Kendra Baumgartner, Martin P. A. Coetzee, Dirk Hoffmeister, Secrets of the subterranean pathosystem of Armillaria, Molecular Plant Pathology, Volume 12, Issue 6, 2011, S. 8.

11 Michael Odenwald, Saurer Regen: Durch diese Schadstoffe wird der Regen sauer, Wetterlexikon, 3.2.2017, https://weather.com/de-DE/wissen/wetterlexikon/news/saurer-regen-durch-diese-schadstoffe-wird-der-regen-sauer.

12 B. Frank: Ueber die auf Wurzelsymbiose beruhende Ernährung gewisser Bäume durch unterirdische Pilze, Klassiker der Biologie im Internet, Berichte der Deutschen Botanischen Gesellschaft, Band III, 128–145 (1885), S. 5, http://www1.biologie.uni-hamburg.de/b-online/fo33/frank/frank.htm.

13 Ebd., S. 2.

14 Ebd., S. 10.

15 Ebd., S. 10 und S. 1.

16 Das anschauliche Bild stammt von Prof. Matthias Rillig.

17 Gespräch mit François Buscot am 2.10.2018 in Halle.

18 Helmholtz-Zentrum für Umweltforschung, Biodiversität und Boden, UFZ-Thema des Monats Dezember 2018, https://www.ufz.de/index.php?de=36063.

19 Jennifer Frazer, The World's Largest Mining Operation Is Run by Fungi, Scientific American Blog Network, 5.11.2015, https://blogs.scientificamerican.com/artful-amoeba/the-world-s-largest-mining-operation-is-run-by-fungi/.

20 Ebd., und Michael Lange, In der Not frisst der Wald Steine, Deutschlandfunk, Forschung aktuell, 19.12.2003, https://www.deutschlandfunk.de/in-der-not-frisst-der-wald-steine.676.de.html?dram:article_id=21125.

21 S. Anm. 18.

22 Arthur Schüßler, Struktur, Funktion und Ökologie der arbuskulären Mykorrhiza, Rundgespräche der Kommission für Ökologie, Bd. 37, Ökologische Rolle von Pilzen, München 2009, S. 97 f., https://nachhaltig-nachhaltig.org/faszination-mykorrhiza/download/Struktur,%20Funktion%20und%20Ökologie%20der%20arbuskulären%20Mykorrhiza.pdf; zu den Pflanzen, die nicht mit Mykorrhizen zusammenarbeiten, gehören beispielsweise Kreuzblütler, also kohlartige Pflanzen.

23 University of Aberdeen, History of Research at Rhynie, https://www.abdn.ac.uk/rhynie/history.htm.

24 Pflanzenforschung.de, Pilzgenome enthüllen die Evolution des Ligninabbaus, 5.7.2012, https://www.pflanzenforschung.de/de/journal/journalbeitrag/pilzgenome-enthuellen-die-evolution-des-ligninabbaus-1817.

25 Pflanzenforschung.de, Der etwas andere Landwirt. Ein Pilz baut sich Bakterien an, 11.11.2013, https://www.pflanzenforschung.de/de/journal/journalbeitrag/der-etwas-andere-landwirt-ein-pilz-baut-sich-bakterien-10163.

26 Gespräch in Halle am 2.10.2018.

27 UFZ, Entscheidende Gene für die Symbiose zwischen Mykorrhiza-Pilzen und Bäumen entwickelten sich mehrfach, Pressemitteilung 24.2.2015, https://www.ufz.de/index.php?de=37213 und Anm. 19.

28 Gespräch in Berlin am 8.11.2018; Sid Perkins, Fungi and roots store a surprisingly large share of the world's carbon, Nature, 28.3.2013, https://www.nature.com/news/fungi-and-roots-store-a-surprisingly-large-share-of-the-world-s-carbon-1.12698.

29 L. Göttl, Blausäurebildende Basidiomyzeten. Hat Cyanogenese einen taxonomischen Wert?, Zeitschrift für Pilzkunde 42 (1976), S. 185–194, https://www.dgfm-ev.de/publikationen/artikelarchiv/

blausaeurebildende-basidiomyzeten-hat-cyanogenese-einen-taxonomischen-wert/download.

30 DGfM, Rote Liste der Großpilze Deutschlands erschienen, 13.2.2017. Danach sind mehr als 27 Prozent der Großpilze bestandsgefährdet. Weitere 728 Arten sind aufgrund ihrer extremen Seltenheit latent bedroht, https://www.dgfm-ev.de/news/rote-liste-der-grosspilze-deutschlands-erschienen.

BÄUME (S. 71–85)

1 Georg-August-Universität Göttingen, Forstbotanischer Garten, Im Reich der Bäume, Abies alba, Weißtanne, Biologie, https://www.uni-goettingen.de/de/biologie/36753.html.

2 Bayerische Landesanstalt für Wald und Forstwirtschaft (LWF), Merkblatt 27, 2011, Kohlenstoffspeicherung von Bäumen, http://www.lwf.bayern.de/service/publikationen/lwf_merkblatt/022680/index.php. 8000 Kilo CO_2 entsprechen etwa dem Energieverbrauch aus 2500 Liter Heizöl, http://www.klimaneutral-handeln.de/php/kompens-berechnen.php#rechner.

3 N. L. Stephenson, Rate of tree carbon accumulation increases continuously with tree size, Nature 507, 6.3.2014, https://www.nature.com/articles/nature12914; Torsten Welle und Knut Sturm, Wald als Kohlenstoffspeicher, Auftaktveranstaltung SpeicherWald, Regionaler Klimaschutzbeitrag von Wäldern ohne forstliche Nutzung Göttingen, 13.6.2017; https://www.speicherwald.de/imperia/md/content/nabude/wald/170817-speicherwald-wald-als-kohlenstoffspeicher-welle-sturm.pdf.

4 Jingjing Liang u.a., Positive biodiversity-productivity relationship predominant in global forests, Science Oktober 2016, https://www.researchgate.net/publication/309127324_Positive_biodiversity-productivity_relationship_predominant_in_global_forests/download.

5 Hannes Böttcher, Klaus Hennenberg, Christian Winger, Waldvision Deutschland, Beschreibung von Methoden, Annahmen und Ergebnissen, Öko-Institut e.V. Freiburg, 26.2.2018, S. 14; https://www.oeko.de/fileadmin/oekodoc/Waldvision-Methoden-und-Ergebnisse.pdf.

6 Ebd.

7 Peter Karasch, Pilze und Mykorrhiza – ein wesentlicher Baustein für die Vitalität von Bäumen, Trägergemeinschaft »Bernrieder Vorsprung« (Hrsg.), Maßnahmen und Lösungsbeispiele zur Erhaltung alter Bäume und zur Biotop-Optimierung am Beispiel Bernrieder Methusalembäume, S. 15f., https://www.bernrieder-vorsprung.de.

8 Tamir Klein, Rolf T. W. Siegwolf, Christian Körner, Belowground carbon trade among tall trees in a temperate forest, Science 352, 6283 (2016), S. 342–344, http://science.sciencemag.org/content/352/6283/342.

9 wissenschaft.de, Bäume vermitteln einander Kohlenstoff, 18.4.2016, https://www.wissenschaft.de/umwelt-natur/baeume-vermitteln-einander-kohlenstoff/.

10 Eidgenössische Forschungsanstalt für Wald, Schnee und Landschaft (WSL), Holzchemie: Zellulose, Hemizellulose und Lignin, https://www.wsl.ch/totholz/holzabbau/holzchemie_DE.

11 Deutsche Gesellschaft für Mykologie, Pilz des Jahres 1995: Zunderschwamm, https://www.dgfm-ev.de/pilz-des-jahres/1995-zunderschwamm.

12 Erik Grüneberg u. a., Das Kohlenstoffspeichervermögen von Waldböden, Thünen-Institut, https://literatur.thuenen.de/digbib_extern/dn058122.pdf.

13 BMEL, Waldböden in Deutschland, Ausgewählte Ergebnisse der zweiten Bodenzustandserhebung, Bonn September 2018, S. 28, https://www.bmel.de/SharedDocs/Downloads/Broschueren/Waldboden-Bodenzustandserhebung.pdf?__blob=publicationFile.

14 Studie der ETH Zürich, Aufforstung wäre der beste Klimaschutz, Tagesschau 4.7.2019, https://www.tagesschau.de/ausland/klimawandel-aufforstung-eth-101.html.

15 Umweltbundesamt (Hrsg.), Stickstoff – Zuviel des Guten? Überlastung des Stickstoffkreislaufs zum Nutzen von Umwelt und Mensch wirksam reduzieren, Dessau 2011, S. 9, https://www.umweltbundesamt.de/publikationen/stickstoff-zuviel-des-guten.

16 Deutsche Gesellschaft für Mykologie (DGfM), Bedroht Gülledüngung unsere heimischen Pilze?, (kein Datum), https://www.dgfm-ev.de/naturschutz-und-kartierung/rote-liste/pilze-und-guelleduengung.

17 Siehe Anm. 7.

18 Sietse van der Linde u. a., Environment and host as large-scale controls of ectomycorrhizal fungi, Nature 558 (2018), https://www.researchgate.net/publication/325605358_Environment_and_host_as_large-scale_controls_of_ectomycorrhizal_fungi; DGfM, Zu viel Stickstoff schadet der Symbiose von Pilzen und Bäumen, 12.12.2018, https://www.dgfm-ev.de/news/zu-viel-stickstoff-schadet-der-symbiose-von-pilzen-und-baeumen; Nadja Podbregar, Wald: Stickstoff-Schwemme schadet Bodenpilzen, 15.6.2018, natur.de, https://www.wissenschaft.de/umwelt-natur/wald-stickstoff-schwemme-schadet-bodenpilzen/.

19 Umweltbundesamt (Hrsg.), Stickstoff – Zuviel des Guten?, S. 15.
20 Ebd., S. 13.
21 Sid Perkins, Fungi and roots store a surprisingly large share of the world's carbon, Nature, News, 28.3.2013, http://www.nature.com/news/fungi-and-roots-store-a-surprisingly-large-share-of-the-world-s-carbon-1.12698.

REGENWÜRMER (S. 87–103)

1 Wissenschaft.de, Regenwurm als Klimasünder, 3.2.2013, https://www.wissenschaft.de/astronomie-physik/regenwurm-als-klimasuender-2/.
2 Pia Heinemann, »Gefährlicher Regenwurm«, Die Welt, 5.9.2011, https://www.welt.de/print/die_welt/politik/article13584711/Gefaehrlicher-Regenwurm.html; I. M. Lubbers u. a., Greenhouse gas emissions from soils increased by earthworms, Nature Climate Change 3 (2013), https://www.researchgate.net/publication/230814750_Greenhouse_gas_emissions_from_soils_increased_by_earthworms.
3 Amy Steward, Der Regenwurm ist immer der Gärtner, München 2015, ist besonders lesenswert.
4 Charles Darwin, Die Bildung der Ackererde durch die Thaetigkeit der Wuermer, Aus dem Englischen von J. Victor Carus, S. 12, https://web.archive.org/web/20111125114847/http://www.regenwurm.de/pdf/bildung-der-ackererde.pdf.
5 Gespräch mit Professor Stefan Scheu in Göttingen, 10.12.2018.
6 Wissenschaft.de, Zerteilter Regenwurm – aus eins mach zwei? 28.5.2017, https://www.wissenschaft.de/umwelt-natur/zerteilter-regenwurm-aus-eins-mach-zwei/; Sehr informativ sind die Webseiten https://hypersoil.uni-muenster.de/1/02/01.htm und Regenwurm.ch.
7 Amy Steward, S. 53.
8 40 Prozent der Regenwürmer stehen mittlerweile auf der Liste der gefährdeten Arten. WWF, Das Regenwurm-Manifest, Für lebendige Böden und einen funktionierenden Wasserhaushalt, Berlin 2016, S. 4, https://www.wwf.de/fileadmin/fm-wwf/Publikationen-PDF/WWF-Regenwurm-Manifest.pdf; Nord-Süd-Gefälle bei den Regenwürmern, NABU, Oktober 2014, https://www.nabu.de/news/2014/10/17127.html; Jörg Römer, Viele Arten auf der Roten Liste. Der Regenwurm – nützlich, aber gefährdet, Spiegel Online, 13.4.2019, https://www.spiegel.de/wissenschaft/natur/biodiversitaet-im-boden-regenwuermer-sind-gefaehrdet-a-1262533.html.
9 Gespräch mit Otto Ehrmann im Juni 2016.

10 Lubbers, S. 187 und 188.

11 Otto Ehrmann, Regenwürmer in den Böden Baden-Württembergs – Vorkommen, Gefährdung und Bedeutung für die Bodenfruchtbarkeit, Berichte der Naturforschenden Gesellschaft zu Freiburg im Breisgau 105 (2015), S. 125–176, https://www.zobodat.at/pdf/Berichte-naturf-Ges-Freiburg-Br_105_0125-0176.pdf.

12 M. Bieri und G. Cuende, Die Regenwürmer, eine wichtige Komponente von Ökosystemen, Schweiz. Landw. Fo. Recherche agronomique en Suisse 28 (2), 1989 S. 81–9, https://docplayer.org/docview/55/36638850/#file=/storage/55/36638850/36638850.pdf.

13 Telefonat mit Prof. Stefan Schrader, Institut für Biodiversität, Johann Heinrich von Thünen-Institut, Bundesforschungsinstitut für Ländliche Räume, Wald und Fischerei, am 21.2.2019.

14 Wade H. Elmer, Plant Pathologist, and Francis J. Ferrandino, Suppression of Verticillium Wilt of Eggplant by Earthworms, plant disease, Mai 2009; Stefan Schrader, Bodeninvertebraten sind entscheidende ökologische Leistungsträger, Mikroorganismen und Wirbellose – entscheidende Dienstleister für Landwirtschaft und Ernährung, Tagungsband eines Symposiums am 26./27.11.2015 in Berlin, Agrobiodiversität Bd. 39, S. 75, https://www.researchgate.net/publication/321151464_Bodeninvertebraten_sind_entscheidende_okologische_Leistungstrager.

15 Konrad Lindner, Erdarbeiter Regenwurm, SWR2 Wissen, Sendung vom 26.1.2015, https://www.swr.de/-/id=14762538/property=download/nid=660374/omdfa5/swr2-wissen-20150126.pdf.

16 Roswitha Walter, Johannes Burmeister, Robert Brandhuber, Regenwürmer – aktuelle Gefahren und positive Entwicklungen in landwirtschaftlich genutzten Böden, Tagungsband »Jahr des Bodens«, »Schwere Maschinen, enge Fruchtfolgen, Gärreste – eine Gefahr für die Bodenfruchtbarkeit? Fachtagung, 13. Kulturlandschaftstag, 18. und 19.6.2015, Würzburg, S. 29.

17 WWF, Das Regenwurm-Manifest, S. 7.

18 Kirsten Stöven, Frank Jacobs, Ewald Schnug (JKI), Regenwürmer als Indikator für die Bodenfruchtbarkeit, Bundesministerium für Ernährung und Landwirtschaft, https://www.bmel.de/DE/Landwirtschaft/Pflanzenbau/Boden/_Texte/Boden.html?docId=6153668; Regenwürmer produzieren auf einem Wiesenstandort in Mitteleuropa bis zu 120 Tonnen Kot, Scheffer/Schachtschabel, S. 140.

19 Spektrum.de, Denitrifikation, https://www.spektrum.de/lexikon/biologie-kompakt/denitrifikation/2954.

20 Telefonat mit Prof. Stefan Schrader.

21 Ebd.

22 Siehe WWF, Das Regenwurm-Manifest, S. 29.

23 Wissenschaft.de, Anja Scholzen, Invasion der Würmer, https://www.wissenschaft.de/allgemein/invasion-der-wuermer-2/.

24 Tabea Turrini, Nützlinge hier – Schädlinge dort: Europäische Regenwürmer verringern Artenvielfalt in Nordamerika, https://www.idiv.de/de/news/news_single_view/news_article/beneficial-h.html; Sehr sehenswert das Video: Prof. Dr. Nico Eisenhauer, Da ist der Wurm drin?!, Science Notes Leipzig 23.6.2016 im WERK 2, https://www.youtube.com/watch?v=i7u1qILv8q8.

25 Lubbers u.a., Greenhouse gas emissions.

26 Regenwürmer als Klimahelfer: Würmer verändern Chemie des Waldbodens und verringern die CO_2-Freisetzung, Scinexx, Das Wissensmagazin, 29.10.2008, https://www.scinexx.de/news/geowissen/regenwuermer-als-klimahelfer/.

27 Ebd.

28 Darwin, S. 12.

AMEISEN (S. 105–118)

1 Reisetagebuch 1.–5.8.1803, Tal von Mexiko.

2 Dave Goulson, Wildlife Gardening, Die Kunst im eigenen Garten die Welt zu retten, München 2019, S. 193 u. 183.

3 Clive G. Jones, John H. Lawton and Moshe Shachak, Organisms as Ecosystem Engineers, Oikos 69 (1994), S. 373; »Ecosystem engineers are organisms that directly or indirectly modulate the availability of resources to other species, by causing physical state changes in biotic or abiotic materials. In so doing they modify, maintain and create habitats«, https://www.jstor.org/stable/3545850?seq=1#page_scan_tab_contents.

4 Bert Hölldobler, Edward O. Wilson, Auf den Spuren der Ameisen. Die Entdeckung einer faszinierenden Welt. 3. Auflage, Berlin 2016, S. 5.

5 Merle Streitberger, Thomas Fartmann, Bodenstörende Ökosystem-Ingenieure im mitteleuropäischen Grasland und ihre Bedeutung für die Biodiversität. Eine Analyse am Beispiel der Gelben Wiesenameise und des Europäischen Maulwurfs, Naturschutz und Landschaftsplanung 49 (8), 2017, S. 257. Ähnliches gilt für die von Landwirten und Gärtnern wenig geschätzten Maulwurfshügel, http://fartmann.net/downloads/articles/Streitberger_Fartmann_Oekosystemingenieure_NuL08-17-252-259.pdf.

6 Myrmekochorie von griechisch mýrmēx = Ameise und chōrein = sich verbreiten. Mehr Pflanzen, die Ameisen verbreiten, finden Sie unter: https://www.ameisenwiki.de/index.php/Myrmekochorie.

7 Sehr sehenswert: »Parasiten und Mörder – das wahre Gesicht ›unschuldiger‹ Tagfalter auf heimischen Wiesen« – PD Dr. Josef Settele vom Helmholtz-Zentrum für Umweltforschung Leipzig bei den Science Notes zur Biodiversität im Tübinger Schlachthaus am 13.11.2014, https://www.youtube.com/watch?v=OcZCTMmG9uM.

8 Goulson, S. 181.

9 Bundesamt für Naturschutz, Artenschutz-Report 2015 Tiere und Pflanzen in Deutschland, Bonn 2015, S. 22 und 61, https://www.bfn.de/fileadmin/BfN/presse/2015/Dokumente/Artenschutzreport_Download.pdf.

10 Der Spiegel, »Wir werfen unsere Schöpfung weg«, 5.3.1990, https://www.spiegel.de/spiegel/print/d-13497444.html.

11 Deutsche Ameisenschutzwarte (DASW), Landesverband Niedersachsen e.V. – Regionalgruppe Südliches Niedersachsen, https://www.ameisenschutzwarte-niedersachsen.de/hpdasw03/rgsuedns/kontakte/kontakte.html.

12 ELENA Projekt Experiential Learning and Education for Nature Awareness (Hrsg.), Ameisen. Aktionen mit Ameisen, 2016, S. 2, https://www.anl.bayern.de/projekte/tierelive/doc/tiere_live_ameisen.pdf.

13 Hölldobler, Wilson, S. 8.

14 Ebd, S. 344; Ellen Peerenboom, Arbeitsfreudige Klimatechniker auf sechs Beinen. Die Welt, 25.7.1995, https://www.welt.de/print-welt/article660616/Arbeitsfreudige-Klimatechniker-auf-sechs-Beinen.html.

15 Peerenboom, Arbeitsfreudige Klimatechniker.

16 Spiegel Online, Ameisen bauen 5760 Kilometer langen Superstaat, 16.4.2002, https://www.spiegel.de/wissenschaft/natur/suedeuropa-ameisen-bauen-5760-kilometer-langen-superstaat-a-192083.html.

17 Hölldobler, Wilson, S. 166 f.

18 Gespräch mit Prof. Bernhard Seifert, Sektionsleiter Senckenberg Museum für Naturkunde Görlitz im März 2019.

19 Gespräch mit Prof. Seifert.

20 Internetforum der Deutschen Ameisenschutzwarte, Lasius Flavus – Wurzelläuse, https://ameisenschutzwarte.de/forum/viewtopic.php?f=22&t=288&start=0; eines der letzten Refugien für die Gelbe Wiesenameise befindet sich im Naturschutzgebiet Dellenhäule in Baden-Württemberg. https://ameisenstadt.de/#.

21 Walter Kirchner, Die Ameisen. Biologie und Verhalten, München 2007, S. 40.

22 Bayerisches Staatsministerium für Ernährung, Landwirtschaft und Forsten, Waldameisen – die biologischen Schädlingsbekämpfer, 2015. Bei der trockenheitsbedingten Massenvermehrung in Fichten-Monokulturen schaffen die von intensiver Forstwirtschaft und Pestizideinsatz dezimierten Ameisen das allerdings nicht, http://www.aelf-la.bayern.de/forstwirtschaft/wald/115113/index.php.

23 Wolfgang Voigt: Biologische Vielfalt erhält die Lebensgrundlagen aller Lebewesen, Berlin 2017, S. 19.

24 Klaus Horstmann, Untersuchungen über den Nahrungserwerb der Waldameisen (Formica polyctena foerster) im Eichenwald, Oecologia 15 (1974), S. 187, https://www.semanticscholar.org/paper/Untersuchungen-über-den-Nahrungserwerb-der-(Formica-Horstmann/ae3f725c568abcf5abed8d08246f7796b479e672.

25 Christian Platner, Ameisen als Schlüsseltiere in einem Grasland. Studien zu ihrer Bedeutung für die Tiergemeinschaft, das Nahrungsnetz und das Ökosystem, Göttingen 2006, S. 145, https://www.univerlag.uni-goettingen.de/handle/3/isbn-3-938616-05-9.

26 Anja Mia Neumann, Die Ameisen verschwinden – mit fatalen Folgen, Die Welt, 25.6.2015, https://www.welt.de/wissenschaft/umwelt/article143068765/Die-Ameisen-verschwinden-mit-fatalen-Folgen.html.

DUNGKÄFER UND WEIDETIERE (S. 119–134)

1 Anita Idel, Klimaschützer auf der Weide, Tierhaltung, Klima, Ernährung und ländliche Entwicklung, Hrsg. v. Germanwatch e.V. & Arbeitsgemeinschaft bäuerliche Landwirtschaft e.V., Bonn 2011, S. 16; https://germanwatch.org/sites/germanwatch.org/files/publication/8126.pdf; Anita Idel, Die Kuh ist kein Klimakiller, Weimar bei Marburg 2011.

2 M. Bunzel-Drüke u.a., »Wilde Weiden«, Praxisleitfaden für Ganzjahresbeweidung in Naturschutz und Landschaftsentwicklung, Hrsg. v. d. Arbeitsgemeinschaft Biologischer Umweltschutz im Kreis Soest e.V. (ABU), 2. Aufl. Bad Sassendorf-Lohne 2009, S. 5, http://www.abu-naturschutz.de/projekte/abgeschlossene-projekte/qwilde-weidenq.html.

3 Eckhard Jedicke, Klimawirksamkeit von Weidelandschaften, in: Naturnahe Beweidung und NATURA 2000, Ganzjahresbeweidung im Management von Lebensraumtypen und Arten im europäischen Schutzgebietssystem NATURA 2000, Heinz Sielmann Stiftung 2015, S. 254 ff.

4 Idel, Klimaschützer auf der Weide, S. 16.

5 Eurostat, Statistiken zu Bodenbedeckung und Bodennutzung (LUCAS), Version vom 17. Oktober 2018, https://ec.europa.eu/eurostat/statistics-explained/index.php?title=Archive:Land_cover_and_land_use_(LUCAS)_statistics/de&oldid=409412; Katrin Kuka, Grünland in Deutschland – Herausforderungen zwischen Schutz und Nutzung, Vortrag ohne Datum, Julius Kühn-Institut, https://www.netzwerk-laendlicher-raum.de/fileadmin/sites/ELER/Dateien/05_Service/Veranstaltungen/2015/Gruenland/01_Gruenland_Kuka.pdf.

6 Food and Agriculture Organiszation of the United Nations, Animal Production, http://www.fao.org/animal-production/en/; Deutscher Bauernverband, Situationsbericht 2018/19, Kapitel 6, Erzeugung und Märkte, S. 215. Von 11,8 Millionen Hektar Ackerland in Deutschland werden 4,4 Millionen Hektar zur Futtererzeugung verwendet, https://media.repro-mayr.de/24/718124.pdf.

7 Anita Idel, Andrea Beste, Vom Mythos der klimasmarten Landwirtschaft – oder warum weniger vom Schlechten nicht gut ist, Hrsg. v. Martin Häusling, Wiesbaden 2018, https://www.martin-haeusling.eu/images/Klimaschutz_kleiner_RZ_copi.pdf. Allein zwischen 1991 und 2017 gingen, so das Umweltbundesamt, in Deutschland 600 000 Hektar Grünland verloren, https://www.umweltbundesamt.de/daten/land-forstwirtschaft/gruenlandumbruch#textpart-1.

8 Tanja Busse, Die Wegwerfkuh. Wie unsere Landwirtschaft die Tiere verheizt, Bauern ruiniert, Ressourcen verschwendet und was wir dagegen tun können, München 2015, S. 61–63; PROVIEH, Wir sollten den Umgang mit unseren Milchkühen überdenken, Interview mit Prof. Dr. Holger Martens, https://provieh.de/wir-sollten-den-umgang-mit-unseren-milchkuehen-ueberdenken.

9 Busse, S. 63–64.

10 Gebt den Kühen das Gras zurück. Proteinversorgung aus betriebseigenem Grundfutter, Eine Veranstaltungsreihe der Arbeitsgemeinschaft bäuerliche Landwirtschaft, ABL-Bayern im Rahmen der Bayerischen Eiweißinitiative und der BioRegio 2020, gefördert durch das Bayerische Staatsministerium für Ernährung, Landwirtschaft und Forsten 2014, S. 5, http://www.abl-bayern.info/fileadmin/Dokumente/AbL-Bayern/Dokumente/01_Gebt_den_Kühen_das_Gras_zurück_Druck.pdf.

11 Friedhelm Taube u. a., Warum »Ökoeffiziente Weidemilcherzeugung – Lindhof«?, 60. Jahrestagung der Gesellschaft für Pflanzenbauwissenschaften (AGGF) 2016 in Luxemburg, S. 34, https://www.lfl.bayern.

de/mam/cms07/ipz/dateien/aggf_2016_taube_et_al.pdf; Friedhelm Taube, Vortrag Klimawandel und Futterbau, S. 9, https://www.lfl.bayern.de/mam/cms07/ipz/dateien/aggf_2009_riswick_taube.pdf.

12 Susanne Dohrn, Das Ende der Natur, Die Landwirtschaft und das stille Sterben vor unserer Haustür, Berlin 2018, S. 94–96.

13 Henning Heldbjerg, Henning u. a., The Decline of the Starling Sturnus vulgaris in Denmark Is Related to Changes in Grassland Extent and Intensity of Cattle Grazing, Agriculture, Ecosystems & Environment, Volume 230, 16. 8. 2016, https://www.sciencedirect.com/science/article/pii/S016788091630289.

14 Jean-Henri Fabre, Erinnerungen eines Insektenforschers I, Berlin 2010, S. 9 u. 11.

15 Mehr Informationen über das Schutzgebiet: https://www.sielmann-stiftung.de/natur-erleben-schuetzen/doeberitzer-heide/.

16 Joachim Czichos, Kuhfladen: Käfer verringern Freisetzung von Treibhausgas, Wissenschaft Aktuell, 26. 8. 2013, https://www.wissenschaft-aktuell.de/artikel/Kuhfladen__Kaefer_verringern_Freisetzung_von_Treibhausgas1771015589284.html.

17 Fiona Marshal u. a., Steinzeit-Hirten prägten Serengeti, Nature 561 (2018), S. 387–390, https://www.nature.com/articles/s41586-018-0456-9.

18 Regine Koopmann und Stefan Kühne, Tierarzneimittel (Antiparasitika) im Kuh-Fladen – Ein Risiko für Nicht-Ziel-Organismen, Landbauforschung 67, 2 (2017), S. 79 ff., https://www.thuenen.de/media/publikationen/landbauforschung/Landbauforschung_Vol67_2.pdf; Gespräch mit Dr. Jörn Buse, 11. 7. 2018.

19 Siehe dazu auch: Lyme-Borreliose und Wiederkäuer, Ausarbeitung Wissenschaftlicher Dienst des Deutschen Bundestags, WD 5 – 3000 – 026/17, S. 12 f., https://www.bundestag.de/blob/514186/2e8f97a014d617f58bc28f80489a5b0b/wd-5-026-17-pdf-data.pdf.

20 Erfolglose Unterlassungsklage gegen die Bezeichnung einer Vollmilch als »frische Weide-Milch«, OLG Nürnberg, Endurteil v. 7. 2. 2017 – 3 U 1537/16.

21 Verbraucherzentrale, Weidemilch – Werbestrategie oder verlässliche Bezeichnung?, 16. 4. 2019, https://www.verbraucherzentrale.de/wissen/lebensmittel/lebensmittelproduktion/weidemilch-werbestrategie-oder-verlaessliche-bezeichnung-35574; Verbraucher Service Bayern, Aussagekräftig oder Werbemasche? Heumilch, Weidemilch, Bergbauernmilch, 1. 3. 2019, https://www.verbraucherservice-bayern.de/themen/ernaehrung/heumilch-weidemilch-bergbauernmilch.

NEMATODEN (S. 135–146)

1 Gespräch mit Liliane Rueß in Berlin am 19.10.2018.

2 Jennifer Frazer, Nematode Roundworms Own This Place, The Artful Amoeba, Scientific American, 9.2.2013, https://blogs.scientificamerican.com/artful-amoeba/parasitic-roundworms-own-this-place/.

3 N. A. Cobb, Nematodes and their Relationships, Yearbook of the Department of Agriculture 1914, S. 457–90. Washington, D.C., https://naldc.nal.usda.gov/download/IND43748196/PDF.

4 Fritz Baltzer, Theodor Boveri. Leben und Werk eines großen Biologen 1862–1915, Stuttgart 1962.

5 FirstFish.de, Essigälchen (Turbatrix aceti), http://www.firstfish.de/cms/frontcontent.php?idcat=57&idart=235.

6 KWS, Nematoden. Erkennen, Handeln, Erträge sichern, S. 6, https://mediamaster.kws.com/01_Produkte/Zuckerr%C3%BCbe/nematoden__erkennen___handeln___ertraege.pdf

7 KWS, Nematoden, S. 9.

8 Im Kreis Pinneberg wurden seit 1990 aufgrund von Belastungen des Grundwassers, vor allem mit Pflanzenschutzmitteln, insgesamt rund 20 Förderbrunnen außer Betrieb genommen. Seit 1991 darf Ditrapex nicht mehr angewandt werden. https://www.kreis-pinneberg.de/pinnebergmedia/Dokumente/Fachdienst+26/Trinkwasserbroschüre-p-6221.pdf; Methylbromid ist in der EU seit 2010 verboten.

9 KWS, Nematoden, S. 35.

10 Roland Kohl, Fleischfressende Pilze, Schlingen für Würmer, Die Zeit, 1.6.1984, https://www.zeit.de/1984/23/schlingen-fuer-wuermer.

11 Joachim Czichos, Unterirdisch. Bakterien und Pilze gemeinsam gegen Fadenwürmer, 18. Wissenschaft aktuell, 18.12.2014, https://www.wissenschaft-aktuell.de/artikel/UnterirdischBakterienundPilzegemeinsamgegenFadenwuermer1771015589713.html.

12 Spektrum.de, Bernstein konserviert Pilz mit Lasso auf Beutejagd, 13.12.2007, https://www.spektrum.de/news/bernstein-konserviert-pilz-mit-lasso-auf-beutejagd/914745.

13 Arwed H. Meyl, Fadenwürmer, Stuttgart 1961, S. 10.

14 Gespräch mit Liliane Rueß.

15 Anika Scharroba, Small but powerful: Nematodes as model to disentangle the structure, function and carbon allocation in the soil micro-food web, Dissertation zur Erlangung des akademischen Grades Doctor rerum naturalium, eingereicht an der Lebenswissenschaftlichen Fakultät der Humboldt-Universität zu Berlin, 2017, https://edoc.hu-berlin.de/bitstream/handle/18452/18450/scharroba.pdf?sequence=1.

16 iDiv, Klimawandel: Biodiversität schützt gegen Verlust von Arten, 14.7.2017, https://www.idiv.de/de/news/archiv_2017/news_2017_single_view/news_article/climate_chan.html.

MIKROPLASTIK (S. 147–157)

1 BUND, Erneut Plastikfetzen in der Schlei, 6.12.2018, https://www.bund-sh.de/meldungen/detail/news/erneut-plastikfetzen-in-der-schlei/. Ab März 2016 machten besorgte Bürger auf das Plastik aufmerksam. Das Plastik stammte aus einer Anlage des Unternehmens ReFood in Ahrenshöft/Nordfriesland. Dort werden abgelaufene Lebensmittel verarbeitet. Nach Information des NDR lieferte das Unternehmen von 2016 bis Anfang 2018 das Material an die Schleswiger Stadtwerke zur Biogasproduktion. Die Filter der Kläranlage waren über Monate nicht in der Lage, die Partikel herauszufiltern. Peer Axel Kroeske, Plastik in der Schlei – und kein Ende in Sicht, 5.3.2019, https://www.ndr.de/nachrichten/schleswig-holstein/Plastik-in-der-Schlei-ein-Jahr-danach,plastik500.html.

2 Gesetz zur Förderung der Kreislaufwirtschaft und Sicherung der umweltverträglichen Bewirtschaftung von Abfällen (Kreislaufwirtschaftsgesetz – KrWG). Darin steht: »Die Verwertung von Abfällen, insbesondere durch ihre Einbindung in Erzeugnisse, hat ordnungsgemäß und schadlos zu erfolgen.« Abschnitt 2, §7, (3), https://www.gesetze-im-internet.de/krwg/KrWG.pdf.

3 Bundesgütergemeinschaft Kompost (BGK), Kunststoffe in Kompost und Gärprodukten, Herkunft – Bedeutung – Vermeidung, 12.12.2018, S. 4, https://www.kompost.de/fileadmin/user_upload/Dateien/Themen_Positionen/5.3.16_Thema_Kunststoffe_in_Kompost_und_Gaerprodukten_final_2018_12_12.pdf.

4 Christian Laforsch u.a. Identification and quantification of macro- and microplastics on an agricultural farmland, Nature, Scientific Reports 8, Article number 17950 (2018), https://www.nature.com/articles/s41598-018-36172-y; Tomma Schröder, Endstation Acker. Plastik auf dem Land, Deutschlandfunk, 2.9.2018, https://www.deutschlandfunk.de/endstation-acker-plastik-auf-dem-land.740.de.html?dram:article_id=426951.

5 Ebd.

6 Florian Rötzer, Kleinste Plastikteilchen könnten global terrestrische Ökosysteme negativ verändern, 7.2.2018, https://www.heise.de/tp/features/Kleinste-Plastikteilchen-koennten-global-terrestrische-Oekosysteme-negativ-veraendern-3961703.html.

7 Richard Anschütz, Der Chemiker August Kekulé. Bd. 1: Leben und Wirken, Hamburg 2011, Nachdruck der Originalausgabe von 1929, S. 625.

8 Nadja Podbregar, Acht Milliarden Tonnen Plastik, Wissenschaft.de, 19.7.2017, https://www.wissenschaft.de/umwelt-natur/acht-milliarden-tonnen-plastik/.

9 Der Biologe Dr. Stefan Nawrath (NABU) hat ausgerechnet, dass allein die der Verkäufe in einer Supermarktkette 2018 in Deutschland für 1,5 Millionen Quadratmeter reichten. Vortrag Ökologisch hochwertige urbane Grünflächen – Wie geht das?, 14.11.2018 Forum Friedrichsdorf, http://www.bund-hochtaunus.de/uploads/media/Dr_Stefan_Nawrath_Artenvielfalt_auf_urbanen_Gruenflaechen.pdf.

10 Auch Ackerland ist durch Plastik verschmutzt: Bayreuther Forscher veröffentlichen erste Studie, Universität Bayreuth, PM Nr. 157/2018 vom 18.12.2018, https://www.uni-bayreuth.de/de/universitaet/presse/pressemitteilungen/2018/157-Plastik-auf-Ackerland/index.html.

11 Mikroplastik auch in Ackerböden, Bioökonomie.de, 9.1.2019, https://biooekonomie.de/nachrichten/mikroplastik-auch-ackerboeden.

12 Kunststoffe in Bioabfällen: eine Herausforderung für die ökologische Kreislaufwirtschaft, Universität Bayreuth, Pressemitteilung Nr. 047/2018 vom 5.4.2018, https://www.uni-bayreuth.de/de/universitaet/presse/pressemitteilungen/2018/047-Organische-Abfaelle/index.html.

13 Landesanstalt für Umwelt Baden-Württemberg (LUBW), Mikroplastik in Binnengewässern Süd- und Westdeutschlands, Bundesländerübergreifende Untersuchungen in Baden-Württemberg, Bayern, Hessen, Nordrhein-Westfalen und Rheinland-Pfalz, Karlsruhe, Augsburg, Wiesbaden, Recklinghausen, Mainz 2018, S. 11, https://bmbf-plastik.de/publikation/mikroplastik-binnengewaessern-sued-und-westdeutschlands.

14 Mikroplastik auch in Ackerböden.

15 Gespräch mit Prof. Rillig in Berlin; Anderson Abel De Souza Machado u.a., Impacts of microplastics on the soil biophysical environment. Environmental Science & Technology, 2018, 52 (17), S. 9656–9665, https://pubs.acs.org/doi/10.1021/acs.est.8b02212.

16 Fasern aus synthetischer Kleidung als Hauptquelle von Mikroplastik im Meer, Quarks, 6.3.2019, https://www.quarks.de/umwelt/muell/fasern-aus-synthetischer-kleidung-sind-die-hauptquelle-der-mikroplastikverschmutzung-im-meer/.

17 LUBW, Mikroplastik in Binnengewässern Süd- und Westdeutschlands.

18 Gespräch mit Prof. Rillig in Berlin.

19 Dongdong Cao et al., in IOP Confernce Series Earth and Environmental Science, April 2017, https://www.researchgate.net/publication/316345906_Effects_of_polystyrene_microplastics_on_the_fitness_of_earthworms_in_an_agricultural_soil.

20 LUBW, Mikroplastik in Binnengewässern Süd- und Westdeutschlands.

21 Rötzer, Kleinste Plastikteilchen.

22 Bundesrat, Entschließung des Bundesrates zur Vermeidung von Kunststoff-Verunreinigungen in der Umwelt bei der Entsorgung verpackter Lebensmittel, Drucksache 303/18, 21.9.18, https://www.bundesrat.de/SharedDocs/drucksachen/2018/0301-0400/303-18(B).pdf?__blob=publicationFile&v=1; Bundesrat, Stellungnahme der Bundesregierung zu der Entschließung des Bundesrates zur Vermeidung von Kunststoff-Verunreinigungen in der Umwelt bei der Entsorgung verpackter Lebensmittel, zu Drucksache 303/18, 13.2.19, https://www.bundesrat.de/SharedDocs/drucksachen/2018/0301-0400/zu303-18(B).pdf?__blob=publicationFile&v=1.

23 Der Spiegel, Angeschwemmtes Plastik. Abgelegene Südseeinsel wird zur Müllkippe, 16.5.2017, https://www.spiegel.de/wissenschaft/natur/henderson-island-suedseeinsel-wird-zur-muellkippe-a-1147863.html.

BODENEXPERIMENTE (S. 159–169)

1 Ilka Fabig, Die Niederschlags- und Starkregenentwicklung der letzten 100 Jahre im Mitteldeutschen Trockengebiet als Indikatoren möglicher Klimaänderungen, Dissertation vorgelegt der Naturwissenschaftlichen Fakultät II der Martin-Luther-Universität Halle-Wittenberg, 2007, https://sundoc.bibliothek.uni-halle.de/diss-online/07/07H044/prom.pdf.

2 Jutta Rogasik, Holger Lilienthal, Ewald Schnug, Versuch macht klug – Dauerversuch macht klüger!, Forschungsreport Verbraucherschutz, Ernährung, Landwirtschaft 2005, H. 2, S. 14, https://www.openagrar.de/receive/timport_mods_00035484.

3 Martin Schädler, Francois Buscot, Stefan Klotz u.a., Investigating the consequences of climate change under different land-use regimes: a novel experimental infrastructure, Ecosphere 10, Issue 3 (2019), S. 3, https://esajournals.onlinelibrary.wiley.com/doi/10.1002/ecs2.2635.

4 Manuel Waltz, Artensterben und Ökosysteme. Das Gefüge zerfällt, dlf kultur, 6.11.2018, https://www.deutschlandfunkkultur.de/artensterben-und-oekosysteme-das-gefuege-zerfaellt.976.de.html?dram:article_

id=432464; Bio-Landbau: Weniger Ertrag, aber besser bei Dürre, 25.6.2019, https://bio-markt.info/kurzmeldungen/bio-landbau-weniger-ertrag-aber-besser-bei-duerre.html.

5 Unser blauer Planet wird grüner. Steigender Kohlendioxid-Gehalt der Luft fördert das Pflanzenwachstum, Scinexx, 26.4.2016, https://www.scinexx.de/news/geowissen/unser-blauer-planet-wird-gruener/.

6 Die Zahlen stammen aus einem Gespräch mit Prof. Liliane Rueß am 19.11.2018.

7 Das Braunschweiger FACE-Projekt. Wie sich höhere CO_2-Konzentrationen auf Kulturpflanzen auswirken, Johann Heinrich von Thünen-Institut für Biodiversität, https://www.thuenen.de/media/ti-themenfelder/Klima_und_Luft/Experimentelle_Klimawirkungsforschung/FACE/15-12-21_FACE_Flyer_Internet.pdf.

8 Volker Mrasek, Überraschender Klimaeffekt: Pflanzen reagieren auf mehr CO_2 anders als gedacht, Deutschlandfunk, 20.4.2018, https://www.deutschlandfunk.de/ueberraschender-klimaeffekt-pflanzen-reagieren-auf-mehr-co2.676.de.html?dram:article_id=416145.

9 Im Theater der Erkenntnis, Fragen an Ortwin Renn, in: Die Zeit, 12.4.2016, https://www.zeit.de/zeit-wissen/2016/03/nichtwissen-ortwin-renn. Der Umweltsoziologe ist vor allem bekannt für seine Forschung zum Risikoverhalten.

10 Technische Universität München, Klimawandel: Wie speichern Böden CO_2?, Pressemitteilung vom 8.1.2014, https://www.tum.de/die-tum/aktuelles/pressemitteilungen/detail/article/31275/; Karsten Werth, Die Beerdigung des Klimakillers, Faszination Forschung 11, Dezember 2012, S. 82.

11 Erst Mikroben lassen Humus entstehen, Scinexx, 5.12.2012, https://www.scinexx.de/news/geowissen/erst-mikroben-lassen-humus-entstehen/.

12 IPCC-Sonderbericht über Klimawandel und Landsysteme (SRCCL), Hauptaussagen des IPCC-Sonderberichts über Klimawandel, Desertifikation, Landdegradierung, nachhaltiges Landmanagement, Ernährungssicherheit und Treibhausgasflüsse in terrestrischen Ökosystemen, Vorläufige Übersetzung, Version vom 8.8.2019, S. 4 und 5, https://www.de-ipcc.de/media/content/Hauptaussagen_SRCCL.pdf.

HUMUS (S. 171–183)

1 Thünen-Institut für Agrarklimaschutz, Humus in landwirtschaftlich genutzten Böden Deutschlands – Ausgewählte Ergebnisse der Bodenzustandserhebung, Hrsg. v. Bundesministerium für Ernährung und

Landwirtschaft (BMEL), Thünen Report 64, 2018, S. 7, https://www.bmel.de/SharedDocs/Downloads/Broschueren/Bodenzustandserhebung.pdf?__blob=publicationFile.

2 Eckhart von Hirschhausen, Und es war Sommer, Spektrum.de, 3.10. 2017, https://www.spektrum.de/kolumne/der-duft-der-erde/1518161.

3 Ewald Schnug und Silvia Haneklaus, Was ist und wie entsteht Humus? Nährstoff-Tage des Instituts für Pflanzenernährung und Bodenkunde der FAL, Conference paper, November 2005, https://www.researchgate.net/publication/283642180_Was_ist_und_wie_entsteht_Humus_Nahrstoff-Tage_des_Instituts_fur_Pflanzenernahrung_und_Bodenkunde_der_FAL.

4 Klaus Dieter Schwenke, Die Humustheorie in der Geschichte der Agrikulturchemie, THAER HEUTE 8, Fördergesellschaft Albrecht Daniel Thaer e.V., Möglin 2011/2012, S. 4, http://publ.ext.zalf.de/publications/2b47fa8f-a9c6-4c65-aa95-427c92beaced.pdf.

5 Schnug/Haneklaus, Was ist und wie entsteht Humus?, Folie 17.

6 Nachzulesen und anzuschauen in dem Insektenliebe-Blog-Beitrag vom 16.8.2018 über »Die Häutung von Asseln«, https://insektenliebe.com/haeutung-von-asseln/.

7 Hornmilben sind nicht nur winzig und schmackhaft, sondern auch schwer bewaffnet, Pressemitteilung der Universität Tübingen, 29.9.2011, https://www.gesundheitsindustrie-bw.de/de/fachbeitrag/pm/hornmilben-sind-nicht-nur-winzig-und-schmackhaft-sondern-auch-schwer-bewaffnet/.

8 Birgit Lang, Vom Fressen und Gefressenwerden, SENCKENBERG, natur, forschung, museum 145, 3/4 (2015), S. 96 ff.

9 Gespräch mit Prof. Liliane Rueß am 19.11.2018.

10 C/N-Verhältnis, Lexikon der Biologie, Spektrum.de, https://www.spektrum.de/lexikon/biologie/c-n-verhaeltnis/14591; C/N-Verhältnis, Proplanta Agrar-Lexikon, https://www.proplanta.de/Agrar-Lexikon/C-N-Verh%E4ltnis_ll1140798706.html; Natur und Garten, Wie stellt man Kompost von hoher Fruchtbarkeit her?, http://www.natuga.de/kompostieren.html.

11 Ralf Menzel u.a., Kompostfibel, Richtig kompostieren – Tipps und Hinweise, Hrsg. v. Umweltbundesamt, Dezember 2015, https://www.umweltbundesamt.de/publikationen/kompostfibel.

12 Bodenwelten, Schwarzerde – feuchtbar und tiefgründig, https://www.bodenwelten.de/content/schwarzerde-fruchtbar-und-tiefgründig; Wolfgang Koppe, Infoblatt Schwarzerde, Leipzig 2004.

13 Bodenwelten, Bodenarten, https://www.bodenwelten.de/content/

bodenarten; Humus, Grundlage unseres Lebens, BR Wissen, https://www.br.de/themen/wissen/humus-boden-erde-100.html; Bayerische Landesanstalt für Landwirtschaft, Bedeutung des Humus für die Bodenfruchtbarkeit, https://www.lfl.bayern.de/iab/boden/031125/.

14 Wulf Grube, Marion Gunreben, Das Schwarzerde-Profil von Asel – Boden des Jahres 2005, Landesamt für Bergbau, Energie und Geologie Hannover, http://www.dgg.de/geotop/upload/geotopflyer/1764_Nr_99_Asel_Schwarzerde_neu.pdf.

KOHLENSTOFFSPEICHERUNG (S. 185–196)

1 Mehr Informationen zu der Initiative unter: https://www.4p1000.org; Am Rande der Klimakonferenz in Bonn 2017 fand mit etwa 400 Teilnehmern die erste internationale Konferenz der Initiative statt. Der Staatssekretär im BMEL Dr. Aeikens sagte anlässlich der Veranstaltung: »Die Bewahrung und standortangepasste Optimierung der Humusvorräte im Boden ist im Interesse eines jeden Flächenbewirtschafters wie auch der Gesellschaft insgesamt. Daher behandelt diese Konferenz existenzielle Fragen für uns alle. Genau an diesem Punkt setzt die Initiative an. Ihr übergeordnetes Ziel ist die Sicherung der Nahrungsmittelversorgung für eine wachsende Weltbevölkerung und die globale Bekämpfung von Hunger.«; Umweltbundesamt, Globale Landflächen und Biomasse nachhaltig und ressourcenschonend nutzen, 2013, S. 12, https://www.umweltbundesamt.de/sites/default/files/medien/479/publikationen/globale_landflaechen_biomasse_bf_klein.pdf.

2 Bundesministerium für Ernährung und Landwirtschaft, Nahrung sichern und Klima retten – Zentrale Rolle der Landwirtschaft, 12.12.2015, https://www.bmel.de/DE/Landwirtschaft/Nachhaltige-Landnutzung/Klimawandel/_Texte/LandwirtschaftInDenKlimaverhandlungen.html.

3 Zitiert in Jantje Hannover, Böden als Klimaretter?, SWR2 Wissen, 3.7.2018, https://www.swr.de/-/id=21765000/property=download/nid=660374/10oc250/swr2-wissen-20180703.pdf.

4 Heinrich-Böll-Stiftung (Hrsg.), Bodenatlas 2015, S. 18, https://www.boell.de/sites/default/files/bodenatlas2015_iv.pdf.

5 Bundesanstalt für Geowissenschaften und Rohstoffe (BGR), Bodenerosion – Gefährdung der Ressource Boden, https://www.bgr.bund.de/DE/Gemeinsames/UeberUns/ueberuns_node.html.

6 Martin Wiesmeier, Stagnierende Ernteerträge bedrohen Böden: Humusschwund durch Klimawandel?, Wissenschaftszentrum Wei-

henstephan für Ernährung, Landnutzung und Umwelt, Technische Universität München, 27.8.2015, http://www.wzw.tum.de/index.php?id=185&tx_ttnews%5Btt_news%5D=1101&cHash=47944983de9f8a842c3c44d8feaca708.

7 Umweltbundesamt, Humusstatus der Böden, 10.4.2019, https://www.umweltbundesamt.de/daten/flaeche-boden-land-oekosysteme/boden/humusstatus-der-boeden#textpart-1.

8 Gesetz zum Schutz vor schädlichen Bodenveränderungen und zur Sanierung von Altlasten (Bundes-Bodenschutzgesetz – BBodSchG), https://www.gesetze-im-internet.de/bbodschg/BBodSchG.pdf; Reinhard F. Hüttl, Annette Prechtel, Oliver Bens, Humusversorgung von Böden in Deutschland, Publikationen des Umweltbundesamtes, Potsdam 2008, https://www.umweltbundesamt.de/sites/default/files/medien/376/publikationen/humusversorgung_von_boeden_in_deutschland.pdf.

9 Thünen-Institut, Buchhaltung für den Klimaschutz, https://www.thuenen.de/de/thema/klima-und-luft/emissionsinventare-buchhaltung-fuer-den-klimaschutz/.

10 Bundesministerium für Ernährung und Landwirtschaft, Humus in landwirtschaftlich genutzten Böden in Deutschland – Ausgewählte Ergebnisse der Bodenzustandserhebung, 2018, S. 20, https://www.bmel.de/SharedDocs/Downloads/Broschueren/Bodenzustandserhebung.pdf?__blob=publicationFile.

11 Horst Gömann, Peter Weingarten, Landnutzungswandel, Handwörterbuch der Stadt- und Raumentwicklung, Hrsg. v. d. Akademie für Raumforschung und Landesplanung, Vorabveröffentlichung, S. 7, https://literatur.thuenen.de/digbib_extern/dn059218.pdf.

12 Anna Jacobs u. a., Landwirtschaftlich genutzte Böden in Deutschland – Ergebnisse der Bodenzustandserhebung, Thünen-Report 64, November 2018, S. 150, https://literatur.thuenen.de/digbib_extern/dn060497.pdf.

13 Ebd., S. III.

14 Axel Don u. a., Die 4-Promille-Initiative, »Böden für Ernährungssicherheit und Klima« – wissenschaftliche Bewertung und Diskussion möglicher Beiträge in Deutschland, Thünen Working Paper 112, Dezember 2018, S. 10, https://literatur.thuenen.de/digbib_extern/dn060523.pdf.

15 Christiane Grefe, »Präzision reicht nicht«, Interview mit der Agrarwissenschaftlerin Andrea Beste, Die Zeit, 17.10.2018, https://www.zeit.de/2018/43/landwirtschaft-klimaschutz-modernisierung-andrea-beste-agrarwissenschaftlerin/komplettansicht.

16 Axel Don, Humusinventur abgeschlossen, 5.12.2018, https://www.bmel.de/DE/Landwirtschaft/Pflanzenbau/Boden/_Texte/Humusinventur%20abgeschlossen.html.

17 Informationen unter https://www.oekoregion-kaindorf.at/index.php?id=167.

18 Axel Don u. a., Die 4-Promille-Initiative, S. 5.

19 Böll-Stiftung (Hrsg.), Bodenatlas 2015, S. 17.

20 Soil4Climate Interview with Dr. Rattan Lal on World Soil Day, 5.12.2018, https://www.youtube.com/watch?v=7WB72kyaCBw; Transkription und Übersetzung unter https://regenerative-landwirtschaft.net/viewtopic.php?f=34&t=295&sid=b12dea79bb3c8f1b9ae2e26e4d6d0feb.

21 Martin Wiesmeier u. a., Wieviel Humusaufbau ist in Bayern möglich? Umsetzungsmöglichkeiten der 4‰-Initiative, Institut für Ökologischen Landbau, Bodenkultur und Ressourcenschutz, Arbeitsgruppe Humushaushalt und Umwelt-Mikrobiologie, Vortrag 20.11.2017, https://www.lfl.bayern.de/mam/cms07/iab/dateien/03_wiesmeier_humus.pdf.

22 BMEL, Humus in landwirtschaftlich genutzten Böden in Deutschland, S. 33 f.

23 Ebd., Kapitel Moorbodenschutz ist Klimaschutz, S. 36 ff.

DER BODEN UND DAS KAPITAL (S. 197–209)

1 Wetternews, Feiner Sand erschwert Sicht. Nach Staubsturm wie in der Wüste, 24.4.2019, https://www.wetteronline.de/wetternews/feiner-sand-erschwert-sicht-nach-staubsturm-wie-in-der-wueste-2019-04-24-st; NDR, Ministerium warnt vor Staubstürmen, 9.4.2019, https://www.ndr.de/nachrichten/mecklenburg-vorpommern/Ministerium-warnt-vor-Sandstuermen,warnung114.html. Turners diffuse Lichtdarstellung ging vermutlich auf einen Vulkanausbruch zurück. 1815 war der Tambora nördlich von Java ausgebrochen, der tonnenweise Gestein, Asche und Staub in die Luft geschleudert hatte, die den Himmel verdunkelten und das Sonnenlicht brachen.

2 Bayerische Landesanstalt für Landwirtschaft, Starkregen, Bodenerosion, Sturzfluten, Freising-Weihenstephan 2017, S. 120, https://www.lfl.bayern.de/mam/cms07/publikationen/daten/schriftenreihe/starkregen-bodenerosion_sturzfluten_lfl-schriftenreihe.pdf.

3 Europäische Bodencharta 1972, nachzulesen auf: https://hypersoil.uni-muenster.de/0/02/03/03/01.htm.

4 Axel Wirz, Nadja Kasperczyk, Frieder Thomas, Kursbuch Agrarwende

2050, Ökologisierte Landwirtschaft in Deutschland, Forschungsinstitut für biologischen Landbau (FiBL) im Auftrag von Greenpeace, Hamburg 2017, S. 15, https://www.greenpeace.de/sites/www.greenpeace.de/files/publications/20170105_studie_agrarwende2050_lf.pdf.

5 Andrea Beste, Down to Earth – der Boden, von dem wir leben. Zum Zustand der Böden in Europas Landwirtschaft, Hrsg. v. Martin Häusling, S. 16, http://www.martin-haeusling.eu/images/Bodenstudie_BESTE_Web.pdf; Scinexx, Europa verliert seinen fruchtbaren Boden, 3.9.2015, https://www.scinexx.de/news/geowissen/europa-verliert-seinen-fruchtbaren-boden/.

6 Deutscher Bauernverband, Europäische Kommission will Bodenschutzrahmenrichtlinie zurückziehen. Bauernverband begrüßt vernünftigen Schritt zur Entbürokratisierung, Pressemitteilung 4.10.2013, https://www.bauernverband.de/europaeische-kommission-will-bodenschutzrahmenrichtlinie-zurueckziehen; Deutscher Bauernverband, Gute Bodenfruchtbarkeit in Deutschland – größtes Problem ist Flächenfraß durch Versiegelung, o.D., https://www.bauernverband.de/gute-bodenfruchtbarkeit-in-deutschland-groesstes-problem-ist-flaechenfrass-durch-versiegelung-649237.

7 Mehr Informationen darüber gibt es auf: https://humusfarming.de.

8 Der Boden und das Kapital – Boden im Karl-Marx-Jahr 2018, Fachtagung der Kommission Bodenschutz beim UBA (KBU) zum Weltbodentag 2018, Vortrag von Jobst Jungehülsing, Boden an der Schnittstelle zwischen Kapital und Profit, Folien unter: https://www.umweltbundesamt.de/sites/default/files/medien/2875/dokumente/vortrag_jobst_jungehuelsing_boden_kbu.pdf.

9 DZ Bank Ag Branchenanalysen, »Agrar 4.0« – Abschied vom bäuerlichen Familienbetrieb?«, 12.12.2017, https://bielmeiersblog.dzbank.de/wp-content/uploads/2018/01/Branchenanalysen_Agrar-4_0.pdf.

10 Forschungsgruppe Weltanschauungen in Deutschland, Grundeigentum der ev. und kath. Kirche in Deutschland, 7.9.2005, https://fowid.de/meldung/grundeigentum-ev-und-kath-kirche-deutschland.

11 BVVG Bodenverwertungs- und -verwaltungs GmbH, BVVG hat Direktverkauf landwirtschaftlicher Flächen weitgehend abgeschlossen, Pressemitteilung vom 11.1.2019, https://www.bvvg.de/Internet/waktuell.nsf/vbroinfo/dPDFPM115_webaktuell/$File/PM115.pdf.

12 Vortrag Jungehülsing, Boden an der Schnittstelle zwischen Kapital und Profit, Folie 4.

13 Statista, Durchschnittliche genutzte landwirtschaftliche Fläche pro Betrieb nach Bundesland in Deutschland 2016 (in Hektar), https://

de.statista.com/statistik/daten/studie/173089/umfrage/betriebsgroesse-von-agrarbetrieben-2010/.

14 Andreas Tietz, Überregional aktive Kapitaleigentümer in ostdeutschen Agrarunternehmen: Bestandsaufnahme und Entwicklung, Thünen Report 35, Braunschweig, 8.9.2015, S. IX und S. 16 und S. 2, https://literatur.thuenen.de/digbib_extern/dn056046.pdf.

15 Vortrag Jungehülsing, Boden an der Schnittstelle zwischen Kapital und Profit, Folie 15.

16 http://www.agroenergy-ag.de.

17 Vanja Budde, Landgrabbing in Ostdeutschland. Der Kampf um die letzten freien Hektar, Deutschlandfunk, 31.8.2018, https://www.deutschlandfunk.de/landgrabbing-in-ostdeutschland-der-kampf-um-die-letzten.1773.de.html?dram:article_id=426884. Zu den Investoren, die mehr als 100 Quadratkilometer bewirtschaften, gehören beispielsweise die Deutsche Agrar Holding, die Lindhorst Gruppe, Münchener Rück Munich Re Group oder Südzucker. Siehe Vortrag Jungehülsing, Boden an der Schnittstelle zwischen Kapital und Profit, Folie 16.

18 Hanno Rauterberg, Der letzte Grund, Die Zeit, 10.1.2018, https://www.zeit.de/2018/03/immobilien-wohnungsmarkt-spekulation-miete-bodenreform.

19 Zitiert in Stephan Bartke, Was hat der Boden mit dem Kapital zu tun?, Vortrag Tagung Der Boden und das Kapital – Boden im Karl-Marx-Jahr 2018, Folie 18, https://www.umweltbundesamt.de/sites/default/files/medien/2875/dokumente/vortrag_stephan_bartke_2018_was_hat_der_boden_mit_dem_kapital_zu_tun.pdf.

20 Bundesministerium für Ernährung und Landwirtschaft, Agrarministerkonferenz in Basel am 29.10.2015 zum Thema Boden, https://www.bmel.de/DE/Ministerium/IntZusammenarbeit/BilateraleZusammenarbeit/_Texte/Dossier-Europa.html;jsessionid=E478F68DE4CA400DA13922EE21B1D7F2.2_cid358?nn=5798726&notFirst=true&docId=6967654.

21 Philipp Alvares de Souza Soares, Eva Müller und Ursula Schwarzer, Vermögende in Deutschland. Weide, Wald und Weinberg statt Dollar, Dax und Derivate, manager magazin, 2.2.2015, https://www.manager-magazin.de/magazin/artikel/deutschlands-wirtschaftselite-investiert-in-weide-wald-und-weinberg-a-1015833.html.

22 Die Zahlen basieren auf Vortrag Jungehülsing, Boden an der Schnittstelle zwischen Kapital und Profit, Folie 14; Mareike Scheffer, Landdeal: Verdacht auf Täuschung von der KTG Agrar, agrarzeitung, 16.11.2016,

https://agrarzeitung.de/nachrichten/wirtschaft/Verdacht-der-Täuschung-bei-KTG-Agrar--64115; Landwirtschaftliche Bodenmarktpolitik: Allgemeine Situation und Handlungsoptionen, Bericht der Bund-Länder-Arbeitsgruppe »Bodenmarktpolitik« gemäß Beschluss der Amtschefinnen und Amtschefs der Agrarressorts der Länder vom 16.1. 2014, S. 58, https://www.bmel.de/SharedDocs/Downloads/Landwirtschaft/LaendlicheRaeume/Bodenmarkt-Abschlussbericht-Bund-Laender-Arbeitsgruppe.pdf?__blob=publicationFile.

23 Deutscher Bundestag, Antwort der Bundesregierung auf die Kleine Anfrage der Abgeordneten Lisa Paus, Friedrich Ostendorff, Christian Kühn (Tübingen), weiterer Abgeordneter und der Fraktion BÜNDNIS 90/DIE GRÜNEN, Drucksache 19/6878, http://dipbt.bundestag.de/doc/btd/19/075/1907536.pdf.

24 Arbeitsgemeinschaft bäuerliche Landwirtschaft, AbL fordert Grunderwerbssteuerbefreiung für Existenzgründer statt für Investoren, Pressemitteilung vom 18.3.2019, https://www.abl-ev.de/apendix/news/details/?tx_ttnews%5Btt_news%5D=2314&cHash=75f050dd5f06df9c4f1c656b8b9e91c9.

25 Jürn Sanders u. Jürgen Heß (Hrsg.), Leistungen des ökologischen Landbaus für Umwelt und Gesellschaft, Thünen Report 65, Braunschweig 2019, S. iv und vii, https://www.thuenen.de/media/publikationen/thuenen-report/Thuenen_Report_65.pdf.

26 Der Begriff »Pioniere des Wandels« stammt aus dem Gutachten »Welt im Wandel. Gesellschaftsvertrag für eine Große Transformation« des Wissenschaftlichen Beirats der Bundesregierung Globale Umweltveränderungen (WBGU), S. 2, https://www.wbgu.de/fileadmin/user_upload/wbgu/publikationen/hauptgutachten/hg2011/pdf/wbgu_jg2011_ZfE.pdf.

PIONIERE DES WANDELS (S. 211–221)

1 Die Idee für dieses Kapitel stammt aus dem sehr lesenswerten Buch von Uwe Schneidewind Die Große Transformation. Eine Einführung in die Kunst gesellschaftlichen Wandels, Frankfurt am Main, 2019.

2 Ebd., S. 28.

3 Ebd., S. 243 f.

4 Ebd., S. 256.

5 Ebd., S. 254 f.

6 Gemeinsam Boden gut machen. Das NABU-Projekt für mehr ökologische Landwirtschaft, https://www.nabu.de/imperia/md/content/nabude/kooperationen/180214-nabu-gemeinsam-boden-gut-machen.

pdf; Liste der Solawis: https://www.solidarische-landwirtschaft.org/index.php?id=92.

7 Mehr Infos unter https://www.alternative-finanzierung.bio/blog/was-ist-eigentlich-eine-bürgeraktiengesellschaft.

8 Margarethe Scheffler, Kirsten Wiegmann, Quantifizierung von Maßnahmen der deutschen Zivilgesellschaft zu THG-Minderungspotenzialen in der Landwirtschaft bis 2030, Kurzstudie im Auftrag der Klima-Allianz Deutschland, Berlin 11.4.2019.

9 Statista, Pro-Kopf-Konsum von Innereien in Deutschland in den Jahren 1991 bis 2018 (in Kilogramm), https://de.statista.com/statistik/daten/studie/177382/umfrage/pro-kopf-verbrauch-von-innereien-in-deutschland/.

10 Das ist etwa halb so viel wie der Umsatz des Lebensmitteleinzelhandels; EHI Retail Institute, Gesamtumsatz (brutto) der Außer-Haus-Gastronomie in Deutschland in den Jahren 2009 bis 2018 mit Prognose bis 2019 (in Milliarden Euro), https://www.handelsdaten.de/gastronomie-catering/umsatz-der-ausser-haus-gastronomie-deutschland-zeitreihe.

11 Frieder Hofmann u. a., Biomonitoring der Pestizid-Belastung der Luft mittels Luftgüte-Rindenmonitoring und Multi-Analytik auf >500 Wirkstoffe inklusive Glyphosat 2014–2018, München, 10.2.2019, http://enkeltauglich.bio/wp-content/uploads/2019/02/Bericht-H18-Rinde-20190210-1518-1.pdf.

12 Bundesministerium für Ernährung und Landwirtschaft, Willkommen im Ländlichen Raum, https://www.bmel.de/DE/Laendliche-Raeume/Infografiken/_node.html.

13 Mehr Informationen unter: http://www.meck-schweizer.org.

14 Ernst Albrecht u. a., Klimaschutz durch Wiedervernässung von Niedermoorböden: Wohlfahrtseffekte am Beispiel der Eider-Treene-Region in Schleswig-Holstein, Agrarwissenschaft Forschung Praxis 95, 3 (2017), S. 1.

15 Olaf Zinke, Klimawandel CO_2-Bilanzen: Wie Agrarboden das Klima schützt, agrarheute, 30.5.2019, https://www.agrarheute.com/management/betriebsfuehrung/co2-bilanzen-agrarboden-klima-schuetzt-554240.

16 Bundesministerium für Ernährung und Landwirtschaft, Landwirtschaft und Klimaschutz, https://www.bmel.de/DE/Landwirtschaft/Nachhaltige-Landnutzung/Klimawandel/_Texte/LandwirtschaftUndKlimaschutz.html.

17 Mehr Informationen unter: https://www.moorfutures.de.

Danksagung

Als Journalistin weiß ich, dass Themen manchmal eine unvorhergesehene Dynamik entwickeln. So war es auch bei diesem Buch. Jedes Gespräch, jeder Besuch einer Forschungseinrichtung fügte dem Thema Boden neue, oftmals unerwartete Facetten hinzu, die in ihrer Konsequenz bedacht und eingeordnet werden mussten. Mein Dank gilt allen, die ihr Wissen mit mir geteilt haben, und ich hoffe, sie richtig wiedergegeben zu haben. Längst nicht alles, was ich gelernt habe, hat in diesem Buch Platz gefunden. Von Professor **François Buscot**, dem ich mein Wissen über Mykorrhiza-Pilze verdanke, weiß ich nun, welche Rolle Mäuse nach einem Vulkanausbruch spielen können. Wo sie herumlaufen, siedeln sich schneller wieder Pflanzen an, weil die Mäuse auf dem Lavagestein hilfreiche Mikroorganismen hinterlassen. **Dr. Jörn Buse** hat mir auf einer Wiese im Schwarzwald unvermittelt eine Handvoll Dung unter die Nase gehalten. Ich zuckte zurück, wagte dann doch, daran zu schnuppern, und siehe da: Der Dung roch angenehm nach gemähtem Gras. **Ilsemarie Grotian**, **Gert Habermann** und **Professor Bernd Seifert** haben mich gelehrt, Ameisen mit Achtsamkeit zu begegnen. **Dr. Markus Lange** hat von seinem Großvater berichtet, dessen Kühe auf einer Kräuterwiese weideten, also nicht nur Gras fraßen, und wie stolz der Großvater auf die guten Werte seiner Milch war. **Professor Matthias C. Rillig** vom Institut für Biologie der Freien Universität Berlin nennt den Boden »das komplexeste Biomaterial der Welt« und hat mir die Augen für die Mikroplastik-Problematik im Boden geöffnet. **Professor Liliane Rueß**, die so lebendig von Nematoden erzählen kann, erinnert sich noch gut an die Diskussionen über Waldsterben und sauren Regen in den 1980er Jahren. Das habe man damals in den Griff bekommen, also sei das auch in Bezug auf zu viel Stickstoff (übrigens ein Mitverursacher des heutigen Waldsterbens) und CO_2 möglich. Man müsse nur wollen. Von **Professor Stefan Scheu** aus Göttingen habe ich nicht nur viel Neues über Regenwürmer erfahren. Er hat auch meine Achtung vor Mikroorganismen befeuert, weil sie praktisch alles verwerten können, was die Natur geschaffen hat. **Dr. Monika Sobotik** hat mich einen Blick ins Zellinnere von Pflanzenwurzeln werfen lassen. Ihre Strukturen schlagen alles, was an psychedelischen Kunstwerken jemals geschaffen wurde. **Professor Stefan Schrader** vom Thünen-Institut hat mir den Eindruck vermittelt, dass die Wertschätzung für Böden zunimmt. Ich hoffe sehr, dass er recht hat. **Professor Doris Vetterlein** vom UFZ hat mir den

Wurzelatlas gezeigt, was wiederum zum Besuch bei Monika Sobotik führte. Im Alphabet an letzter, aber von der Wichtigkeit ganz vorn, steht **Professor Berndt-Michael Wilke**, Präsident des Bundesverbands Boden. Sich auf ihn berufen zu können hat mir viele Türen geöffnet.

Eine Quelle der Inspiration war die vom Senckenberg Museum für Naturkunde in Görlitz konzipierte Wanderausstellung »Die dünne Haut der Erde – Unsere Böden«. Natürlich gibt es noch viel mehr Bodenlebewesen, die für die Fruchtbarkeit und die Kohlenstoffspeicherung von Böden sorgen, wie die mit den Regenwürmern verwandten fast durchscheinenden Enchyträen oder Tausendfüßer, von denen ich im Sommer beim Umheben meines Komposts viele entdeckt habe. Alle vorzustellen, hätte den Rahmen dieses Buches gesprengt. **Christof Blome und Philipp Kaufmann**, meine Lektoren, haben sich das Manuskript minutiös vorgeknöpft. Ich habe manchmal gemurrt, gestöhnt, wofür ich mich entschuldige, denn sie hatten mit ihren Fragen und Wünschen recht. Der Ch. Links Verlag hat an das Thema geglaubt, auch dafür mein Dank. Mein Vater **Gerhard Dohrn** (91) hat mich vor manchem Fehlschluss bewahrt und meinen Rasen mitgemäht, wenn ich mal wieder keine Zeit hatte. **Walther Weiss** hat die Vignetten gezeichnet. Ich liebe ihn und seine Werke. Wenn dieses Buch zur Achtung vor dem Leben unter unseren Füßen beiträgt, würde es mich sehr freuen.

Die Autorin und der Illustrator

Susanne Dohrn, Jahrgang 1955, Dr. phil., Studium der Fächer Englisch und Geschichte; freie Journalistin und Publizistin; Redakteurin, Textchefin und von 2002 bis 2009 Mitglied der Chefredaktion der SPD-Zeitung *vorwärts;* seit 2013 Ratsfrau der Stadt Tornesch in Schleswig-Holstein. Ihr Buch *Das Ende der Natur* (Ch. Links 2017) war nominiert für den Preis »Wissensbuch des Jahres«.
https://meinekleinewieseblog.wordpress.com

Walther Weiss, Jahrgang 1944, Studium der Malerei und Grafik, Art Director und Kreativdirektor bei deutschen und französischen Werbeagenturen, heute freier Künstler.